U0178770

江苏高校哲学社会科学研究项目资助(2023SJYB1078)

Fuzzy Optimization Design Methods and Applications for User Experience

用户体验模糊优化设计
方法及应用

李永锋　朱丽萍　著

化学工业出版社

·北京·

内容简介

用户体验是用户对产品、系统或服务的使用或预期使用所产生的感知和反应，具有较强的主观性。如何对主观性较强的用户体验进行优化设计受到越来越多的关注，本书系统论述了用户体验模糊优化设计方法及应用。第1章对用户体验优化设计进行介绍；第2章对模糊理论进行论述；第3~5章分别探讨多目标进化优化、稳健参数设计、人因差错预防等用户体验优化设计方法；第6~9章结合具体应用案例论述如何基于模糊信息进行用户体验的优化设计，内容包括面向多目标进化优化的产品造型设计、面向稳健参数设计的产品造型设计、面向稳健参数设计的用户体验设计、面向人因差错预防的用户体验设计；第10章为总结和展望。本书将模糊理论引入到用户体验的优化设计中，论述了众多用户体验优化设计的方法，内容具有独创性，并通过详细的案例介绍了每种方法的具体应用，实用性强。

本书适合作为设计学类、计算机类、机械类、工业工程类等相关专业的研究生和高年级本科生的教学参考书，也可供用户体验研究与设计人员阅读和参考。

图书在版编目（CIP）数据

用户体验模糊优化设计方法及应用 / 李永锋，朱丽萍著. — 北京 ：化学工业出版社，2024.3

ISBN 978-7-122-43273-5

Ⅰ．①用⋯　Ⅱ．①李⋯　②朱⋯　Ⅲ．①人机界面-程序设计　Ⅳ．①TP311.1

中国国家版本馆 CIP 数据核字（2023）第 062574 号

责任编辑：陈　喆　　　　　　　　　　文字编辑：赵　越
责任校对：边　涛　　　　　　　　　　装帧设计：张　辉

出版发行：化学工业出版社（北京市东城区青年湖南街13号　邮政编码100011）
印　　装：北京虎彩文化传播有限公司
710mm×1000mm　1/16　印张18¾　字数329千字　2024年3月北京第1版第1次印刷

购书咨询：010-64518888　　　　　　　售后服务：010-64518899
网　　址：http://www.cip.com.cn
凡购买本书，如有缺损质量问题，本社销售中心负责调换。

定　　价：158.00元

作者介绍

李永锋，博士，江苏师范大学副教授、工业设计系主任，硕士生导师。2002年毕业于西安电子科技大学，获得工业设计专业学士学位。2005年毕业于东南大学，获得工业设计专业硕士学位。2018年毕业于台湾成功大学，获得工业设计专业博士学位。主要从事用户体验设计、人因工程、感性工学、通用设计、智能设计、稳健设计等方面的研究。主持教育部人文社会科学研究等项目10余项，在 *Research in Engineering Design*、*Journal of Engineering Design*、*Applied Soft Computing*、*Human Factors and Ergonomics in Manufacturing & Service Industries*、《机械工程学报》、《装饰》等期刊发表论文80余篇，出版学术专著1部、研究生教材1部。担任中文核心期刊《图学学报》、《包装工程》的审稿人，以及 SCI/SSCI 期刊 *Journal of Engineering Design*、*International Journal of Production Research*、*Engineering Optimization*、*IEEE Transactions on Fuzzy Systems*、*International Journal of Human-Computer Interaction* 等的审稿人，多次被评为优秀评审专家。

朱丽萍，江苏师范大学副教授，硕士生导师。2002年毕业于陕西科技大学，获得工业设计专业学士学位。2008年毕业于苏州大学，获得设计艺术学专业硕士学位。2015～2016年在台湾成功大学工业设计学系做访问研究。主要从事产品设计、交互设计、服务设计、设计心理学等方面的研究。主持教育部人文社会科学研究青年基金项目1项，在 *Journal of Engineering Design*、*Human Factors and Ergonomics in Manufacturing & Service Industries*、《机械工程学报》、《装饰》、《包装工程》等期刊发表论文40余篇。曾荣获全国多媒体课件大赛二等奖、江苏省高校微课教学比赛二等奖、江苏省艺术教育论文三等奖，多次指导学生在国内外工业设计大赛中获奖，荣获江苏省大学生工业设计大赛优秀指导教师奖。

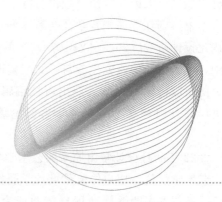

前　言

　　用户体验是指用户在使用一个产品或系统之前、使用期间和使用之后的全部感受，包括情感、信仰、喜好、认知印象、生理和心理反应、行为和成就等各个方面，具有较强的主观性。用户体验的优化设计具有鲜明的学科交叉特征，属于设计学、计算机科学与技术、机械工程、管理科学与工程等多学科的共性难题。在编写过程中，笔者围绕用户体验的优化设计，从跨学科的视角进行了系统探索，旨在促进用户体验各分科知识融通发展为以优化设计为核心的知识体系。为了有效应对用户体验的主观性特征，本书将模糊理论引入到用户体验领域。为了对用户体验进行优化设计，本书尝试将多目标进化优化理论、稳健设计理论、可靠性理论等与用户体验设计理论加以融合。

　　本书首先对模糊理论进行了系统论述，接着对多目标进化优化、稳健参数设计、人因差错预防等三种用户体验优化设计方法进行了深入分析，在此基础上，针对产品造型设计和交互设计，提出了用户体验模糊优化设计的具体方法，并结合实际应用案例对所提出的方法进行了验证。本书是一本将模糊理论引入到用户体验设计领域的著作，并且是一本从多学科交叉融合的视角，采用定量研究的方式，系统性地探索用户体验优化设计的著作。

　　本书涉及的内容较多，有关本书的基础知识，如调查研究、用户体验度量、怎样做试验、多变量分析、常用评价方法、需求分析与质量功能展开、色彩设计、人机交互设计、模糊理论与灰色系统理论在设计研究中的应用等，读者可参考笔者已出版的《人因工程研究理论与方法》。

本书得到江苏高校哲学社会科学研究项目"不确定因素影响下的产品用户体验优化设计研究（2023SJYB1078）"的资助，笔者在此深表谢意。在本书编写过程中，笔者指导的研究生参与了文献整理和文字校对工作，在此对他们表示感谢。本书的出版得到了化学工业出版社编辑的大力支持和帮助，笔者对此表示感谢。本书的部分内容参考了其他学者的论著，在此一并致谢，如有疏漏之处，敬请谅解。

2022 年 9 月设计学由原来的艺术学学科门类调整为交叉学科门类，可授予工学、艺术学学位。用户体验是设计学研究的重要内容，本书以多学科交叉融合为特色，希望本书能够推动用户体验研究的进一步发展，进而推动设计学学科的发展。

由于笔者水平有限，疏漏和不当之处在所难免，欢迎读者批评指正。

李永锋　朱丽萍
2024 年 1 月于江苏师范大学泉山校区

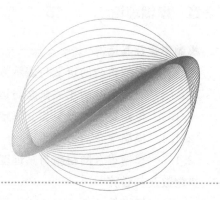

目 录

第 1 章 绪论 / 1

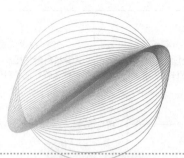

第1章
绪　论

1.1　用户体验的含义

1.1.1　概述

用户体验（User Experience，UX 或 UE）是指用户在使用一个产品或系统之前、使用期间和使用之后的全部感受，包括情感、信仰、喜好、认知印象、生理和心理反应、行为和成就等各个方面。用户体验具有很强的交叉性，涉及的领域较多，主要包括四个领域，即设计领域、技术领域、人文领域、管理领域，如图 1-1 所示。

与用户体验有关的设计领域包括美学、工业设计、产品设计、视觉传达设计、环境设计等。美学是创造最佳用户体验的基础，美学不仅研究美，还研究与艺术相关的各种情感。工业设计、产品设计、视觉传达设计、环境设计等与用户体验设计密切相关，均是通过将设计概念形象化，给用户提供实际的感官体验。

与用户体验有关的技术领域包括计算机科学与技术、机械工程、电气工程、电子科学与技术等。计算机科学与技术是用户体验设计的重要技术基础，许多用户体验设计需要通过计算机为基础的数字系统加以实现。此外，机械工程、电气工程、电子科学与技术等也是用户体验设计的重要技术基础。

与用户体验有关的人文领域包括心理学、认知科学、社会学、人类学、传媒学等。心理学是用户体验研究非常重要的理论背景学科，其中的信息处理理论是用户体验研究的重要组成部分。认知科学主要研究人的各种限制和优缺点，对于

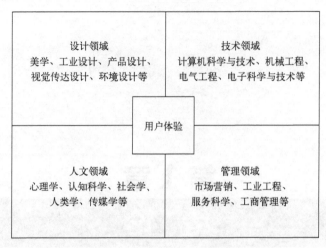

设计领域 美学、工业设计、产品设计、 视觉传达设计、环境设计等	技术领域 计算机科学与技术、机械工程、 电气工程、电子科学与技术等
人文领域 心理学、认知科学、社会学、 人类学、传媒学等	管理领域 市场营销、工业工程、 服务科学、工商管理等

图 1-1　用户体验相关的领域

开发便捷易用的产品具有重要意义。社会学、人类学、传媒学等对于用户体验设计的推广和普及具有重要意义。

与用户体验有关的管理领域包括市场营销、工业工程、服务科学、工商管理等。在获取用户需求并将其转换为具体设计的过程中，市场营销具有重要作用。工业工程与创建有效、方便、舒适的用户体验设计关系密切。随着网络和无线通信技术的发展，许多服务正变得数字化，在此情况下服务科学可以为用户体验设计提供重要的基础信息。此外，优良的管理模式是用户体验设计成功的重要保障。

1.1.2　可用性

用户体验的概念最早兴起于 20 世纪 40 年代的人机交互设计领域，以可用性（Usability）为基础。

（1）可用性的概念

通俗说，可用性是指一个产品被容易使用的程度，ISO 9241-110 对可用性的定义如下：可用性是产品在特定使用环境下为特定用户用于特定用途时所具有的有效性（Effectiveness）、效率（Efficiency）和用户主观满意度（Satisfaction）。有效性是指用户实现特定目标的精确性和完整性，效率是指用户完成任务的正确和完整程度与所使用资源之间的比率，满意度是指用户在使用产品过程中所感受到的主观满意和接受程度。

ISO 9241-110 还定义了 7 项可用性设计原则，详细如下。

① 用户任务的适合性（Suitability for the User's Tasks）：产品是否提供了用户实现其目标所需的所有功能？用户是否需要执行不必要的步骤来完成工作？产

品是否只显示了用户所需信息，还是用不必要的信息分散了用户注意力？

② 自我描述（Self-descriptiveness）：产品是否提供了所有必要的信息？当前系统状态是否有适当的反馈？产品的导航结构是否明显？

③ 符合用户期望（Conformity with User Expectations）：产品的用户界面设计是否满足用户期望？是否使用了常见的交互模式？设计是否具有一致性？

④ 易学性（Learnability）：用户是否易于学习如何使用产品？产品是否支持用户熟悉交互过程？

⑤ 可控性（Controllability）：用户是否有控制感？产品是否迫使用户采取他们不想采取的步骤？是否可以在任何时候中断工作，并且以后继续工作时数据不丢失？产品是否按照预期对用户输入做出反应？

⑥ 使用错误稳健性（Use Error Robustness）：产品如何应对不正确的输入？产品是否为用户提供了足够的帮助或信息来轻松解决错误情况？产品是否自动纠正简单错误？设计是否有助于避免错误？

⑦ 用户参与（User Engagement）：产品是否能够激励用户？产品是否具有可信度？设计能否增加用户对产品的使用？

需要注意的是，可用性不是产品的属性，它是针对特定的使用环境和特定的用户群体定义的。

（2）可用性的"5E"模型

为了探讨可用性的构成维度，Quesenbery（2003）提出了"5E"模型。"5E"模型是指可用性的五个维度，这五个维度英文单词的首字母均为"E"，即有效的（Effective）、有效率的（Efficient）、有趣的（Engaging）、容错（Error Tolerant）、易学（Easy to Learn）。

① 有效的：用户实现其目标的完整性和准确性。

② 有效率的：用户完成任务的效率。

③ 有趣的：产品的色调和风格使产品使用起来令人愉快或满意的程度。

④ 容错：设计在多大程度上防止错误，或有助于从发生的错误中恢复。

⑤ 易学：产品对其功能的初始学习和深入理解的支持程度。

1.1.3 用户体验与用户体验设计

（1）用户体验

ISO 9241-210 对用户体验进行了定义：用户体验是用户对产品、系统或服务的使用或预期使用所产生的感知和反应。从该定义可以看出，用户体验是一种主观感受，其核心是用户的感知和反应。因此，为了衡量用户体验，需要询问用户的主观印象。与可用性的定义类似，产品的用户体验取决于用户群体和使用环境。

用户体验不仅受产品实际使用的影响，还包括使用前和使用后的感受，如图1-2所示。可以看出，可用性属于用户体验的一部分，主要针对使用过程中的体验，而使用前的体验可归类为感性，使用后的体验可归类为用户价值。

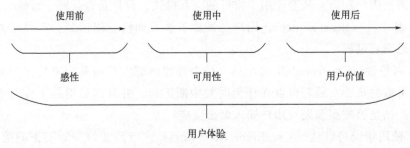

图1-2　用户体验的构成阶段

人通过视觉、听觉、味觉、嗅觉、触觉等感觉器官与外界接触，获取信息，对事物产生认知，进而产生感性，如图1-3(a)所示。如何根据感性设计吸引人的产品，是设计开发需要考虑的重要因素，这是感性工学（Kansei/Affective Engineering）研究的重要议题，如图1-3(b)所示。感性工学是一项系统地挖掘人们对产品的感性并将其转化为产品设计要素的技术（Nagamachi，1995），感性工学的研究主要针对感官层面进行设计，对于产品的使用过程以及使用后的感受涉及较少。

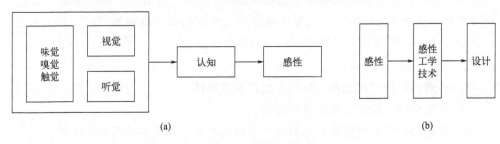

图1-3　感性与设计

（2）用户体验设计

用户体验设计（User Experience Design，UXD或UED）是一项包含了产品、服务、活动与环境等多个因素的综合性设计，每一个因素都是基于用户的需求、愿望、信念、知识、技能、经验和看法等的考虑（罗仕鉴，朱上上，2010）。Benyon（2019）将用户体验设计的框架概括为"人（People）-活动（Activity）-情境（Context）-技术（Technology）"，即PACT。

① 人：人与人之间存在一定的差异，这些差异包括生理差异、心理差异、社

会差异、态度差异等。用户体验设计以对人的研究为基础，需要了解人的生活形态，建立人物角色模型。

② 活动：活动既指简单的任务，又指复杂度高、耗时长的活动，设计师需要考虑活动的频率、复杂度、安全性、时间要求等。

③ 情境：活动总是在各种情境中发生，因此有必要将两者结合起来进行分析。情境可分为组织情境、社会情境以及活动发生的物理环境。

④ 技术：交互式系统一般具有多项功能，而且包含一定的数据或信息。用户使用系统的主要目的是与系统进行交互，设计师需要了解交互的各种可能性。

进行用户体验设计，需要理解使用系统、服务和产品的用户，明确用户希望从事的活动，以及这些活动发生的情境，并需要了解相关技术的特征。用户体验设计的目的是在某个特定领域内，将 PACT 的元素结合到最优。

1.1.4　用户体验的层次模型

为了提升用户体验，Norman（2005）提出设计的三个层次，分别是本能层、行为层、反思层。本能层设计与人的第一反应有关，注重用户接受信息的本能感受，其目标是让用户感觉良好，产品的造型、色彩、材质等对本能层设计有直接影响。行为层设计与产品的使用过程有关，优秀的行为层设计应充分考虑产品的功能、易理解性、易用性以及人的感受。反思层设计主要针对使用过程结束后，用户的体验和反思，反思层设计涵盖诸多领域，与信息、文化以及产品的含义和用途紧密相关。

根据用户体验的构成阶段和设计的三个层次，可构建如图 1-4 所示的用户体验层次模型，其中本能层是指非任务相关的属性，包括"富有美感的""刺激的""创新的"等；行为层是指任务相关的属性，包括"效率""易学性""可控性"等；反思层是指整体情感反应，包括正面情感和负面情感。本能层、行为层、反思层的相互作用，共同决定了用户体验。

1.1.5　用户体验的维度

针对用户体验的维度，许多学者进行了系统探讨，下面将对主要的研究加以介绍。

（1）感性、可用性与用户价值

Park 等（2018）从感性、可用性与用户价值的角度出发建立了用户体验的维度，并将其应用于家电产品的用户体验评价中，各维度的具体内容如图 1-5 所示，其中感性维度包括吸引力、精致性、豪华性、舒适性、和谐性，可用性维度包括

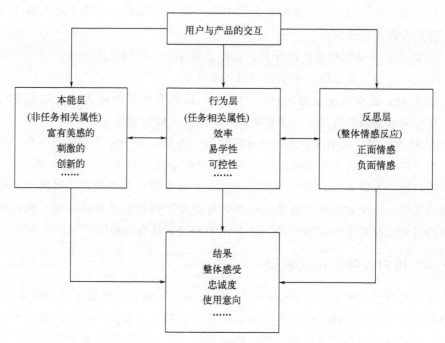

图 1-4　用户体验的层次模型

图 1-5　用户体验的三个维度

可学习性、信息性、效率、适宜性，用户价值维度包括安全、卫生、耐久性、性能、功能。在实际研究中，可根据不同产品的特点，对感性、可用性、用户价值三个维度的内容进行适当调整。

（2）蜂巢模型

Morville（2004）对用户体验的维度进行研究，共确定了七个主要维度，并据此构建了用户体验的蜂巢模型，如图 1-6 所示。蜂巢模型最初用于探讨网页设计的用户体验品质问题，该模型现已广泛应用于所有产品的用户体验设计。

图 1-6   用户体验的蜂巢模型

蜂巢模型中用户体验各维度的含义如下。

① 有用的（Useful）：产品或系统必须是有用的。

② 可用的（Usable）：产品或系统必须是可用的。

③ 合意的（Desirable）：产品或系统在情感方面能够满足用户的需求。

④ 可寻的（Findable）：产品或系统的导航应让用户容易找到所需要的东西。

⑤ 可及的（Accessible）：产品或系统应适合残障人士使用。

⑥ 可信的（Credible）：产品或系统的设计应让用户产生信任。

⑦ 有价值的（Valuable）：产品或系统应是有价值的。

（3）用户体验的六个维度

Laugwitz 等（2008）以数据分析为基础，提出了用户体验的六个维度，各维度及其含义分别如下。

① 吸引力（Attractiveness）：对产品的整体印象，用户喜欢或不喜欢产品？

② 明晰（Perspicuity）：熟悉产品容易吗？学会如何使用产品容易吗？

③ 效率（Efficiency）：用户完成任务能不需要额外的努力吗？

④ 可靠性（Dependability）：用户感觉能控制交互吗？

⑤ 激励（Stimulation）：使用产品是令人愉快和刺激的吗？

⑥ 新颖（Novelty）：产品是革新的和有创造性的吗？产品能够捕获用户的兴趣吗？

在六个维度中，效率、明晰、可靠性属于用户体验的实用品质（Pragmatic Quality），激励、新颖属于享乐品质（Hedonic Quality），吸引力是一个独立的维度。Laugwitz 等（2008）根据用户体验的六个维度，建立了用户体验问卷（User Experience Questionnaire，UEQ），该问卷由 26 对语义相反的形容词组成，每组词分别描述用户体验的某方面属性，用户体验的六个维度与 26 对形容词之间的关系如图 1-7 所示。

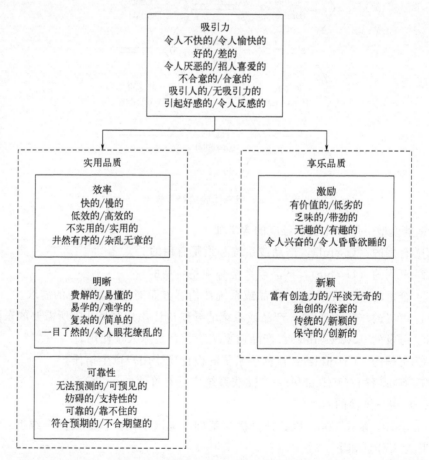

图 1-7　用户体验的六个维度及其构成

从上面的 3 个用户体验维度模型可以看出，用户体验维度的主观性较强。在对产品的用户体验进行研究时，可针对产品的具体情况，有针对性地选择部分维度进行研究。此外，针对不同用户群体，用户体验不同维度之间的相对重要性也有所不同。

1.2　用户体验的度量

用户体验设计的流程图如 1-8 所示，包括需求分析、构思设计方案、原型制作、用户体验度量四项主要内容（Rogers 等，2023）。从图中可以看出，用户体验度量是产生最优设计的必备环节。许多学者围绕用户体验度量进行了深入研究，如林闯等（2012）对用户体验的品质模型进行了探讨，唐帮备等（2015）结合眼动和脑电对工业设计中用户体验的度量进行了分析，Li 和 Zhu（2019b）对基于模糊信息的用户体验度量进行了研究。下面对用户体验度量的相关知识加以介绍。

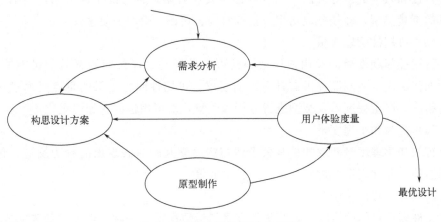

图 1-8　用户体验设计流程图

1.2.1　用户体验度量的类型

用户体验度量可分为 5 种主要类型，分别是自我报告度量、绩效度量、可用性问题度量、行为和生理度量、合并和比较度量（Albert，Tullis，2022）。

（1）自我报告度量

由于用户体验具有较强的主观性，因此自我报告度量是最常用的度量类型。自我报告度量基于用户自身经验的分享，包括满意度、期望、易用性、信任、有用性、知晓度等。自我报告数据可以提供有关用户感知系统以及与系统交互方面的重要信息。收集自我报告度量数据有两个最佳时间：一个是在每个任务的末尾，称为任务后评分；另一个是在整个测试过程的末尾，称为测试后评分。二者都有各自的优点：在每个任务后即刻进行评分，有助于对任务和存在问题的界面进行梳理和确定；在整个测试单元时进行评分则可以提供一个更有效的整体评价。

常用的自我报告度量问卷有系统可用性量表（System Usability Scale，SUS）、计算机系统可用性问卷（Computer System Usability Questionnaire，CSUQ）、研究后系统可用性问卷（Post-Study System Usability Questionnaire，PSSUQ）、用户界面满意度问卷（Questionnaire for User Interface Satisfaction，QUIS）、用户体验问卷（User Experience Questionnaire，UEQ）等，有关这些问卷的详细内容，请参考相关文献，在此不再赘述。

（2）绩效度量

对用户体验研究人员来讲，绩效度量是最有价值的度量之一，是评价许多产品有效性和效率的最好方法。绩效度量主要针对用户行为的不同方面，包括5种基本的度量类型，即任务成功率、任务时间、错误、效率、易学性。

（3）可用性问题度量

可用性问题度量涉及用户所遇到的可用性问题，评估问题背后的可能原因，并对如何解决这些问题提供有针对性的建议。可用性问题度量的重点是通过对问题的频次、严重程度以及类型进行分析和度量，对可用性问题加以量化。

（4）行为和生理度量

行为和生理度量获取的是有关个体与产品交互时所表现出的行为反应，包括眼动追踪、面部表情、皮肤电反应、脑电波等。

（5）合并和比较度量

在许多用户体验研究中，收集的度量指标数据不止一种，例如，任务完成率、任务时间、自我报告度量等。在有些情况下，研究人员不太关心每个单独度量的结果，而比较在意所有这些度量所反映出来的用户体验的总体情况，这就要将用户体验度量中的多个度量整合为某种类型的一个综合用户体验分数，基于综合用户体验分数可进行多个设计方案的比较。

1.2.2 用户体验度量中的模糊信息

在用户体验度量中，所有的自我报告度量均具有很强的主观性，此外有关可用性问题严重程度等的度量也具有较强的主观性。在用户体验度量中，如何对这些具有主观性的指标进行度量是对用户体验进行科学量化的关键。

在传统的二元集合论中，度量的结果只有两种情形：是或非。用户体验具有较强的主观性，在本质上具有模糊性，若直接使用二元集合论的定义来进行语义性评价，可能会产生一些误导，Jankowski 等（2016）提出采用模糊理论的方法进行主观评价，将语义评价通过隶属函数予以量化。模糊理论由 Zadeh（1965）提出，是用数学方法研究和处理具有模糊性现象的科学，是对精确数学的补充和发展，在自然科学和社会科学的许多领域得到了广泛应用。模糊理论是一种对语义性措辞非常合适的分析方法，可以有效地将用户体验中的主观判断予以数量化。

用户体验度量的许多指标基于人的主观感受，使用模糊理论对其进行量化，可使研究结果更加客观。近年来，许多学者尝试将模糊理论应用于用户体验度量中，如 Hsiao 和 Ko（2013）采用模糊综合评价和模糊层次分析法研究产品的外观吸引力，Camargo 等（2014）基于模糊积分研究产品的可用性，Chou（2018）基于模糊理论进行用户体验的度量。

1.3 用户体验的优化设计

用户体验的优化设计需要研究用户的行为、目标和需求，理解产品的使用情境，创造性地提出解决方案，通过设计评价不断地进行迭代设计。目前，有关用户体验优化设计的研究方法较多，其中比较常见的是多目标进化优化、稳健参数设计、人因差错预防。

1.3.1 多目标进化优化

进化优化设计是指采用进化算法进行优化设计，进化优化设计能有效提升产品的市场竞争力，是设计理论研究的重要内容之一。许多学者围绕产品的进化优化设计进行了系统研究，如 Hsiao 等（2010）结合数量化理论 I 和遗传算法对产品造型设计进行优化，首先采用数量化理论 I 建立设计要素与情感反应之间的关系模型，然后基于该模型，使用遗传算法进行优化设计。

在用户体验研究中，优化的目标经常有多个。近年来，伴随着多目标进化优化技术的不断成熟，许多学者开始基于多目标进化优化对用户体验进行优化设计，如苏建宁等（2014）对产品多意象造型进化设计进行了探讨，陈国东等（2015）对面向复合意象的产品形态多目标优化设计进行了研究，Yang（2011）基于多目标的产品情感反应构建了混合式感性工学系统。

多目标进化优化是对用户体验进行优化设计的重要方法，但该方法对用户体验的主观性考虑较少，如何应对用户体验的主观性是用户体验多目标进化优化亟须解决的重要问题。此外，多目标进化优化得到的结果是 Pareto 最优解集，而不是单个最优解，如何在 Pareto 最优解集中确定最优设计也是需要解决的重要问题。

1.3.2　稳健参数设计

稳健设计（Robust Design，也称健壮设计、鲁棒设计）是在广泛吸收现代科学和工程技术成果的基础上，提出的一种以用户需求为牵引，创造高品质、短周期、低成本产品的设计思想和方法体系。一个产品的品质优劣可以由许多特性来描述，这些特性称为品质特性（Quality Characteristics），品质特性包括物理上的（如重量、强度）、感官上的（如外观、品味）、时间上的（如可靠度、服务性等）。稳健参数设计是一种重要的稳健设计方法，可使产品品质特性的平均值接近目标值，变异大幅度减少，产品以更高的性能工作。

稳健参数设计也称为田口方法（Taguchi Method），是在正交试验设计基础上发展起来的，强调的重点是在产品设计时就考虑品质问题。稳健参数设计的应用较为广泛，如 Smith 和 Dunckley（1998）将稳健参数设计应用于用户界面设计中，Ling 和 Salvendy（2007）采用稳健参数设计对启发式评价过程进行优化，Zhou 等（2007）认为稳健参数设计可以有效提升以用户为中心的设计过程，Oztekin 等（2013）将稳健参数设计与感性工学进行了结合。

好的用户体验设计必须符合两个条件：一是用户体验品质特性的平均值要与目标值尽可能一致；二是用户体验品质特性的变异要越小越好。显然，这两个条件与稳健参数设计的目标是相同的。在传统的稳健参数设计中，一般针对单一的客观品质特性进行优化，但用户体验涉及人与产品交互过程的各个方面，具有多维性、复杂性、主观性等特点，如何采用稳健参数设计对用户体验进行优化设计是一个非常重要的研究课题。

1.3.3　人因差错预防

在用户体验研究中，人因差错是一种广义的概念，是指任何妨碍用户以最高效的方式完成某任务的操作，即差错是可以导致用户偏离正确完成路径的任何情况。通过对人因差错的预防，能够有效检查可用性问题，提高操作效率。由此可见，人因差错预防是用户体验优化设计的重要类型。

有关人因差错预防的研究较多，如 Mandal 等（2015）基于系统性人因差错减少和预测方法（Systematic Human Error Reduction and Prediction Approach，SHERPA）研究起重机操作过程中的人因差错，Stanton（2006）对层次任务分析法（Hierarchical Task Analysis，HTA）在人因差错分析中的应用进行了分析，刘胧和刘虎沉（2010）采用失效模式与效应分析（Failure Mode and Effect Analysis，FMEA）对产品可用性问题的识别和预防进行了探讨。

用户体验领域中人因差错的类型较多，形成原因较为复杂。系统中某个差错的修正可能会引入新的差错，因此必须明确差错的优先级，但优先级的分析涉及差错的严重度、发生度、侦测度等众多因素，而且这些因素又具有较强的主观性。如何有效识别人因差错及其优先级，并围绕人因差错的预防进行优化设计具有重要意义。

1.4 主要研究内容和本书架构

用户体验涉及范围非常广，本书主要聚焦于产品造型设计和交互设计。优化设计的理论和方法非常多，本书主要聚焦于多目标进化优化、稳健参数设计以及人因差错预防。在产品造型设计方面，本书围绕用户体验的感性维度进行优化设计，主要研究多目标进化优化和稳健参数设计两种方法。在交互设计方面，本书基于用户体验度量的不同维度，以自我报告度量、绩效度量、合并和比较度量为核心研究用户体验的稳健参数设计，以可用性问题度量为核心研究交互设计中的人因差错预防。

本书的架构如图1-9所示。第1章为绪论，对用户体验模糊优化设计进行初步探讨。第2章围绕用户体验优化设计中需要用到的模糊理论知识进行论述。第3章～第5章分别详细论述多目标进化优化、稳健参数设计以及人因差错预防等用户体验优化设计方法。第6章和第7章主要论述产品造型的优化设计，其中第6章针对面向多目标进化优化的产品造型设计，第7章针对面向稳健参数设计的产品造型设计。第8章和第9章主要论述交互设计的优化设计，其中第8章针对面向稳健参数设计的用户体验设计，第9章针对面向人因差错预防的用户体验设计。第10章为总结和展望，对本书内容进行总结，并对后续研究进行展望。

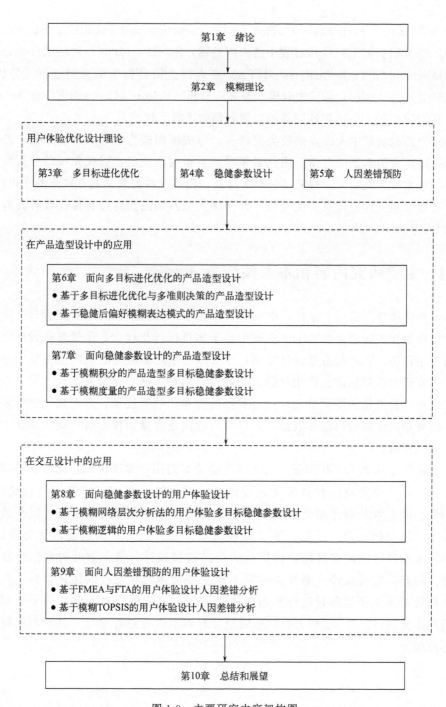

第1章 绪论

第2章 模糊理论

用户体验优化设计理论

第3章 多目标进化优化

第4章 稳健参数设计

第5章 人因差错预防

在产品造型设计中的应用

第6章 面向多目标进化优化的产品造型设计
- 基于多目标进化优化与多准则决策的产品造型设计
- 基于稳健后偏好模糊表达模式的产品造型设计

第7章 面向稳健参数设计的产品造型设计
- 基于模糊积分的产品造型多目标稳健参数设计
- 基于模糊度量的产品造型多目标稳健参数设计

在交互设计中的应用

第8章 面向稳健参数设计的用户体验设计
- 基于模糊网络层次分析法的用户体验多目标稳健参数设计
- 基于模糊逻辑的用户体验多目标稳健参数设计

第9章 面向人因差错预防的用户体验设计
- 基于FMEA与FTA的用户体验设计人因差错分析
- 基于模糊TOPSIS的用户体验设计人因差错分析

第10章 总结和展望

图 1-9 主要研究内容架构图

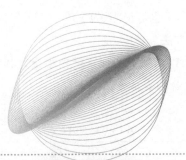

第 2 章
模糊理论

2.1 模糊集合及其运算

2.1.1 模糊集合的定义与表示方法

（1）模糊集合的定义

集合是现代数学的一个基本概念，所谓集合是指具有某种特定属性的对象的全体。经典集合的对象是清晰的、确定的事物，彼此之间存在"非此即彼"的特性。但是现实世界中，有些事物是模糊的、不确定的，具有"亦此亦彼"的特性，特别是在用户体验设计领域，如用户体验设计的评价、人因差错风险因素的评估、用户需求的量化分析等。

模糊理论是一门用清晰的数学方法描述和研究模糊事物的数学理论，该理论将经典集合的取值 $\{0, 1\}$ 扩充到闭区间 $[0, 1]$，认为一个事物属于某个集合的特征函数的值不仅是 0 或 1，而是可以取 0 到 1 之间的任何值。模糊集合（Fuzzy Sets）是模糊理论的核心概念，其定义如下。

在论域 U 上，给定一个映射：
$$\widetilde{A}: U \rightarrow [0, 1], \ x \mapsto \mu_{\widetilde{A}}(x) \tag{2-1}$$
称集合 $\widetilde{A}$ 为论域 U 上的模糊集合或模糊子集，用 $\mu_{\widetilde{A}}(x)$ 表示 U 中各个元素 x 属于模糊集合 $\widetilde{A}$ 的隶属函数。当 x 是一个确定的元素 x_0 时，称 $\mu_{\widetilde{A}}(x_0)$ 为元素 x_0 对模糊集合 $\widetilde{A}$ 的隶属度。

为了书写简单，模糊集合也可写成 "F 集合"，一个模糊集合 $\widetilde{A}$ 也可用大写字

母 A 表示，隶属函数 $\mu_{\tilde{A}}(x)$ 也可记为 $A(x)$。

（2）模糊集合的表示方法

若论域 U 为有限集，A 为 U 上的任一模糊集合，其隶属函数为 $\{A(x_i)\}(i=1，2，\cdots，n)$，则模糊集合的表示方法如下。

① Zadeh 表示法

$$A = \sum \frac{A(x_i)}{x_i} = \frac{A(x_1)}{x_1} + \frac{A(x_2)}{x_2} + \cdots + \frac{A(x_n)}{x_n} \tag{2-2}$$

② 序偶表示法

$$A = \{(x_1，A(x_1))，(x_2，A(x_2))，\cdots，(x_n，A(x_n))\} \tag{2-3}$$

③ 向量表示法

$$A = (A(x_1)，A(x_2)，\cdots，A(x_n)) \tag{2-4}$$

如果论域 U 是无限集，则 U 上的模糊集合 A 可表示为

$$A = \int_U \frac{A(x)}{x} \tag{2-5}$$

2.1.2 模糊集合的相关概念与运算

（1）模糊集合的高度和基数

设 U 为论域，A 为 U 上的模糊集合，模糊集合的高度（Height）$h(A)$ 定义为

$$h(A) = \max_{x \in U} A(x) \tag{2-6}$$

模糊集合的基数（Cardinality）$|A|$ 定义为

$$|A| = \sum_{x \in U} A(x) \tag{2-7}$$

（2）模糊集合的支集、核和正规模糊集

设 U 为论域，A 为 U 上的模糊集合，记集合

Supp $A = \{x \,|\, x \in U，A(x) > 0\}$，称 Supp A 为模糊集合 A 的支集（Support），其示意图见图 2-1(a)。

Ker $A = \{x \,|\, x \in U，A(x) = 1\}$，称 Ker A 为模糊集合 A 的核（Kernel），其示意图见图 2-1 (b)。

将 Ker $A \neq \varnothing$ 的模糊集合 A 称为正规（Normal）模糊集合，正规模糊集合的高度为 1。

（3）凸模糊集合

凸模糊集合是经典集合中凸集合的推广，凸模糊集合的定义如下。

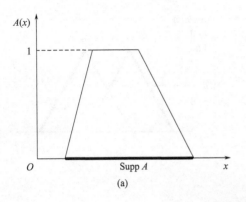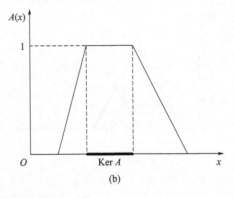

图 2-1 模糊集合的支集与核

设集合 R 为实数域，A 为 R 上的模糊集合，若 $\forall x_1$，$x_2 \in R$，对于所有的 $\lambda \in [0，1]$，均有

$$A[\lambda x_1 + (1-\lambda)x_2] \geqslant \min[A(x_1)，A(x_2)] \tag{2-8}$$

则称 A 为凸模糊集合，否则是非凸的。凸模糊集合的条件可概括为：任何中间元素的隶属度都大于或等于两边元素隶属度中的较小者。

（4）模糊集合的运算

与经典集合一样，模糊集合也有交集、并集、补集等运算。设 U 为论域，A 与 B 为 U 上的两个模糊集合，$A(x)$ 与 $B(x)$ 分别为其隶属函数，则模糊集合的主要运算规则如下。

① 模糊集合的交集　模糊集合 A 与 B 的交集如图 2-2(a) 所示，其数学描述为

$$(A \bigcap B)(x) = \min\{A(x)，B(x)\} = A(x) \bigwedge B(x) \tag{2-9}$$

② 模糊集合的并集　模糊集合 A 与 B 的并集如图 2-2(b) 所示，其数学描述为

$$(A \bigcup B)(x) = \max\{A(x)，B(x)\} = A(x) \bigvee B(x) \tag{2-10}$$

③ 模糊集合的补集　模糊集合 A 的补集如图 2-2 (c) 所示，其数学描述为

$$\overline{A}(x) = 1 - A(x) \tag{2-11}$$

模糊集合的交集、并集、补集运算具有如下性质：

① 幂等律：$A \bigcup A = A$，$A \bigcap A = A$。

② 交换律：$A \bigcup B = B \bigcup A$，$A \bigcap B = B \bigcap A$。

③ 结合律：$(A \bigcup B) \bigcup C = A \bigcup (B \bigcup C)$，$(A \bigcap B) \bigcap C = A \bigcap (B \bigcap C)$。

④ 分配律：$A \bigcup (B \bigcap C) = (A \bigcup B) \bigcap (A \bigcup C)$，$A \bigcap (B \bigcup C) = (A \bigcap B) \bigcup (A \bigcap C)$。

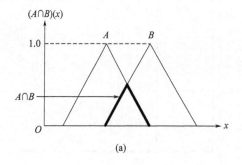

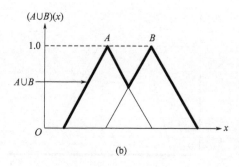

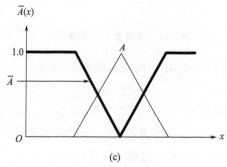

图 2-2　模糊集合的运算

⑤ 吸收律：$(A \cup B) \cap A = A$，$(A \cap B) \cup A = A$。

⑥ 两极律：$A \cup U = U$，$A \cap U = A$，$A \cup \varnothing = A$，$A \cap \varnothing = \varnothing$。

⑦ 还原律：$\overline{\overline{A}} = A$。

⑧ 对偶律：$\overline{A \cup B} = \overline{A} \cap \overline{B}$，$\overline{A \cap B} = \overline{A} \cup \overline{B}$。

　　需要注意的是，模糊集合运算不满足普通集合运算的互补律，即 $A \cup \overline{A} \neq U$，$A \cap \overline{A} = \varnothing$，这是由模糊集合不具备 "非此即彼" 的特性所决定的。

　　模糊集合运算中的 $\vee$ 和 $\wedge$ 称为 Zadeh 算法（也称算子），该算法使用方便、应用广泛，但运算过程可能会丢失一些信息。研究人员可根据需要采用其他模糊集合的交集和并集运算算法，如代数和与积算法、有界和与积算法、Yager 算法、Einstain 算法、Hamacher 算法等，具体可参考相关文献，在此不再赘述。

2.1.3　模糊集合的截集与分解定理

（1）模糊集合的截集

　　设 U 为论域，A 为 U 上的模糊集合，任取 $\alpha \in [0, 1]$，记

$$A_{\alpha} = \{x \in U \mid A(u) \geqslant \alpha\} \tag{2-12}$$

称 A_{α} 为 A 的 α 截集（α-cut，也称 α-level），α 称为阈值或置信水平。A_{α} 是一

个经典集合，由隶属度大于等于 α 的成员构成，如图 2-3(a) 所示。

记

$$A_{a+}=\{x \in U | A(u) > \alpha\} \tag{2-13}$$

称 A_{a+} 为 A 的 α 强截集。A_{a+} 是一个经典集合，由隶属度大于 α 的成员构成，如图 2-3(b) 所示。

通过模糊集合的截集可以使模糊集合转变为经典集合，它是模糊向清晰转换的一种方法。

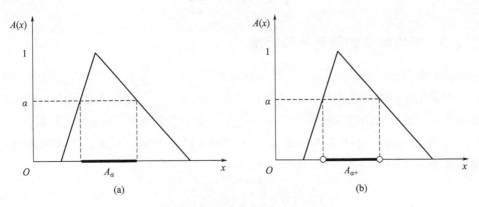

图 2-3　模糊集合的截集与强截集

（2）模糊集合的分解定理

模糊集合的分解定理是指任何一个模糊集合 A 都可以看作是无限多截集 A_α 的并集，即

$$A = \bigcup_{\alpha \in [0, 1]} (\alpha A_\alpha) \tag{2-14}$$

模糊集合的分解定理是联系模糊集合与经典集合的桥梁，模糊集合的截集是建造这个桥梁的一种工具。

2.1.4　模糊集合的扩张原理

扩张原理是为了处理模糊量而将非模糊的数学概念进行扩充的方法，其数学描述如下。

设 f 是从 X 至 Y 的一个映射，A 为 X 上的一个模糊集合

$$A = \frac{A(x_1)}{x_1} + \frac{A(x_2)}{x_2} + \cdots + \frac{A(x_n)}{x_n}$$

则由映射 f 产生的 A 的像为

$$f(A) = \frac{A(x_1)}{f(x_1)} + \frac{A(x_2)}{f(x_2)} + \cdots + \frac{A(x_n)}{f(x_n)} \tag{2-15}$$

也就是说，A 经过映射 f 后成为 $f(A)$，其隶属函数可以毫无保留地传递过去。

当 A 是一个连续集合，即

$$A = \int_X \frac{A(x)}{x}$$

则

$$f(A) = \int_Y \frac{A(x)}{f(x)} \tag{2-16}$$

2.1.5 模糊集合的距离与贴近度

（1）距离

可采用距离度量模糊集合之间的相似性，距离越小，相似程度越大。距离的类型较多，比较常用的是海明（Hamming）距离和欧几里得（Euclid）距离。

① 海明距离　设 A 和 B 是论域 U 上的两个模糊子集，A 和 B 之间的海明距离定义为

$$d(A, B) = \sum_{i=1}^{n} |A(x_i) - B(x_i)| \tag{2-17}$$

在实际应用中，常采用相对海明距离，其定义为

$$\delta(A, B) = \frac{1}{n}d(A, B) = \frac{1}{n}\sum_{i=1}^{n} |A(x_i) - B(x_i)| \tag{2-18}$$

② 欧几里得距离　设 A 和 B 是论域 U 上的两个模糊子集，A 和 B 之间的欧几里得距离定义为

$$e(A, B) = \sqrt{\sum_{i=1}^{n} [A(x_i) - B(x_i)]^2} \tag{2-19}$$

相对欧几里得距离定义为

$$\varepsilon(A, B) = \frac{1}{\sqrt{n}}e(A, B) = \sqrt{\frac{1}{n}\sum_{i=1}^{n} [A(x_i) - B(x_i)]^2} \tag{2-20}$$

（2）贴近度

贴近度描述集合之间的贴近程度，距离越小，贴近度越大。贴近度越大，集合越贴近。

设 A 和 B 是论域 U 上的两个模糊子集，则它们的贴近度定义为

$$N(A, B) = \frac{1}{2}[A \cdot B + (1 - A \odot B)] \tag{2-21}$$

式中，$A \cdot B$ 为两个模糊子集的内积，$A \odot B$ 为两个模糊子集的外积。计算公式分别为

$$A \cdot B = \bigvee_{x \in U} (A(x) \wedge B(x)) \tag{2-22}$$

$$A \odot B = \bigwedge_{x \in U} (A(x) \vee B(x)) \tag{2-23}$$

当内积越大、外积越小时，贴近度越大，模糊集合越贴近。

贴近度还有海明贴近度、欧几里得贴近度等，海明贴近度的定义为

$$N_H(A, B) = 1 - \frac{1}{n} \sum_{i=1}^{n} |A(x_i) - B(x_i)| \tag{2-24}$$

欧几里得贴近度的定义为

$$N_E(A, B) = 1 - \sqrt{\frac{1}{n} \sum_{i=1}^{n} [A(x_i) - B(x_i)]^2} \tag{2-25}$$

2.2 模糊数及其运算

2.2.1 模糊数

（1）模糊数的概念

在用户体验研究中经常用到实数域上的模糊集合，将实数域上正规的凸模糊集合称为正规实模糊数，简称为模糊数，即模糊数是指以某个实数值为核的凸模糊集合。模糊数是一类特殊的模糊集合，其性质与一般的模糊集合完全相同。

（2）模糊数的典型形式

对于模糊数 A，其典型形式为

$$A(x) = \begin{cases} f_A(x), & x \in [a, b) \\ 1, & x \in [b, c] \\ g_A(x), & x \in (c, d] \\ 0, & \text{其他} \end{cases} \tag{2-26}$$

式中，$a \leqslant b \leqslant c \leqslant d$，$f_A(x)$ 为增函数，$g_A(x)$ 为减函数。

模糊数 A 的 α 截集可表示为

$$A_\alpha = \begin{cases} [f_A^{-1}(\alpha), g_A^{-1}(\alpha)], & \alpha \in (0, 1) \\ [b, c], & \alpha = 1 \end{cases} \tag{2-27}$$

式中，f_A^{-1} 和 g_A^{-1} 分别为 f_A 和 g_A 的反函数。

在实际应用中，最常用的模糊数是梯形模糊数，梯形模糊数的隶属函数为

$$A(x) = \begin{cases} \dfrac{x-a}{b-a}, & x \in [a, \, b) \\ 1, & x \in [b, \, c] \\ \dfrac{d-x}{d-c}, & x \in (c, \, d] \\ 0, & \text{其他} \end{cases} \quad (2\text{-}28)$$

式中，$f_A(x) = \dfrac{x-a}{b-a}$，$g_A(x) = \dfrac{d-x}{d-c}$。

梯形模糊数如图 2-4 所示，梯形模糊数可用 4 项对表示，即

$$A = (a, \, b, \, c, \, d) \quad (2\text{-}29)$$

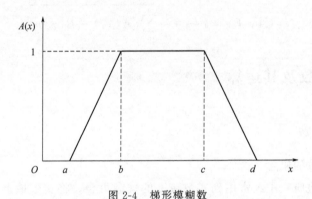

图 2-4　梯形模糊数

若 A 为梯形模糊数，则其 α 截集可表示为

$$A_\alpha = [a + (b-a)\alpha, \, d - (d-c)\alpha] \quad (2\text{-}30)$$

在梯形模糊数中，当 $b = c$ 时，梯形模糊数变为三角形模糊数，三角形模糊数的隶属函数为

$$A(x) = \begin{cases} \dfrac{x-l}{m-l}, & x \in [l, \, m] \\ \dfrac{u-x}{u-m}, & x \in [m, \, u] \\ 0, & \text{其他} \end{cases} \quad (2\text{-}31)$$

三角形模糊数如图 2-5 所示，三角形模糊数可用 3 项对表示，即

$$A = (l, \, m, \, u) \quad (2\text{-}32)$$

三角形模糊数的 α 截集可表示为

$$A_\alpha = [l + (m-l)\alpha, \, u - (u-m)\alpha] \quad (2\text{-}33)$$

在工程应用中，比较常见的隶属函数除了梯形和三角形外，还有高斯型、钟

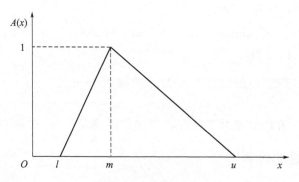

图 2-5　三角形模糊数

型、Sigmoid 型等，分别如下。

高斯型隶属函数：

$$f(x) = e^{-\frac{(x-c)^2}{2\sigma^2}} \tag{2-34}$$

式中，c 决定函数的中心位置，σ 决定函数曲线的宽度。

钟型隶属函数：

$$f(x) = \frac{1}{1+\left|\dfrac{x-c}{a}\right|^{2b}} \tag{2-35}$$

式中，c 决定函数的中心位置，a 和 b 决定函数的形状。

Sigmoid 型隶属函数：

$$f(x) = \frac{1}{1+e^{-a(x-c)}} \tag{2-36}$$

式中，a 和 c 决定函数的形状。

2.2.2　区间数的算术运算

一个模糊数有无限个 α 截集，每一个 α 截集均是一个区间数，因此在讨论模糊数的运算前，需要先了解区间数的运算。

设有模糊区间数 A 和 B，其 α 截集分别表示为

$$A_\alpha = [\underline{a},\ \overline{a}]_\alpha,\ B_\alpha = [\underline{b},\ \overline{b}]_\alpha$$

式中，$\underline{a}, \overline{a}, \underline{b}, \overline{b}$ 是 α 的函数。用 $*$ 代表四种运算加、减、乘、除中的任何一种，记 $(A*B)_\alpha = A_\alpha * B_\alpha$，则

$$(A+B)_\alpha = A_\alpha + B_\alpha = [\underline{a}+\underline{b},\ \overline{a}+\overline{b}]_\alpha \tag{2-37}$$

$$(A-B)_\alpha = A_\alpha - B_\alpha = [\underline{a}-\overline{b},\ \overline{a}-\underline{b}]_\alpha \tag{2-38}$$

$$(A \times B)_\alpha = A_\alpha \times B_\alpha$$
$$= [\min(\underline{ab}, \ \underline{a}\overline{b}, \ \overline{a}\underline{b}, \ \overline{ab}), \ \max(\underline{ab}, \ \underline{a}\overline{b}, \ \overline{a}\underline{b}, \ \overline{ab})]_\alpha \quad (2\text{-}39)$$
$$(A \div B)_\alpha = A_\alpha \div B_\alpha$$
$$= [\min(\underline{a}/\underline{b}, \ \underline{a}/\overline{b}, \ \overline{a}/\underline{b}, \ \overline{a}/\overline{b}), \ \max(\underline{a}/\underline{b}, \ \underline{a}/\overline{b}, \ \overline{a}/\underline{b}, \ \overline{a}/\overline{b})]_\alpha$$
$$(2\text{-}40)$$

区间数除法 $(A \div B)_\alpha$ 要求对于所有 $\alpha \in (0, 1]$ 满足 $0 \notin [\underline{b}, \ \overline{b}]_\alpha$。

2.2.3 模糊数的运算

（1）梯形模糊数的运算

设两个梯形模糊数如下

$$M = (a_1, \ b_1, \ c_1, \ d_1), \ N = (a_2, \ b_2, \ c_2, \ d_2)$$

两个梯形模糊数加法、减法的结果仍然是梯形模糊数，即

$$M + N = (a_1 + a_2, \ b_1 + b_2, \ c_1 + c_2, \ d_1 + d_2) \quad (2\text{-}41)$$
$$M - N = (a_1 - d_2, \ b_1 - c_2, \ c_1 - b_2, \ d_1 - a_2) \quad (2\text{-}42)$$

两个梯形模糊数乘法、除法的结果将不再是梯形模糊数，可使用 α 截集计算，近似的计算公式如下：

$$M \times N = (a_1 a_2 \wedge a_1 d_2 \wedge d_1 a_2 \wedge d_1 d_2, \ b_1 b_2 \wedge b_1 c_2 \wedge c_1 b_2 \wedge c_1 c_2,$$
$$b_1 b_2 \vee b_1 c_2 \vee c_1 b_2 \vee c_1 c_2, \ a_1 a_2 \vee a_1 d_2 \vee d_1 a_2 \vee d_1 d_2) \quad (2\text{-}43)$$

$$M \div N = \left(\frac{a_1}{a_2} \wedge \frac{a_1}{d_2} \wedge \frac{d_1}{a_2} \wedge \frac{d_1}{d_2}, \ \frac{b_1}{b_2} \wedge \frac{b_1}{c_2} \wedge \frac{c_1}{b_2} \wedge \frac{c_1}{c_2}, \right.$$
$$\left. \frac{b_1}{b_2} \vee \frac{b_1}{c_2} \vee \frac{c_1}{b_2} \vee \frac{c_1}{c_2}, \ \frac{a_1}{a_2} \vee \frac{a_1}{d_2} \vee \frac{d_1}{a_2} \vee \frac{d_1}{d_2} \right) \quad (2\text{-}44)$$

当 M 和 N 均是正梯形模糊数时，近似的计算公式可简化为

$$M \times N = (a_1 a_2, \ b_1 b_2, \ c_1 c_2, \ d_1 d_2) \quad (2\text{-}45)$$

$$M \div N = \left(\frac{a_1}{d_2}, \ \frac{b_1}{c_2}, \ \frac{c_1}{b_2}, \ \frac{d_1}{a_2} \right) \quad (2\text{-}46)$$

（2）三角形模糊数的运算

设两个三角形模糊数如下

$$M = (l, \ m, \ u), \ N = (a, \ b, \ c)$$

两个三角形模糊数加法、减法的结果仍然是三角形模糊数，即

$$M + N = (l + a, \ m + b, \ u + c) \quad (2\text{-}47)$$

$$M - N = (l - c, \ m - b, \ u - a) \quad (2\text{-}48)$$

两个三角形模糊数乘法、除法的结果将不再是三角形模糊数，可使用 α 截集

计算，近似的计算公式如下

$$M \times N = (la \wedge lc \wedge ua \wedge uc, mb, la \vee lc \vee ua \vee uc) \tag{2-49}$$

$$M \div N = (\frac{l}{a} \wedge \frac{l}{c} \wedge \frac{u}{a} \wedge \frac{u}{c}, \frac{m}{b}, \frac{l}{a} \vee \frac{l}{c} \vee \frac{u}{a} \vee \frac{u}{c}) \tag{2-50}$$

当 M 和 N 均是正三角形模糊数时，近似的计算公式可简化为

$$M \times N = (la, mb, uc) \tag{2-51}$$

$$M \div N = (\frac{l}{c}, \frac{m}{b}, \frac{u}{a}) \tag{2-52}$$

案例：分别使用 α 截集与近似的计算公式，计算两个三角形模糊数 $A = (1, 2, 3)$ 和 $B = (2, 3, 4)$ 的乘法。所得结果如图 2-6 所示，图中 $A \times B$ 表示使用近似计算公式所得的结果，即 $A \times B = (1 \times 2, 2 \times 3, 3 \times 4) = (2, 6, 12)$，$(A \times B)_\alpha$ 表示使用 α 截集计算所得的结果，可以发现两种结果非常相近。

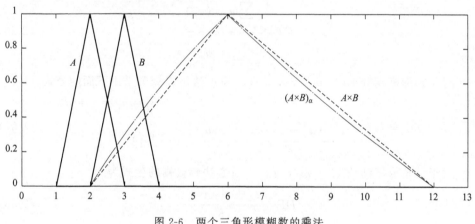

图 2-6　两个三角形模糊数的乘法

需要注意的是，模糊数的加法和乘法所对应的运算符号也可分别写为 $\oplus$ 和 $\otimes$，如对于三角形模糊数，有

$$M \oplus N = (l+a, m+b, u+c) \tag{2-53}$$

$$M \otimes N = (la, mb, uc) \tag{2-54}$$

2.2.4 解模糊

解模糊（Defuzzification）也称为"清晰化""反模糊化""去模糊化"，是指将模糊集合转化为单个数值，即选定一个清晰值去代表某个表述模糊事物或概念的模糊集合。

解模糊的方法较多，如重心法（Center of Gravity）、面积平分法（Bisector）、

最大隶属度法（Maximum）等。其中最为常用的是重心法，重心法也称为面积中心法（Centroid），该方法求出模糊集合隶属函数曲线与横坐标包围区域面积的中心，选这个中心对应的横坐标值作为这个模糊集合的代表值。

设论域 U 上模糊集合 A 的隶属函数为 $A(x)$，$x \in U$，则重心法解模糊的公式为

$$DF = \frac{\int_U A(x)x\,\mathrm{d}x}{\int_U A(x)\,\mathrm{d}x} \tag{2-55}$$

式中，DF 为解模糊的值，即面积中心对应的横坐标，$\int_U A(x)\,\mathrm{d}x \neq 0$。

如果论域 $U = \{u_1, u_2, \cdots, u_n\}$ 是离散的，u_i 的隶属度为 $A(u_i)$，则重心法解模糊的公式为

$$DF = \frac{\sum_{i=1}^{n} u_i A(u_i)}{\sum_{i=1}^{n} A(u_i)} \tag{2-56}$$

对于梯形模糊数 (a_i, b_i, c_i, d_i)，重心法解模糊可采用下面的公式

$$DF = \begin{cases} a_i, & a_i = b_i = c_i = d_i \\ \dfrac{c_i^2 + d_i^2 - a_i^2 - b_i^2 + c_i d_i - a_i b_i}{3 \times (c_i + d_i - a_i - b_i)}, & \text{其他} \end{cases} \tag{2-57}$$

对于三角形模糊数 (l_i, m_i, u_i)，重心法解模糊的公式为

$$DF = \frac{l_i + m_i + u_i}{3} \tag{2-58}$$

案例：对于三角形模糊数 （41，50.5，60），采用重心法解模糊。

该三角形模糊数的数学表达形式为

$$A(x) = \begin{cases} \dfrac{x - 41}{50.5 - 41}, & x \in [41, 50.5] \\ \dfrac{60 - x}{60 - 50.4}, & x \in [50.5, 60] \\ 0, & \text{其他} \end{cases}$$

按照重心法解模糊的公式 （2-55），有

$$DF = \frac{\int_{41}^{50.5} \dfrac{x - 41}{50.5 - 41}x\,\mathrm{d}x + \int_{50.5}^{60} \dfrac{60 - x}{60 - 50.4}x\,\mathrm{d}x}{\int_{41}^{50.5} \dfrac{x - 41}{50.5 - 41}\,\mathrm{d}x + \int_{50.5}^{60} \dfrac{60 - x}{60 - 50.4}\,\mathrm{d}x}$$

$$= \frac{224.83 + 254.92}{4.75 + 4.75} = \frac{479.75}{9.5} = 50.5$$

按照三角形模糊数重心法解模糊的公式（2-58），有

$$DF = \frac{41 + 50.5 + 60}{3} = 50.5$$

可见，两种方法得到的结果一致。

2.2.5 模糊数排序

在用户体验的研究中，经常需要对设计方案进行决策。进行设计决策时，除了解模糊外，也可采用模糊数排序。模糊数排序的方法较多，比较常用的一种方法是概率分布法，该方法基于平均数和标准差进行模糊数排序，模糊数排序的规则如表 2-1 所示。相对于各模糊数，若某一模糊数有较高的平均值和较低的标准差，则认为其排序靠前（Chen，Hwang，1992）。概率分布法包含两种形式：均等分配（Uniform Distribution）、比例分配（Proportional Distribution）。

表 2-1   模糊数排序的规则

模糊数平均值的关系	模糊数标准差的关系	排序规则
$\overline{x}(M_i) > \overline{x}(M_j)$	—	$M_i > M_j$
$\overline{x}(M_i) = \overline{x}(M_j)$	$\sigma(M_i) < \sigma(M_j)$	$M_i > M_j$

（1）均等分配

对于模糊数 M，均等分配是指 $f(M) = \dfrac{1}{|M|}$。

均等分配的平均值和标准差的计算公式分别为：

$$\overline{x}_U(M) = \frac{\displaystyle\int_{S(M)} x\mu_M(x)\mathrm{d}x}{\displaystyle\int_{S(M)} \mu_M(x)\mathrm{d}x} \tag{2-59}$$

$$\sigma_U(M) = \left[\frac{\displaystyle\int_{S(M)} x^2\mu_M(x)\mathrm{d}x}{\displaystyle\int_{S(M)} \mu_M(x)\mathrm{d}x} - [\overline{x}_U(M)]^2 \right]^{1/2} \tag{2-60}$$

式中，$S(M)$ 是模糊数 M 的支集；$\mu_M(x)$ 为模糊数 M 的隶属函数。

对于三角形模糊数 $M = (l, m, u)$，均等分配的平均值和标准差的计算公式分别为：

$$\overline{x}_U(M) = \frac{1}{3}(l + m + n) \tag{2-61}$$

$$\sigma_U(M) = \frac{1}{18}(l^2 + m^2 + n^2 - lm - ln - mn) \tag{2-62}$$

（2）比例分配

对于模糊数 M，比例分配是指 $f(M) = k\mu_M(x)$，其中 $\mu_M(x)$ 为模糊数 M 的隶属函数，k 为常数。

比例分配的平均值和标准差的计算公式分别为：

$$\overline{x}_P(M) = \frac{\displaystyle\int_{S(M)} x^2 \mu_M(x)\,\mathrm{d}x}{\displaystyle\int_{S(M)} [\mu_M(x)]^2\,\mathrm{d}x} \tag{2-63}$$

$$\sigma_P(M) = \left[\frac{\displaystyle\int_{S(M)} x^2 [\mu_M(x)]^2\,\mathrm{d}x}{\displaystyle\int_{S(M)} [\mu_M(x)]^2\,\mathrm{d}x} - [\overline{x}_P(M)]^2 \right]^{1/2} \tag{2-64}$$

式中，$S(M)$ 是模糊数 M 的支集；$\mu_M(x)$ 为模糊数 M 的隶属函数。

对于三角形模糊数 $M = (l, m, u)$，比例分配的平均值和标准差的计算公式分别为：

$$\overline{x}_P(M) = \frac{1}{4}(l + 2m + n) \tag{2-65}$$

$$\sigma_P(M) = \frac{1}{80}(3l^2 + 4m^2 + 3n^2 - 4lm - 2ln - 4mn) \tag{2-66}$$

2.3 模糊关系及其运算

（1）集合的直积

设 A 和 B 为论域 U 上的任意两个模糊集合，若从 A、B 中各取一个元素 $x \in A$，$y \in B$，按照先 A 后 B 的顺序构成序偶 (x, y)，以所有序偶 (x, y) 为元素构成的集合，称为集合 A 到集合 B 的直积（Cartesian Product，也称为笛卡儿积），记为

$$A \times B = \{(x, y) \mid x \in A, y \in B\} \tag{2-67}$$

（2）模糊关系的定义

设 R 是 $A \times B$ 上的一个模糊子集，其隶属函数

$$R(x, y): A \times B \to [0, 1] \qquad (2\text{-}68)$$

确定了 A 中元素 x 与 B 中元素 y 的相关程度，则称 $R(x, y)$ 为从 A 到 B 的一个二元模糊关系，简称模糊关系。

模糊关系可以扩展到 n 维，设 R 为 n 维空间 $X_1 \times X_2 \times \cdots \times X_n$ 上的一个模糊子集，则其隶属函数可表示为

$$R(x_1, x_2, \cdots, x_n): X_1 \times X_2 \times \cdots \times X_n \to [0, 1] \qquad (2\text{-}69)$$

（3）模糊关系矩阵

若集合 X 有 m 个元素，集合 Y 有 n 个元素，则集合 X 至集合 Y 中的模糊关系可用矩阵 $\boldsymbol{R}$ 表示，即

$$\boldsymbol{R} = \begin{bmatrix} r_{11} & r_{12} & \cdots & r_{1n} \\ r_{21} & r_{22} & \cdots & r_{2n} \\ \vdots & \vdots & & \vdots \\ r_{m1} & r_{m2} & \cdots & r_{mn} \end{bmatrix} \qquad (2\text{-}70)$$

式中，$\boldsymbol{R}$ 为模糊关系矩阵，简称模糊矩阵；$r_{ij} = \boldsymbol{R}(x_i, y_j): X \times Y \to [0, 1]$。当 $r_{ij} = 0$ 或 1 时，对应于普通关系，这时的矩阵为布尔矩阵。

将模糊集合的 α 截集概念推广到模糊矩阵，就可以得到 α 截矩阵，其定义如下。设模糊矩阵 $\boldsymbol{R} = (r_{ij})_{m \times n}$，$\forall \alpha \in [0, 1]$，记 α 截矩阵为

$$\boldsymbol{R}_\alpha = (r_{ij}(\alpha))_{m \times n} \qquad (2\text{-}71)$$

式中，$r_{ij}(\alpha)$ 是 α 的函数，它的取值由下式决定

$$r_{ij}(\alpha) = \begin{cases} 1, & r_{ij} \geqslant \alpha \\ 0, & r_{ij} < \alpha \end{cases} \qquad (2\text{-}72)$$

由于模糊矩阵 $\boldsymbol{R}$ 的 α 截矩阵 $\boldsymbol{R}_\alpha$ 中的元素只能取 0 或 1，因此 $\boldsymbol{R}_\alpha$ 是布尔矩阵。

（4）模糊关系的合成

设 $\boldsymbol{P}$ 是 $X \times Y$ 上的一个模糊子集，$\boldsymbol{Q}$ 是 $Y \times Z$ 上的一个模糊子集，则模糊关系 $\boldsymbol{P}$ 与模糊关系 $\boldsymbol{Q}$ 的合成（Composition），就是 X 到 Z 的一个模糊关系，记为 $\boldsymbol{P} \circ \boldsymbol{Q}$。

若已知模糊关系矩阵 $\boldsymbol{P} = (p)_{m \times k}$ 和 $\boldsymbol{Q} = (q)_{k \times n}$，则其合成关系 $(\boldsymbol{P} \circ \boldsymbol{Q})$ 就是一个 $m \times n$ 阶模糊矩阵。令 $\boldsymbol{R}(x, z) = \boldsymbol{P}(x, y) \circ \boldsymbol{Q}(y, z) = (\boldsymbol{P} \circ \boldsymbol{Q})(x, z)$，则模糊矩阵 $\boldsymbol{R} = (r)_{m \times n}$。模糊合成的方法较多，如"取大-取小""取大-积""和-积"等，其中最常用的是"取大-取小"法，使用该方法合成后的模糊关系矩阵 $\boldsymbol{R}$ 的元素 r_{ij} 为

$$r_{ij} = \bigvee_{k=1}^{n} (p_{ik} \wedge q_{kj}), \ r_{ij}, \ p_{ik}, \ q_{kj} \in [0, 1] \qquad (2\text{-}73)$$

（5）模糊等价矩阵与模糊相似矩阵

若 $\boldsymbol{R}$ 为论域 X 上的一个模糊关系，$\boldsymbol{R}=(r_{ij})_{n\times n}$，当满足以下三个条件：

① 自反性：$r_{ii}=1$，即主对角线上元素为1。

② 对称性：$r_{ij}=r_{ji}$，即 $\boldsymbol{R}$ 为对称方阵。

③ 传递性：$\boldsymbol{R}\circ\boldsymbol{R}\subseteq\boldsymbol{R}$，即 $\boldsymbol{R}$ 包含它与它自身的合成。

则称 $\boldsymbol{R}$ 为 X 上的模糊等价关系，或称 $\boldsymbol{R}$ 为模糊等价矩阵。基于模糊等价矩阵，可进行模糊聚类等方面的研究。

满足自反性与对称性，而不满足传递性的模糊矩阵，称为模糊相似矩阵。对于 U 上的模糊相似矩阵 $\boldsymbol{R}=(r_{ij})_{n\times n}$，当存在最小正整数 k，使得 $\boldsymbol{R}^k\circ\boldsymbol{R}^k=\boldsymbol{R}^k$ 时，则称 $\boldsymbol{R}^k$ 为传递闭包 $t(\boldsymbol{R})$，即

$$t(\boldsymbol{R})=\boldsymbol{R}^k \tag{2-74}$$

式中，$k\leqslant[\log_2 n]+1$。$t(\boldsymbol{R})$ 必然满足模糊等价关系的三个条件，因此，通过求传递闭包，可将模糊相似矩阵转变为模糊等价矩阵。

2.4 模糊聚类分析

对所研究的事物按一定标准进行分类的数学方法称为聚类分析。由于在用户体验领域，用户需求、设计评价等均属于模糊信息，因此可以采用模糊聚类分析，通过必要的量化评估和运算，科学地进行分类。模糊聚类的步骤如下（陈水利等，2005）。

2.4.1 数据规格化

为了消除指标单位的差别和数量级的不同，需要对各指标进行数据规格化处理。设被分类对象的集合为 $U=\{x_1,x_2,\cdots,x_n\}$，每一个对象 x_i 有 m 个指标 $x_i=(x_{i1},x_{i2},\cdots,x_{im})$ 表示其特性，则 n 个对象的所有指标构成一个矩阵，记为

$$\boldsymbol{U}^*=\begin{bmatrix} x_{11} & x_{12} & \cdots & x_{1m} \\ x_{21} & x_{22} & \cdots & x_{2m} \\ \vdots & \vdots & & \vdots \\ x_{n1} & x_{n2} & \cdots & x_{nm} \end{bmatrix} \tag{2-75}$$

称 $\boldsymbol{U}^*$ 为 U 的特性指标矩阵，x_{ij} 表示第 i 个对象的第 j 个特性指标。

数据规格化的方法较多，常用的方法是数据标准化法和最大值规格化法。

（1）数据标准化

对特性指标矩阵 $\boldsymbol{U}^*$ 的第 j 列，计算

$$\overline{x}_j = \frac{1}{n}\sum_{i=1}^{n} x_{ij} , \quad j=1, 2, \cdots, m \tag{2-76}$$

$$s_j = \sqrt{\frac{1}{n}\sum_{i=1}^{n} (x_{ij} - \overline{x}_j)^2} , \quad j=1, 2, \cdots, m \tag{2-77}$$

然后作变换

$$u_{ij} = \frac{x_{ij} - \overline{x}_j}{s_j} , \quad i=1, 2, \cdots, n; \ j=1, 2, \cdots, m \tag{2-78}$$

则 $\boldsymbol{U}_0 = (u_{ij})_{n\times m}$ 为规格化后的特性指标矩阵。

（2）最大值规格化

对特性指标 $\boldsymbol{U}^*$ 的第 j 列，计算

$$M_j = \max(x_{1j}, x_{2j}, \cdots, x_{nj}) , \quad j=1, 2, \cdots, m \tag{2-79}$$

然后作变换

$$u_{ij} = \frac{x_{ij}}{M_j} , \quad i=1, 2, \cdots, n; \ j=1, 2, \cdots, m \tag{2-80}$$

则 $\boldsymbol{U}_0 = (u_{ij})_{n\times m}$ 为规格化后的特性指标矩阵。

2.4.2 构造模糊相似矩阵

设 $u_{ij}(i=1, 2, \cdots, n; \ j=1, 2, \cdots, m)$ 为规格化后的特性指标值，可根据 u_{ij} 建立模糊相似矩阵 $\boldsymbol{R}$

$$\boldsymbol{R} = \begin{pmatrix} r_{11} & r_{12} & \cdots & r_{1n} \\ r_{21} & r_{22} & \cdots & r_{2n} \\ \vdots & \vdots & & \vdots \\ r_{n1} & r_{n2} & \cdots & r_{nn} \end{pmatrix} \tag{2-81}$$

建立模糊相似矩阵的方法较多，如相似系数法、距离法、最大最小法、主观评定法等。

（1）相似系数法

相似系数法包括夹角余弦法、相关系数法等方法。

① 夹角余弦法

$$r_{ij} = \frac{\sum_{k=1}^{m} u_{ik}u_{jk}}{\sqrt{\sum_{k=1}^{m} u_{ik}^2} \sqrt{\sum_{k=1}^{m} u_{jk}^2}} \tag{2-82}$$

② 相关系数法

$$r_{ij} = \frac{\sum\limits_{k=1}^{m} |u_{ik} - \overline{u}_i| \, |u_{jk} - \overline{u}_j|}{\sqrt{\sum\limits_{k=1}^{m} (u_{ik} - \overline{u}_i)^2} \, \sqrt{\sum\limits_{k=1}^{m} (u_{jk} - \overline{u}_j)^2}} \qquad (2-83)$$

式中，$\overline{u}_i = \dfrac{1}{m} \sum\limits_{k=1}^{m} u_{ik}$，$\overline{u}_j = \dfrac{1}{m} \sum\limits_{k=1}^{m} u_{jk}$。

（2）距离法

设 $d(u_i, u_j)$ 表示对象 u_i 和 u_j 的距离，则 $d(u_i, u_j)$ 越大，r_{ij} 就越小，而 $d(u_i, u_j)$ 越小，r_{ij} 就越大。

$$r_{ij} = 1 - c(d(u_i, u_j))^\alpha \qquad (2-84)$$

式中，c 和 α 是两个适当选取的正数，使 $r_{ij} \in [0, 1]$。距离 $d(u_i, u_j)$ 的类型较多，比较常用的是海明距离和欧几里得距离。

（3）最大最小法

$$r_{ij} = \frac{\sum\limits_{k=1}^{m} (u_{ik} \wedge u_{jk})}{\sum\limits_{k=1}^{m} (u_{ik} \vee u_{jk})} \qquad (2-85)$$

（4）主观评定法

在一些实际问题中，被分类对象的特性指标是定性指标，难以用定量数值来表达，此时可邀请专家用评分的方式来主观评定分类对象间的相似程度。

2.4.3　求传递闭包

利用平方自合成法求模糊相似矩阵 $\boldsymbol{R}$ 的传递闭包 $t(\boldsymbol{R})$，过程如下：从模糊相似矩阵 $\boldsymbol{R}$ 出发，依次求平方，即 $\boldsymbol{R} \to \boldsymbol{R}^2 \to \boldsymbol{R}^4 \to \cdots$，当第一次出现 $\boldsymbol{R}^k \circ \boldsymbol{R}^k = \boldsymbol{R}^k$ 时，表明 $\boldsymbol{R}^k$ 已经具有传递性，$\boldsymbol{R}^k$ 就是所求的传递闭包 $t(\boldsymbol{R})$。

2.4.4　动态聚类分析

设传递闭包 $t(\boldsymbol{R}) = (\overline{r}_{ij})_{n \times n}$，对 $t(\boldsymbol{R})$ 中互不相同的元素从大到小进行排序，即

$$1 = \alpha_1 > \alpha_2 > \cdots > \alpha_m \qquad (2-86)$$

对 $\alpha = \alpha_i (i = 1, 2, \cdots, m)$，求出 $t(\boldsymbol{R})$ 的 α 截矩阵

$$t(\boldsymbol{R})_\alpha = (\overline{r}_{ij}(\alpha))_{n \times n} \qquad (2-87)$$

式中，$\bar{r}_{ij}(\alpha) = \begin{cases} 1, & \bar{r}_{ij} \geqslant \alpha \\ 0, & \bar{r}_{ij} < \alpha \end{cases}$。

按 $t(\pmb{R})_\alpha$ 进行分类，所得到的分类就是在 α 水平上的等价分类，具体聚类原则为：若 $\bar{r}_{ij}(\alpha) = 1$，则在 α 水平上将对象 u_i 和对象 u_j 归为同一类。

2.4.5 画动态聚类图

为了能直观地看到被分类对象之间的相关程度，可绘制动态聚类图。让 α 依次取遍 $\alpha_i (i=1, 2, \cdots, m)$，得到按 $t(\pmb{R})_\alpha$ 的一系列分类，将这一系列分类画在同一张图上，即可得到动态聚类图。

案例：现有五款产品，记为 $U = \{u_1, u_2, u_3, u_4, u_5\}$，评价指标共有四个，分别是价格、功能性、趣味性、易用性。这五款产品在这个四个指标上的评价数据分别为 $u_1 = (82, 12, 7, 3)$，$u_2 = (53, 2, 7, 5)$，$u_3 = (89, 7, 4, 7)$，$u_4 = (41, 4, 8, 2)$，$u_5 = (12, 1, 1, 5)$，试用模糊聚类对这五款产品进行分类。

由题设可知，特性指标矩阵为

$$\pmb{U}^* = \begin{bmatrix} 82 & 12 & 7 & 3 \\ 53 & 2 & 7 & 5 \\ 89 & 7 & 4 & 7 \\ 41 & 4 & 8 & 2 \\ 12 & 1 & 1 & 5 \end{bmatrix}$$

（1）数据规格化

采用最大值规格化作变换，见式（2-79）和式（2-80），可得

$$\pmb{U}_0 = \begin{bmatrix} 0.92 & 1.00 & 0.88 & 0.43 \\ 0.60 & 0.17 & 0.88 & 0.71 \\ 1.00 & 0.58 & 0.50 & 1.00 \\ 0.46 & 0.33 & 1.00 & 0.29 \\ 0.13 & 0.08 & 0.13 & 0.71 \end{bmatrix}$$

（2）构造模糊相似矩阵

采用最大最小法计算 r_{ij}，见式（2-85），如对于 r_{12}，有

$$r_{12} = \frac{(0.92 \wedge 0.60) + (1.00 \wedge 0.17) + (0.88 \wedge 0.88) + (0.43 \wedge 0.71)}{(0.92 \vee 0.60) + (1.00 \vee 0.17) + (0.88 \vee 0.88) + (0.43 \vee 0.71)}$$

$$= 0.59$$

同理可计算其他数据，可得模糊相似矩阵为

$$\boldsymbol{R} = \begin{bmatrix} 1.00 & 0.59 & 0.63 & 0.58 & 0.22 \\ 0.59 & 1.00 & 0.57 & 0.68 & 0.45 \\ 0.63 & 0.57 & 1.00 & 0.44 & 0.34 \\ 0.58 & 0.68 & 0.44 & 1.00 & 0.25 \\ 0.22 & 0.45 & 0.34 & 0.25 & 1.00 \end{bmatrix}$$

（3）求传递闭包

利用平方自合成法求传递闭包 $t(\boldsymbol{R})$。因为 $\boldsymbol{R}^2 \nsubseteq \boldsymbol{R}$，$\boldsymbol{R}^4 \nsubseteq \boldsymbol{R}^2$，而 $\boldsymbol{R}^8 = \boldsymbol{R}^4$，所以，可得

$$t(\boldsymbol{R}) = \boldsymbol{R}^4 = \begin{bmatrix} 1.00 & 0.59 & 0.63 & 0.59 & 0.45 \\ 0.59 & 1.00 & 0.59 & 0.68 & 0.45 \\ 0.63 & 0.59 & 1.00 & 0.59 & 0.45 \\ 0.59 & 0.68 & 0.59 & 1.00 & 0.45 \\ 0.45 & 0.45 & 0.45 & 0.45 & 1.00 \end{bmatrix}$$

（4）动态聚类分析

选取置信水平值 $\alpha \in [0, 1]$，按 α 截矩阵进行 $t(\boldsymbol{R})_\alpha$ 的动态聚类分析。把 $t(\boldsymbol{R})$ 中的元素从大到小排序为 $1.00 > 0.68 > 0.63 > 0.59 > 0.45$。

① 取 $\alpha = 1.00$，得

$$t(\boldsymbol{R})_{1.00} = \begin{bmatrix} 1 & 0 & 0 & 0 & 0 \\ 0 & 1 & 0 & 0 & 0 \\ 0 & 0 & 1 & 0 & 0 \\ 0 & 0 & 0 & 1 & 0 \\ 0 & 0 & 0 & 0 & 1 \end{bmatrix}$$

根据分类原则，U 被分成五类：$\{u_1\}$，$\{u_2\}$，$\{u_3\}$，$\{u_4\}$，$\{u_5\}$。

② 取 $\alpha = 0.68$，得

$$t(\boldsymbol{R})_{0.68} = \begin{bmatrix} 1 & 0 & 0 & 0 & 0 \\ 0 & 1 & 0 & 1 & 0 \\ 0 & 0 & 1 & 0 & 0 \\ 0 & 1 & 0 & 1 & 0 \\ 0 & 0 & 0 & 0 & 1 \end{bmatrix}$$

根据分类原则，U 被分成四类：$\{u_1\}$，$\{u_2, u_4\}$，$\{u_3\}$，$\{u_5\}$。

③ 取 $\alpha = 0.63$，得

$$t(\boldsymbol{R})_{0.63}=\begin{bmatrix} 1 & 0 & 1 & 0 & 0 \\ 0 & 1 & 0 & 1 & 0 \\ 1 & 0 & 1 & 0 & 0 \\ 0 & 1 & 0 & 1 & 0 \\ 0 & 0 & 0 & 0 & 1 \end{bmatrix}$$

U 被分成三类：$\{u_1, u_3\}$，$\{u_2, u_4\}$，$\{u_5\}$。

同理可得：

取 $\alpha=0.59$，U 被分成两类：$\{u_1, u_2, u_3, u_4\}$，$\{u_5\}$；

取 $\alpha=0.45$，U 被分成一类：$\{u_1, u_2, u_3, u_4, u_5\}$。

（5）绘制动态聚类图

动态聚类图如图 2-7 所示。

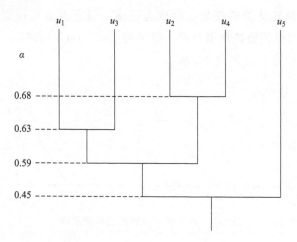

图 2-7 五款产品的模糊聚类结果

2.5 模糊语言与模糊逻辑推理

2.5.1 模糊语言

在用户体验研究中，许多定性的判断很难用具体的数值来表示，例如针对评价指标的重要性，专家在评价时经常赋予"不太重要""有点重要""重要""很重要""极为重要"。模糊语言的功能是将语义评价的措辞转化为模糊数，并可将所有的模糊数予以解模糊化而成为一个清晰值（Crisp Value，也称明确值）。

语言中有些词，如"极""很""相当""较""略""稍微"等，可以放在某些词语前面调整或修饰原来的词义，使其语气发生变化，形成一个新词语，如"优美"前面加上它们就成为"很优美""较优美""略优美"等，这些词称为语气算子。

设表示原词语的模糊集合隶属函数为 $A(x)$，则表示新词语的模糊集合隶属函数为 $B(x)=[A(x)]^\lambda$，λ 的取值不同，会对原词义有不同程度的调整。当 $\lambda > 1$ 时称为集中化算子，对原词义有强化功能。当 $0 < \lambda < 1$ 时，称为散漫化算子，对原词义有弱化功能。常用的语气词汇与 λ 的对应关系如表 2-2 所示。

表 2-2　常用的语气词汇与 λ 的对应关系

语气词汇	极	很	相当	较	略	微
λ	4	2	1.25	0.75	0.5	0.25

将语义性措辞转化为模糊数的尺度有很多，研究人员可根据具体情况设定。图 2-8 为基于梯形模糊数的模糊尺度，范围是 $[0, 100]$，共有 5 个等级，其模糊语义与模糊数的对应关系如表 2-3 所示。

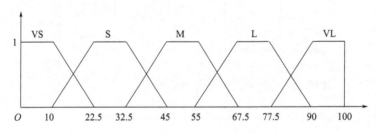

图 2-8　基于梯形模糊数的模糊尺度

表 2-3　模糊语义与对应的梯形模糊数

模糊语义	梯形模糊数
非常小（Very Small，VS）	$(0,0,10,22.5)$
小（Small，S）	$(10,22.5,32.5,45)$
中（Medium，M）	$(32.5,45,55,67.5)$
大（Large，L）	$(55,67.5,77.5,90)$
非常大（Very Large，VL）	$(77.5,90,100,100)$

图 2-9 为基于三角形模糊数的模糊尺度，范围是 $[0, 1]$，共有 7 个等级，其模糊语义与模糊数的对应关系如表 2-4 所示。

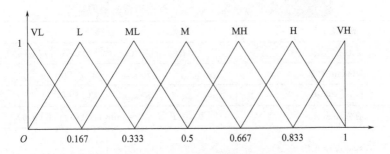

图 2-9　基于三角形模糊数的模糊尺度

表 2-4	模糊语义与对应的三角形模糊数

模糊语义	三角形模糊数
非常低(Very Low,VL)	(0,0,0.167)
低(Low,L)	(0,0.167,0.333)
有些低(Moderately Low,ML)	(0.167,0.333,0.5)
中(Medium,M)	(0.333,0.5,0.667)
有些高(Moderately High,MH)	(0.5,0.667,0.833)
高(High,H)	(0.667,0.833,1)
非常高(Very High,VH)	(0.833,1,1)

2.5.2　模糊条件语句

　　自然语言非常复杂,其中许多语句都可用模糊命题加以表达。用于表达经验时用得最多的是蕴含(Implication)连接词,通常把用"若……,则……"连接的两个简单模糊命题形成的复合模糊命题,称为模糊条件命题,也称为模糊条件语句,这是进行模糊逻辑推理的基础,下面将对两种比较常用的模糊条件语句加以介绍。

　　(1) 若 A,则 U

　　"若 A,则 U"是"如果 a 是 A,则 u 是 U"(If a is A, then u is U)语句的缩写,这类命题可用"$A(a) \rightarrow U(u)$"或"$A \rightarrow U$"表示,这表明模糊集合 A(a)和 U(u)间有一定的蕴含关系,可用 $R(a,u)$ 表示这种蕴含关系,即 $R(a,u)=(A \rightarrow U)(a,u)$。计算该蕴含关系的算法较多,比较常用的算法如表 2-5 所示,其中 Zadeh 算法是一种最基本的算法,Mamdani 算法应用最为广泛,被成功应用于工业模糊控制系统中。

表 2-5 常见的计算 "$A \to U$" 模糊蕴含关系的算法

算法名称	计算公式
Zadeh 算法	$R(a,u) = (1-A(a)) \vee (A(a) \wedge U(u))$
Mamdani 算法	$R(a,u) = A(a) \wedge U(u)$
Larsen 算法	$R(a,u) = A(a) \cdot U(u)$
有界和算法	$R(a,u) = \min(1,(A(a)+U(u)))$
Mizumoto-s 算法	$R(a,u) = \begin{cases} 1, A(a) \leqslant U(u) \\ 0, A(a) > U(u) \end{cases}$
Mizumoto-g 算法	$R(a,u) = \begin{cases} 1, & A(a) \leqslant U(u) \\ U(u), A(a) > U(u) \end{cases}$

（2）若 A 且 B，则 U

"若 A 且 B，则 U" 是 "如果 a 是 A 且 b 是 B，则 u 是 U"（If a is A and b is B，then u is U）语句的缩写，这类命题可用 "$A(a) \wedge B(b) \to U(u)$" 或 "$A \wedge B \to U$" 表示。计算该蕴含关系通常有两种算法，分别是 Zadeh 算法和 Mamdani 算法，具体如下：

Zadeh 算法：$R(a，b，u) = ((1-A(a)) \vee (1-B(a))) \vee (A(a) \wedge B(a) \wedge U(u))$。

Mamdani 算法：$R(a，b，u) = A(a) \wedge B(a) \wedge U(u)$。

2.5.3 模糊逻辑推理

模糊逻辑推理是以模糊命题为前提，运用模糊推理规则得出新的模糊命题为结论的思维过程，它由经典逻辑的 "三段论" 推理法则扩充形成。"三段论" 由大前提（规则）、小前提（事实）、结论三部分组成。在经典逻辑的 "三段论" 中，所有的概念、命题都是精确的，将这些精确的概念和命题，都换成模糊的，就形成模糊逻辑推理，也称为近似推理或似然推理，可用以下形式表示：

大前提 ——"$A(a) \to U(u)$"

小前提 ——"$A^*(a)$"

结论 ——"$U^*(u)$"

例如，针对产品造型美观与用户满意度，可进行以下模糊逻辑推论：

大前提 ——"产品造型美观 $\to$ 用户满意度高"

小前提 ——"产品造型很美观"

结论 ——"用户满意度很高"

模糊条件命题"$A(a) \rightarrow U(u)$"的蕴含关系记为 $R(a, b)$，则模糊逻辑推理合成法则可表示为

$$U^*(u) = A^*(a) \circ R(a, u) \tag{2-88}$$

模糊推理过程的示意图如图 2-10 所示，在模糊逻辑推理过程中，R 是进行模糊推理的大前提，是大量试验和经验的总结，是模糊推理的出发点和根据，$A^*(a)$ 是小前提，是进行模糊推理的条件，$U^*(a)$ 是模糊推理的结论。进行模糊推理时，作为根据的大前提和作为条件的小前提缺一不可。

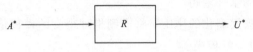

图 2-10 模糊推理过程示意图

模糊逻辑推理过程需要解决两个主要问题，一是确定模糊蕴含关系 R，二是选取合适的合成算法。常见的合成算法如表 2-6 所示，其中最为常用的是"取大-取小"算法，该算法又称 Zadeh 算法。

表 2-6 常用的模糊推理合成算法

算法名称	计算公式
取大-取小	$U^*(u) = \vee(A^*(a) \wedge R(a, u))$
取大-积	$U^*(u) = \vee(A^*(a) \cdot R(a, u))$
取小-取大	$U^*(u) = \wedge(A^*(a) \vee R(a, u))$
取大-取大	$U^*(u) = \vee(A^*(a) \vee R(a, u))$
取小-取小	$U^*(u) = \wedge(A^*(a) \wedge R(a, u))$
取大-平均	$U^*(u) = \dfrac{1}{2}\vee(A^*(a) + R(a, u))$
和-积	$U^*(u) = \int \left\{ \sum A^*(a) \cdot R(a, u) \right\}$

在进行模糊逻辑推理时，选择的模糊蕴含关系 R 不同，使用的模糊推理合成算法不同，以及两者组合的不同，都会导致推理的结果有较大差异，因此这些都需要根据实际情况进行探索。

2.5.4 模糊推理系统

模糊推理系统是以模糊理论为基础，具有处理模糊信息能力的系统，其输入和输出都是清晰的数值，在业界得到了广泛应用。模糊推理系统一般包括四个模块，分别是模糊化、推理机制、知识库、去模糊化，如图 2-11 所示。

① 模糊化：模糊推理系统处理的是模糊量，模糊化的作用是将输入的清晰值转化为模糊值。

② 推理机制：推理机制是模糊推理系统的核心，它具有模拟人基于模糊概念的推理能力，模糊推理根据模糊逻辑中的蕴含关系和推理规则进行推理。

③ 知识库：知识库包含了具体应用领域的知识，它通常由数据库和规则库两部分组成。数据库主要包括各语言变量的隶属函数、尺度变换因子以及模糊空间的分级等。规则库主要包括用模糊语言变量表示的一系列规则，这些规则采用"if-then"形式的模糊条件语句。

④ 去模糊化：去模糊化的作用是将模糊推理得到的模糊值转化为清晰值，即对模糊推理的结果进行解模糊。

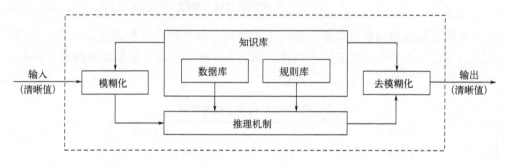

图 2-11　模糊推理系统

模糊推理系统工作的过程如下：首先，通过模糊化，使用隶属函数将清晰的输入值转换为模糊值；随后，通过模糊推理机制，根据知识库（包括数据库和规则库）进行模糊推理，生成模糊值；最后，通过去模糊化，将得到的模糊值转化为清晰值。

为便于模糊推理系统的推广应用，MathWorks 公司在其 MATLAB 软件中增加了模糊逻辑工具箱（Fuzzy Logic Toolbox）。该工具箱包括定义语言变量及其隶属函数、输入模糊推理规则、整个模糊推理系统的管理以及交互式地观察模糊推理过程并输出结果。有关模糊逻辑工具箱的使用，请参考相关文献，在此不再赘述。

2.6　模糊问卷与模糊统计

2.6.1　模糊问卷

在用户体验研究中，经常需要使用问卷进行调查，问卷可采用传统问卷和模糊问卷。传统问卷要求受访者回答一个确定的等距尺度，属于单一逻辑，如表 2-7 所示。

表 2-7　传统问卷问题示例

项目	1＝很不满意	2＝不满意	3＝普通	4＝满意	5＝很满意
您对这个产品的满意度				✓	

模糊问卷要求受访者回答时可运用复选的形式，依据对问题感觉的隶属度大小进行填写，因此可以得到较为精确的结果，如表 2-8 所示。

表 2-8　模糊问卷问题示例 1

项目	L_1 很不满意	L_2 不满意	L_3 普通	L_4 满意	L_5 很满意	满意度
您对这个产品的满意度	0	0	0	0.15	0.85	很满意
您对这个产品的满意度	0	0.50	0	0.50	0	有些不满意有些满意
您对这个产品的满意度	0	0.35	0.65	0	0	还可以,有点不满意

模糊问卷除了填写隶属度大小之外，也可以给定一个区间，如表 2-9 所示，该表列出了对 5 位专家关于某产品设计研发建议投资金额进行调查的结果。

表 2-9　模糊问卷问题示例 2

项目	专家 A	专家 B	专家 C	专家 D	专家 E
建议投资金额/千万元	1.5～2.5	4.5～7.0	3.5～8.5	5.5～8.0	9.0～12.0

填写隶属度大小的模糊问卷属于离散型模糊问卷，给定模糊区间的模糊问卷属于连续型模糊问卷。

2.6.2　模糊统计

对模糊问卷的统计常采用模糊样本平均数、模糊样本众数、模糊样本中位数、模糊样本标准差等（王忠玉，吴柏林，2008）。

2.6.2.1　模糊样本平均数

（1）离散型模糊样本平均数

设 U 为一个论域，令 $L = \{L_1, L_2, \cdots, L_k\}$ 为论域 U 上的 k 个语言变量，

$$\left\{ x_i = \frac{m_{i1}}{L_1} + \frac{m_{i2}}{L_2} + \cdots + \frac{m_{ik}}{L_k},\ i = 1, 2, \cdots, n \right\}$$ 为一组模糊样本，且 $\sum_{j=1}^{k} m_{ij} = 1$，

则模糊样本平均数为

$$F\overline{x} = \frac{\frac{1}{n}\sum\limits_{i=1}^{n} m_{i1}}{L_1} + \frac{\frac{1}{n}\sum\limits_{i=1}^{n} m_{i2}}{L_2} + \cdots + \frac{\frac{1}{n}\sum\limits_{i=1}^{n} m_{ik}}{L_k} \tag{2-89}$$

式中，m_{ij} 为第 i 个样本相对于语言变量 L_j 的隶属度。

案例：对某产品的用户满意度进行调查，共邀请了 5 位用户（分别记为 A、B、C、D、E），采用模糊问卷进行调查，调查结果如表 2-10 所示，试计算模糊样本平均数。

表 2-10　用户满意度调查结果

用户	很不满意 (L_1)	不满意 (L_2)	普通 (L_3)	满意 (L_4)	很满意 (L_5)
A	0	0.2	0.8	0	0
B	0	0	0.7	0.3	0
C	0	0.4	0.6	0	0
D	0	0	0	0.5	0.5
E	0	0	0.1	0.9	0

模糊样本平均数为

$$F\overline{x} = \frac{\frac{1}{5}\times(0+0+0+0+0)}{\text{很不满意}} + \frac{\frac{1}{5}\times(0.2+0+0.4+0+0)}{\text{不满意}}$$

$$+ \frac{\frac{1}{5}\times(0.8+0.7+0.6+0+0.1)}{\text{普通}} + \frac{\frac{1}{5}\times(0+0.3+0+0.5+0.9)}{\text{满意}}$$

$$+ \frac{\frac{1}{5}\times(0+0+0+0.5+0)}{\text{很满意}}$$

$$= \frac{0}{\text{很不满意}} + \frac{0.12}{\text{不满意}} + \frac{0.44}{\text{普通}} + \frac{0.34}{\text{满意}} + \frac{0.10}{\text{很满意}}$$

该模糊样本平均数所表示的含义是："很不满意"的隶属度为 0，"不满意"的隶属度为 0.12，"普通"的隶属度为 0.44，"满意"的隶属度为 0.34，"很满意"的隶属度为 0.10。可见，该产品的用户满意度最可能为"普通"，其次是"满意"。

（2）连续型且呈均匀分布的模糊样本平均数

设 U 为一个论域，令 $L = \{L_1, L_2, \cdots, L_k\}$ 为分布于论域 U 上的 k 个语言变量，$\{x_i = [a_i, b_i], i = 1, 2, \cdots, n\}$ 为论域 U 中的一组模糊样本，则模

糊样本的平均数为

$$F\bar{x} = \left[\frac{1}{n} \sum_{i=1}^{n} a_i, \ \frac{1}{n} \sum_{i=1}^{n} b_i \right] \tag{2-90}$$

2.6.2.2　模糊样本众数

（1）离散型模糊样本众数

设 U 为一个论域，令 $L = \{L_1, L_2, \cdots, L_k\}$ 为论域 U 上的 k 个语言变量，$\{x_i = \frac{m_{i1}}{L_1} + \frac{m_{i2}}{L_2} + \cdots + \frac{m_{ik}}{L_k}, \ i = 1, 2, \cdots, n\}$ 为一组模糊样本（$\sum_{j=1}^{k} m_{ij} = 1$）。令 $T_j = \sum_{i=1}^{n} m_{ij}$，则称拥有最大 T_j 值的 L_j 为模糊样本众数，即

$$F_{\text{mode}} = \{L_j \mid T_j = \max_{j=1, 2, \cdots, k} T_j\} \tag{2-91}$$

如果存在两组及以上的 L_j，其最大值 T_j 相同，则称此组数据具有多个模糊样本众数。

（2）连续型且呈均匀分布的模糊样本众数

设 U 为一个论域，令 $L = \{L_1, L_2, \cdots, L_k\}$ 为分布于论域 U 上的 k 个语言变量，$\{S_i = [a_i, b_i], i = 1, 2, \cdots, n\}$ 为论域 U 中的一组模糊样本。若存在一点 $x(x \in U)$ 被样本所覆盖，其覆盖 x 的所有样本为一群落，令最大的群落为 MS，则模糊样本众数为最大群落的所有模糊样本的交集，记为

$$F_{\text{mode}} = [a, b] = \{\cap [a_i, b_i] \mid [a_i, b_i] \subseteq MS\} \tag{2-92}$$

如果 $[a, b]$ 不存在，则称此组数据没有模糊样本众数；如果存在两组及以上覆盖频率相同，则称此组数据具有多个模糊样本众数。

2.6.2.3　模糊样本中位数

（1）离散型模糊样本中位数

设 U 为一个论域，令 $L = \{L_1, L_2, \cdots, L_k\}$ 为论域 U 上的 k 个有序变量，$\{x_i = \frac{m_{i1}}{L_1} + \frac{m_{i2}}{L_2} + \cdots + \frac{m_{ik}}{L_k}, \ i = 1, 2, \cdots, n\}$ 为从论域 U 中抽出的一组模糊样本（$\sum_{j=1}^{k} m_{ij} = 1$），$x_{if}$ 为对应模糊样本 x_i 的解模糊值。令 $x_{(i)}$ 为根据解模糊值排序的有序样本值，则模糊样本的中位数定义为

$$F_{\text{median}} = \begin{cases} x_{(\frac{n+1}{2})}, & \text{当 } n \text{ 为奇数} \\ \dfrac{x_{(\frac{n}{2})} + x_{(\frac{n}{2}+1)}}{2}, & \text{当 } n \text{ 为偶数} \end{cases} \tag{2-93}$$

（2）连续型模糊样本中位数

设 U 为一个论域，$\{x_i=[a_i，b_i]，i=1，2，\cdots，n\}$ 为从 U 中抽出的一组模糊区间样本。令 c_i 为 x_i 的中点，l_i 为 x_i 的长度，则模糊样本的中位数是以 $\mathrm{median}\{c_i\}$ 为中心，以 $\mathrm{median}\{l_i\}$ 为直径的区间，即

$$F_{\mathrm{median}}=(c；d) \tag{2-94}$$

式中，$c=\mathrm{median}\{c_i\}$，$d=\mathrm{median}\{l_i\}$。

2.6.2.4 离散型模糊样本标准差

设 x 为一模糊数，语言变量 $\{L_i；i=1，2，\cdots，k\}$ 为论域 U 中的有序数列，$\mu_{L_i}(x)=m_i$ 为模糊样本 x 相对于 L_i 的隶属度，且 $\sum\limits_{i=1}^{k}\mu_{L_i}(x)=1$。令模糊数 x 的解模糊值为 $x_f=\sum\limits_{i=1}^{k}m_iL_i$，则模糊样本的标准差为

$$F\sigma=\sqrt{\sum_{i=1}^{k}m_i(L_i-x_f)^2} \tag{2-95}$$

案例：设 x 为用户一天内使用某产品的次数，其论域 $U=\{0，1，2，3，4\}$，隶属度为 $\{\mu_0(x)=0.1，\mu_1(x)=0.2，\mu_2(x)=0.4，\mu_3(x)=0.2，\mu_4(x)=0.1\}$，试计算模糊样本标准差。

由题意可知，解模糊值为 $x_f=0\times0.1+1\times0.2+2\times0.4+3\times0.2+4\times0.1=2.0$，即 2.0 次，则模糊标准差为

$$F\sigma=\sqrt{0.1\times(0-2.0)^2+0.2\times(1-2.0)^2+0.4\times(2-2.0)^2+0.2\times(3-2.0)^2+0.1\times(4-2.0)^2}$$
$$=1.10$$

2.6.3 相似性整合法

在传统的模糊决策模式中，常采用平均数整合专家意见，但当两位专家的模糊评价值不具有交集时，其整合结果可能无法让参与决策的专家所接受，相似性整合法可有效解决这一问题。相似性整合法（Similarity Aggregation Method，SAM）的目的是整合专家的模糊评价值，主要是利用相似函数来衡量任意两位专家彼此间的认同程度，进而建立认同矩阵，以取得所有专家在决策问题上的共识（Hsu，Chen，1996）。

相似性整合法示意图如图 2-12 所示，两模糊数间的相似程度为交集面积与并集面积的比值。任意两位专家评价模糊数的交集面积越大，表示这两位专家的共识程度越高；反之则越低。

相似性整合法的计算步骤如下：

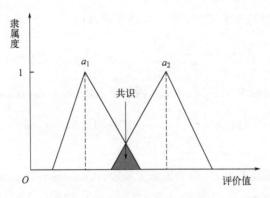

图 2-12　相似性整合法示意图

步骤 1：计算任两位专家间的认同程度 $S(a_i, a_j)$

$$S(a_i, a_j) = \frac{\int_x (\min\{a_i(x), a_j(x)\})\mathrm{d}x}{\int_x (\max\{a_i(x), a_j(x)\})\mathrm{d}x} \qquad (2\text{-}96)$$

式中，a_i，a_j 分别表示第 i 位专家与第 j 位专家的模糊评价值，i，$j = 1$，2，$\cdots$，n；$S(a_i, a_j)$ 为第 i 位专家与第 j 位专家模糊评价值的认同程度；$a_i(x)$，$a_j(x)$ 分别表示第 i 位专家与第 j 位专家模糊评价值的隶属函数。

假设有两名专家采用三角形模糊数对某指标进行评价，评价值分别为 $a_1 = (l_1, m_1, u_1)$ 和 $a_2 = (l_2, m_2, u_2)$，则两三角形模糊数交集的面积 S_1 为

$$S_1 = \frac{1}{2} \times \frac{(u_1 - l_2)^2}{(m_2 - l_2 - m_1 + u_1)} \qquad (2\text{-}97)$$

两三角形模糊数并集的面积 S_2 为

$$S_2 = \frac{1}{2} \times (u_1 - l_1) + \frac{1}{2} \times (u_2 - l_2) - \frac{1}{2} \times \frac{(u_1 - l_2)^2}{(m_2 - l_2 - m_1 + u_1)} \qquad (2\text{-}98)$$

两位专家间的认同程度，也就是两模糊数间的相似程度为

$$S(a_1, a_2) = \frac{S_1}{S_2} = \frac{(u_1 - l_2)^2}{(u_1 - l_1 + u_2 - l_2) \times (m_2 - l_2 - m_1 + u_1) - (u_1 - l_2)^2}$$

$$(2\text{-}99)$$

步骤 2：建构认同矩阵（Agreement Matrix，AM）

$$AM = [S_{ij}]_{n \times n}, \quad i, j = 1, 2, \cdots, n \qquad (2\text{-}100)$$

当 $i = j$ 时，表示每位专家对自身的相似程度，则 $S_{ij} = 1$；当 $i \neq j$ 时，则 $S_{ij} = S(a_i, a_j)$。

步骤3：计算每位专家 E_i 的平均认同程度 $A(E_i)$

$$A(E_i) = \frac{1}{n-1} \sum_{\substack{j=1 \\ i \neq j}}^{n} S_{ij}, \ i = 1, \ 2, \ \cdots, \ n \tag{2-101}$$

步骤4：计算每位专家 E_i 的相对认同程度（Relative Agreement Degree，RAD）

$$RAD_i = \frac{A(E_i)}{\sum\limits_{i=1}^{n} A(E_i)}, \ i = 1, \ 2, \ \cdots, \ n \tag{2-102}$$

步骤5：计算每位专家 E_i 的共识程度系数（Consensus Degree Coefficient，CDC）

$$CDC_i = \beta \times w_i + (1-\beta) \times RAD_i, \ i = 1, \ 2, \ \cdots, \ n, \ 0 \leqslant \beta \leqslant 1 \tag{2-103}$$

当每位专家的权重相同时，共识程度系数等于相对认同程度。

步骤6：整合全体专家的模糊评价值

$$R_{ij} = \sum_{k=1}^{n} CDC_k \otimes R_{ij}^k, \ k = 1, \ 2, \ \cdots, \ n \tag{2-104}$$

式中，R_{ij} 为整合后的模糊评价值，R_{ij}^k 为第 k 位专家对任意两要素 i 和 j 评比的模糊评价值，$k = 1, \ 2, \ \cdots, \ n$。

2.7 模糊概率与模糊熵

2.7.1 模糊概率

模糊集合的概率计算可以看作是求模糊隶属函数的期望值，其定义如下：

设集合 $\mathbf{R}$ 为实数域，A 为 $\mathbf{R}$ 上的模糊集合，$x \in \mathbf{R}$，$p(x)$ 为 x 的概率，则

$$P(A) = \int_{\mathbf{R}} A(x) p(x) \mathrm{d}x \tag{2-105}$$

当为离散数据时，计算公式为

$$P(A) = \sum A(x_i) p(x_i) \tag{2-106}$$

案例：在某产品的用户体验测试中，关于用户体验得分的分配情况如图 2-13（a）所示，用户体验得分为"中等偏上"的隶属函数 $A(x)$ 如图 2-13（b）所示，试求用户体验测试得分为"中等偏上"的模糊概率。

根据图 2-13，用户体验测试得分为"中等偏上"的模糊概率为

$$
\begin{aligned}
P(A) = & \ 0 \times 0.02 + 0 \times 0.03 + 0 \times 0.05 + 0.05 \times 0.06 + 0.25 \times 0.18 \\
& + 0.70 \times 0.34 + 1.00 \times 0.20 + 0.80 \times 0.08 + 0.55 \times 0.03 + 0.40 \times 0.01 \\
= & \ 0.5705
\end{aligned}
$$

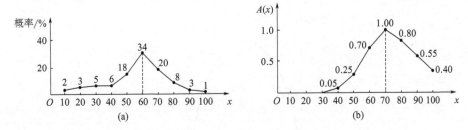

图 2-13　用户体验得分分配与用户体验得分为"中等偏上"的隶属函数

2.7.2　模糊熵

熵（Entropy）是用来度量混乱的，熵越大表示越混乱。Shannon 将熵引入到信息论，提出信息熵（Information Entropy），可用于描述概率分布的不确定性程度，其定义如下

$$H(p(x)\,|\,x \in X) = -\sum_{x \in X} p(x)\log_2 p(x) \tag{2-107}$$

式中，$(p(x)\,|\,x \in X)$ 为有限集合 X 的概率分布。

当对数的底为 2 时，熵的单位为比特（bit）；当对数的底为 e 时，熵的单位为奈特（nat）；当对数的底为 10 时，熵的单位为哈脱特（hat）。熵的不同单位之间可以互相转换，如无特别声明，熵的单位一般为比特。

案例：设 $X = \{x_1, x_2, x_3, x_4\}$，其概率分布如下

$$p = (p_1 = 0.15, p_2 = 0.35, p_3 = 0.20, p_4 = 0.30)$$

试计算该概率分布的信息熵。

根据信息熵的计算公式，可得

$H(p) = -0.15 \times \log_2 0.15 - 0.35 \times \log_2 0.35 - 0.20 \times \log_2 0.20 - 0.30 \times \log_2 0.30$

　　$= 1.926$

将熵的概念移植到模糊理论，就可以得到模糊熵，模糊熵描述了一个模糊集合的不确定性程度，也称为模糊性程度（简称模糊度），反映了模糊集合的平均内部信息量，此信息量可作为对模糊集合所描述的对象进行分类研究的判定标准。

模糊熵的计算可基于 Shannon 函数，如下式所示

$$f(A) = -A(x)\log_2 A(x) - (1 - A(x))\log_2(1 - A(x)) \tag{2-108}$$

Shannon 函数的图形如图 2-14 所示，可以看出，当隶属度 $A(x)$ 愈接近于 0 或 1 时，模糊度 $f(A)$ 就愈小，当隶属度 $A(x)$ 愈接近 0.5 时，模糊度就愈大。当隶属度 $A(x)$ 等于 0 或 1 时，完全没有模糊性，$f(A)$ 等于 0，当隶属度 $A(x)$ 等于 0.5 时，模糊度最大，其值为 1。

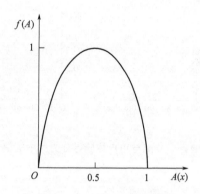

图 2-14 Shannon 函数的图形

将模糊集合中所有元素的模糊度进行累加，即可得到该模糊集合的模糊度，计算公式为

$$f(A) = \int [-A(x)\log_2 A(x) - (1-A(x))\log_2(1-A(x))]\mathrm{d}x \quad (2\text{-}109)$$

离散时的计算公式为

$$f(A) = \sum [-A(x_i)\log_2 A(x_i) - (1-A(x_i))\log_2(1-A(x_i))]$$

$$(2\text{-}110)$$

式中，当 $x \to 0$ 时，$x\log_2 x \to 0$，约定 $0\log_2 0 = 0$。从公式可以看出，模糊集合补集的模糊度与原先模糊集合的模糊度相同。可在公式中添加常数 $K(K > 0)$，此时模糊熵的计算公式为

$$F(A) = K \sum [-A(x_i)\log_2 A(x_i) - (1-A(x_i))\log_2(1-A(x_i))] = Kf(A)$$

$$(2\text{-}111)$$

案例：设 $X = \{x_1, x_2, x_3, x_4\}$，有以下两个模糊集合，$A = \left\{\dfrac{0.38}{x_1}, \dfrac{0.65}{x_2}, \dfrac{0.50}{x_3}, \dfrac{0.82}{x_4}, \dfrac{0.16}{x_5}\right\}$，$B = \left\{\dfrac{0.08}{x_1}, \dfrac{0.86}{x_2}, \dfrac{0.15}{x_3}, \dfrac{0.97}{x_4}, \dfrac{0}{x_5}\right\}$，试基于模糊熵的计算公式计算这两个模糊集合的模糊熵。

令模糊熵计算公式中的常数 K 为 1，则

$$F(A) = f(0.38) + f(0.65) + f(0.50) + f(0.82) + f(0.16)$$

$$= -0.38\log_2 0.38 - (1-0.38)\log_2(1-0.38) - 0.65\log_2 0.65$$

$$\quad - (1-0.65)\log_2(1-0.65) - 0.50\log_2 0.50 - (1-0.50)\log_2(1-0.50)$$

$$\quad - 0.82\log_2 0.82 - (1-0.82)\log_2(1-0.82) - 0.16\log_2 0.16$$

$$-(1-0.16)\log_2(1-0.16)$$

$$=4.206$$

$$F(B)=f(0.08)+f(0.86)+f(0.15)+f(0.97)+f(0)$$

$$=-0.08\log_2 0.08-(1-0.08)\log_2(1-0.08)-0.86\log_2 0.86$$

$$-(1-0.86)\log_2(1-0.86)-0.15\log_2 0.15-(1-0.15)\log_2(1-0.15)$$

$$-0.97\log_2 0.97-(1-0.97)\log_2(1-0.97)-0\log_2 0-(1-0)\log_2(1-0)$$

$$=1.791$$

可见，$F(A)>F(B)$。

2.8　模糊决策分析

2.8.1　模糊权重分析

2.8.1.1　模糊相对权重分析

在研究中，经常采用模糊相对权重（Fuzzy Relative Weight，FRW）来表示不同指标的权重。在说明模糊相对权重之前，需要先了解偏好效用序列（Preference Utility Sequence，PUS）和模糊权重（Fuzzy Weight，FW）。

（1）偏好效用序列

设偏好效用序列为 $r=\{r_1,r_2,\cdots,r_f\}$，则定义 $r_1<r_2<\cdots<r_f$ 为偏好递增序列；反之，$r_1>r_2>\cdots>r_f$ 为偏好递减序列。

（2）模糊权重

设论域集合 $S=\{S_1,S_2,\cdots,S_k\}$，偏好效用序列 $r=\{r_1,r_2,\cdots,r_f\}$，且 $S_i(i=1,2,\cdots,k)$ 在 $r_l(l=1,2,\cdots,f)$ 的隶属度为 $\mu_{S_i l}$，则论域因子的模糊权重 $FW=(FW_{S_1},FW_{S_2},\cdots,FW_{S_k})$ 定义为

$$FW_{S_i}=\frac{\sum\limits_{l=1}^{f}\mu_{S_i l}}{r_l}=\frac{\mu_{S_i 1}}{r_1}+\frac{\mu_{S_i 2}}{r_2}+\cdots+\frac{\mu_{S_i f}}{r_f} \tag{2-112}$$

（3）模糊相对权重

设论域集合 $S=\{S_1,S_2,\cdots,S_k\}$，偏好效用序列 $r=\{r_1,r_2,\cdots,r_f\}$，且 $S_i(i=1,2,\cdots,k)$ 在 $r_l(l=1,2,\cdots,f)$ 的隶属度为 $\mu_{S_i l}$，则模糊相对权重 $FRW=(FRW_{S_1},FRW_{S_2},\cdots,FRW_{S_k})$ 由模糊权重 FW 采用 m 等级评分标准法转换所得。所谓 m 等级评分标准法，是指将偏好序列 r 视为 f 个等级，对这

f 个偏好序列取数量化，也就说是，给定 r_1 为 1 分，给定 r_2 为 2 分，如此继续到给定 r_f 为 f 分。根据所得的隶属度乘以所对应的分值，即可求出模糊相对权重分布，计算公式如下（王忠玉，吴柏林，2008）：

若 $r_1 < r_2 < \cdots < r_f$，则

$$FRW_{S_i} = \frac{\sum\limits_{l=1}^{f} l \cdot \mu_{S_i l}}{\sum\limits_{i=1}^{k} \sum\limits_{l=1}^{f} l \cdot \mu_{S_i l}}, \quad i = 1, 2, \cdots, k \tag{2-113}$$

反之，若 $r_1 > r_2 > \cdots > r_f$，则

$$FRW_{S_i} = \frac{\sum\limits_{l=1}^{f} (n-l+1)j \cdot \mu_{S_i l}}{\sum\limits_{i=1}^{k} \sum\limits_{l=1}^{f} (n-l+1) \cdot \mu_{S_i l}}, \quad i = 1, 2, \cdots, k \tag{2-114}$$

案例：对家电产品进行评价时，可基于造型、色彩、功能、人机等四个因素，现拟探讨这四个因素的相对重要程度。采用模糊问卷，邀请专家对重要性进行评价，对所有专家的评价结果进行统计平均，结果如表 2-11 所示，试计算这四个因素的模糊相对权重。

表 2-11　四个因素重要性的调查结果

评价项目	很不重要	不重要	普通	重要	很重要
造型	0.10	0.30	0.55	0.55	0.65
色彩	0.20	0.40	0.50	0.40	0.20
功能	0.05	0.10	0.32	0.80	0.95
人机	0.20	0.30	0.35	0.50	0.90

根据模糊权重的定义，有

$$FW_{造型} = \frac{0.10}{很不重要} + \frac{0.30}{不重要} + \frac{0.55}{普通} + \frac{0.55}{重要} + \frac{0.65}{很重要}$$

$$FW_{色彩} = \frac{0.20}{很不重要} + \frac{0.40}{不重要} + \frac{0.50}{普通} + \frac{0.40}{重要} + \frac{0.20}{很重要}$$

$$FW_{功能} = \frac{0.05}{很不重要} + \frac{0.10}{不重要} + \frac{0.32}{普通} + \frac{0.80}{重要} + \frac{0.95}{很重要}$$

$$FW_{人机} = \frac{0.20}{很不重要} + \frac{0.30}{不重要} + \frac{0.35}{普通} + \frac{0.50}{重要} + \frac{0.90}{很重要}$$

利用五等级评分标准法，令"很重要"为 5 分、"重要"为 4 分、"普通"为 3

分、"不重要"为 2 分、"很不重要"为 1 分，则

$$\sum_{l=1}^{5} l \cdot \mu_{造型, l} = 1 \times 0.10 + 2 \times 0.30 + 3 \times 0.55 + 4 \times 0.55 + 5 \times 0.65 = 7.80$$

$$\sum_{l=1}^{5} l \cdot \mu_{色彩, l} = 1 \times 0.20 + 2 \times 0.40 + 3 \times 0.50 + 4 \times 0.40 + 5 \times 0.20 = 5.10$$

$$\sum_{l=1}^{5} l \cdot \mu_{功能, l} = 1 \times 0.05 + 2 \times 0.10 + 3 \times 0.32 + 4 \times 0.80 + 5 \times 0.95 = 9.16$$

$$\sum_{l=1}^{5} l \cdot \mu_{人机, l} = 1 \times 0.20 + 2 \times 0.30 + 3 \times 0.35 + 4 \times 0.50 + 5 \times 0.90 = 8.35$$

由于 $\sum_{i=1}^{k} \sum_{l=1}^{f} l \times \mu_{s_{i,l}} = 7.80 + 5.10 + 9.16 + 8.35 = 30.41$，因此四个因素的模糊相对权重为

$$FRW_{造型} = \frac{7.80}{30.41} = 0.26$$

$$FRW_{色彩} = \frac{5.10}{30.41} = 0.17$$

$$FRW_{功能} = \frac{9.16}{30.41} = 0.30$$

$$FRW_{人机} = \frac{8.35}{30.41} = 0.27$$

可见，造型的模糊相对权重为 0.26，色彩的模糊相对权重为 0.17，功能的模糊相对权重为 0.30，人机的模糊相对权重为 0.27。

2.8.1.2 延伸分析法

延伸分析法（Extent Analysis Method）是一种典型的模糊权重计算方法，它以各评选指标间相互比较的重叠可能性程度，作为各评选指标权重计算的依据。

令 $X = \{x_1, x_2, \cdots, x_n\}$ 为评价项目集合（Object Set），$U = \{u_1, u_2, \cdots, u_m\}$ 为评价目标集合（Goal Set），延伸分析法计算权重的过程如下（Chang，1996）：

（1）计算每个项目的模糊合成延伸值（Fuzzy Synthetic Extent Value）

对每个评价项目进行延伸分析，令第 i 个评价项目在 m 个评价目标中的延伸分析值为

$$M_{g_i}^1, M_{g_i}^2, \cdots, M_{g_i}^m, \quad i = 1, 2, \cdots, n \tag{2-115}$$

式中，$M_{g_i}^j (j = 1, 2, \cdots, m)$ 均为三角形模糊数，则第 i 个评价项目的模糊合成延伸值为

$$S_i = \sum_{j=1}^m M_{g_i}^j \otimes [\sum_{i=1}^n \sum_{j=1}^m M_{g_i}^j]^{-1} \tag{2-116}$$

（2）计算可能性程度（Degree of Possibility）

定义 $M_2 = (l_2, m_2, u_2) \geqslant M_1 = (l_1, m_1, u_1)$ 的可能性程度为

$$V(M_2 \geqslant M_1) = \mathrm{hgt}(M_1 \bigcap M_2)$$

$$= \mu_{M_1}(d)$$

$$= \begin{cases} 1, & m_2 \geqslant m_1 \\ 0, & l_1 \geqslant u_2 \\ \dfrac{l_1 - u_2}{(m_2 - u_2) - (m_1 - l_1)}, & \text{其他} \end{cases} \tag{2-117}$$

式中，d 值为 M_1 和 M_2 的交点 D 垂直延伸至横轴上的值，如图 2-15 所示。为了计算 $V(M_2 \geqslant M_1)$ 和 $V(M_1 \geqslant M_2)$ 的值，必须进行模糊数 M_1 和 M_2 的比较。

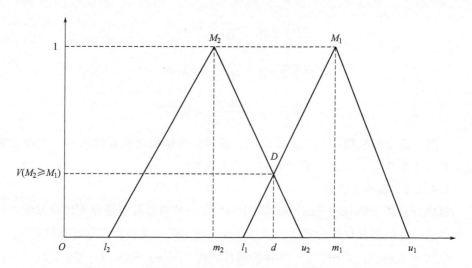

图 2-15　模糊数 M_1 和 M_2 的交集

定义凸模糊数 $M_i(i = 1, 2, \cdots, k)$ 较其他 k 个凸模糊数大的可能性程度为：

$$V(M \geqslant M_1, M_2, \cdots, M_k) = V[(M \geqslant M_1) \mathrm{and} (M \geqslant M_2) \mathrm{and} \cdots \mathrm{and} (M \geqslant M_k)]$$

$$= \min V(M \geqslant M_i) \quad k = 1, 2, \cdots, n \tag{2-118}$$

记

$$d'(A_i) = \min V(S_i \geqslant S_k) \quad k = 1, 2, \cdots, n, \ k \neq i \tag{2-119}$$

（3）计算权重

根据可能性程度，定义权重向量为

$$W' = (d'(A_1), d'(A_2), \cdots, d'(A_n))^\mathrm{T} \tag{2-120}$$

通过标准化运算，可得到标准化权重向量为

$$W = (d(A_1), d(A_2), \cdots, d(A_n))^\mathrm{T} \tag{2-121}$$

2.8.2 模糊多属性决策分析

模糊多属性决策分析（Fuzzy Multiple Attribute Decision Analysis，FMADA）是将多属性决策中的"方案价值衡量"与"权重给定"予以模糊化，用模糊数代替清晰值（简祯富，2019）。

在线性相加的多属性评估模式中，每个方案的加权价值为：

$$v(r_i) = a_{i1}w_1 + a_{i2}w_2 + \cdots + a_{in}w_n = \sum_{j=1}^{n} a_{ij}w_j \tag{2-122}$$

将方案价值 a_{ij} 和权重 w_j 予以模糊化后，方案的价值可表示为 $\tilde{a}_{ij} = (a_{ij}, \mu_{\tilde{a}_{ij}}(a_{ij}))$，模糊权重可表示为 $\tilde{w}_j = (w_j, \mu_{\tilde{w}_j}(w_j))$，则每个方案的模糊加权价值为：

$$\tilde{v}(r_i) = (\tilde{a}_{i1} \otimes \tilde{w}_1) \oplus (\tilde{a}_{i2} \otimes \tilde{w}_2) \oplus \cdots \oplus (\tilde{a}_{in} \otimes \tilde{w}_n) \tag{2-123}$$

接着可根据模糊数排序进行决策，也可对 $\tilde{v}(r_i)$ 进行解模糊，再利用清晰值进行决策。

将上述思路用矩阵形式表示如下：

设 m 个方案、n 个指标的模糊评价矩阵 A 为 $[\tilde{a}_{ij}]_{m \times n}$，模糊权重向量 W 为 $[\tilde{w}_j]_{1 \times n}$，则模糊加权价值 R 为

$$
\begin{aligned}
R &= A \otimes W^\mathrm{T} \\
&= \begin{bmatrix} \tilde{a}_{11} & \tilde{a}_{12} & \cdots & \tilde{a}_{1n} \\ \tilde{a}_{21} & \tilde{a}_{22} & \cdots & \tilde{a}_{2n} \\ \vdots & \vdots & \vdots & \vdots \\ \tilde{a}_{m1} & \tilde{a}_{m2} & \cdots & \tilde{a}_{mn} \end{bmatrix} \otimes \begin{bmatrix} \tilde{w}_1 \\ \tilde{w}_2 \\ \vdots \\ \tilde{w}_n \end{bmatrix} \\
&= \begin{bmatrix} \tilde{a}_{11} \otimes \tilde{w}_1 \oplus \tilde{a}_{12} \otimes \tilde{w}_2 \oplus \cdots \oplus \tilde{a}_{1n} \otimes \tilde{w}_n \\ \tilde{a}_{21} \otimes \tilde{w}_1 \oplus \tilde{a}_{22} \otimes \tilde{w}_2 \oplus \cdots \oplus \tilde{a}_{2n} \otimes \tilde{w}_n \\ \vdots \\ \tilde{a}_{m1} \otimes \tilde{w}_1 \oplus \tilde{a}_{m2} \otimes \tilde{w}_2 \oplus \cdots \oplus \tilde{a}_{mn} \otimes \tilde{w}_n \end{bmatrix} = \begin{bmatrix} \tilde{r}_1 \\ \tilde{r}_2 \\ \vdots \\ \tilde{r}_m \end{bmatrix}
\end{aligned} \tag{2-124}
$$

案例：对 6 款设计方案，采用外观可用性、绩效可用性、感知可用性三项指

标对其可用性进行评价，评价使用三角形模糊数，如表 2-12 所示。模糊数的数值越大表示指标越重要或方案在该指标上的表现越好，评价结果如表 2-13 所示，权重向量为 $W = \begin{bmatrix} \tilde{3} & \tilde{7} & \tilde{5} \end{bmatrix}$，请据此对设计方案进行决策分析。

表 2-12 评价使用的三角形模糊数

模糊数	隶属函数
$\tilde{1}$	$(1,1,3)$
$\tilde{x}$	$(x-1,x,x+1)$，其中 $x=2,3,4,5,6,7,8$
$\tilde{9}$	$(7,9,9)$

表 2-13 方案评价的结果

设计方案	外观可用性	绩效可用性	感知可用性
方案 1	$\tilde{6}$	$\tilde{4}$	$\tilde{5}$
方案 2	$\tilde{7}$	$\tilde{7}$	$\tilde{7}$
方案 3	$\tilde{7}$	$\tilde{8}$	$\tilde{8}$
方案 4	$\tilde{8}$	$\tilde{9}$	$\tilde{5}$
方案 5	$\tilde{6}$	$\tilde{6}$	$\tilde{4}$
方案 6	$\tilde{7}$	$\tilde{8}$	$\tilde{7}$

根据表 2-13，对应的模糊评价矩阵为

$$A = \begin{bmatrix} \tilde{6} & \tilde{4} & \tilde{5} \\ \tilde{7} & \tilde{7} & \tilde{7} \\ \tilde{7} & \tilde{8} & \tilde{8} \\ \tilde{8} & \tilde{9} & \tilde{5} \\ \tilde{6} & \tilde{6} & \tilde{4} \\ \tilde{7} & \tilde{8} & \tilde{7} \end{bmatrix}$$

将模糊评价矩阵 A 和权重向量 W 代入式（2-124），则各方案可用性分数的模糊加权价值 R 为

$$R = \begin{bmatrix} (44, 71, 104) \\ (72, 105, 144) \\ (82, 117, 158) \\ (72, 112, 144) \\ (52, 80, 114) \\ (78, 112, 152) \end{bmatrix}$$

接着采用模糊数排序进行决策分析，应用比例分配的形式，根据式（2-65）和式（2-66）计算平均值和标准差，排序结果见表 2-14 的第 7 列。也可采用解模糊进行决策分析，根据式（2-58）进行解模糊，排序结果见表 2-14 的最后一列。可以发现，两种方法对设计方案的排序是一致的，均显示方案 3 为最优方案。

表 2-14　模糊数排序

设计方案	三角形模糊数的参数			基于模糊数排序的决策			基于解模糊的决策	
	l	m	u	平均值	标准差	排名	解模糊值	排名
方案 1	44	71	104	72.50	90.45	6	73.00	6
方案 2	72	105	144	106.50	130.05	4	107.00	4
方案 3	82	117	158	118.50	144.85	1	119.00	1
方案 4	72	112	144	110.00	130.40	3	109.33	3
方案 5	52	80	114	81.50	96.55	5	82.00	5
方案 6	78	112	152	113.50	137.35	2	114.00	2

在实际应用上，模糊多属性决策分析并不限定"方案价值衡量"与"权重给定"必须同时予以模糊化。有时候可以仅考虑模糊权重，计算方案价值时，先将模糊权重解模糊化为一清晰值，然后仍采用多属性决策方法（如层次分析法、TOPSIS、灰色关联分析法等）来计算方案的加权价值，并以实数排序关系比较方案。也可以仅采用模糊评比衡量方案价值，在解模糊化后，多属性决策方法以及实数排序关系同样适用。

2.8.3　模糊综合评价

模糊综合评价是对受多种因素影响的事物作出全面评价的一种十分有效的多因素评价方法，模糊综合评价的步骤如下：

（1）建立因素集

因素集是影响评价对象的各种因素所组成的集合，可用 U 表示，$U = \{u_1, u_2, \cdots, u_m\}$，$u_i (i = 1, 2, \cdots, m)$ 代表各种影响因素。

（2）建立权重集

权重反映了各因素中的重要程度，对各因素 u_i 赋予权重 $a_i (i = 1, 2, \cdots, m)$，所有因素的权重组成集合 A，$A = \{a_1, a_2, \cdots, a_m\}$，其中 $\sum_{i=1}^{m} a_i = 1$，$a_i \geqslant 0$。

权重集是因素集上的模糊子集，可表示为

$$A = \frac{a_1}{u_1} + \frac{a_2}{u_2} + \cdots + \frac{a_m}{u_m} \tag{2-125}$$

（3）建立评价集

评价集是评价者对评价对象可能作出的全部评价结果所组成的集合，可用 V 表示，$V = \{v_1, v_2, \cdots, v_n\}$，$v_j(j = 1, 2, \cdots, n)$ 表示各种可能的评价结果。

（4）单因素的模糊评价

从因素集中第 i 个因素 u_i 出发，对评价对象进行评价，用 r_{ij} 表示评价对象在第 i 个因素上属于评价集中第 j 个元素 v_j 的隶属度，评价结果记为

$$R_i = \frac{r_{i1}}{v_1} + \frac{r_{i2}}{v_2} + \cdots + \frac{r_{in}}{v_n} \tag{2-126}$$

将所有因素的评价结果组成评价矩阵 $\boldsymbol{R}$

$$\boldsymbol{R} = \begin{bmatrix} r_{11} & r_{12} & \cdots & r_{1n} \\ r_{21} & r_{22} & \cdots & r_{2n} \\ \vdots & \vdots & \vdots & \vdots \\ r_{m1} & r_{m2} & \cdots & r_{mn} \end{bmatrix} \tag{2-127}$$

（5）多因素的模糊综合评价

根据权重集 A 和评价矩阵 $\boldsymbol{R}$，计算模糊综合评价集 $\boldsymbol{B}$。

$$\begin{aligned} \boldsymbol{B} &= A \circ \boldsymbol{R} \\ &= (a_1, a_2, \cdots, a_m) \circ \begin{bmatrix} r_{11} & r_{12} & \cdots & r_{1n} \\ r_{21} & r_{22} & \cdots & r_{2n} \\ \vdots & \vdots & \vdots & \vdots \\ r_{m1} & r_{m2} & \cdots & r_{mn} \end{bmatrix} \\ &= (b_1, b_2, \cdots, b_n) \end{aligned} \tag{2-128}$$

式中，$b_j(j = 1, 2, \cdots, n)$ 为模糊综合评价指标，"$\circ$"表示模糊合成。

在进行模糊合成时，常采用 $M(\wedge, \vee)$，也称主因素决定型，计算公式为

$$b_j = \bigvee_{i=1}^{m}(a_i \wedge r_{ij})(j = 1, 2, \cdots, n) \tag{2-129}$$

在主因素决定型的合成方式中，由于综合评判结果 b_j 的值仅由 a_i 与 r_{ij} 中的某一个确定，着眼点是考虑主要因素，其他因素对结果影响不大，这种运算有时会出现决策结果不易分辨的情况。此时，可采用 $M(\cdot, +)$，也称加权平均型，计算公式为

$$b_j = \sum_{i=1}^{m} a_i \cdot r_{ij} \, (j = 1, 2, \cdots, n) \tag{2-130}$$

加权平均型对所有因素按照权重大小均衡兼顾，适用于考虑各种因素起作用的情况。

模糊合成的方式除了主因素决定型 $M(\wedge, \vee)$、加权平均型 $M(\cdot, +)$ 之外，还有主因素突出型 $M(\cdot, \vee)$ 等方式，在此不再赘述。

(6) 评价指标的处理

评价指标的处理方法较多，其中比较常用的是最大隶属度法和模糊分布法。

最大隶属度法选择模糊评价集 $B = (b_1, b_2, \cdots, b_n)$ 中最大的 b_j 所对应的评价集元素 v_j 作为模糊评价的结果。

模糊分布法需要对模糊综合评价指标进行归一化，即

$$B' = \left(\frac{b_1}{\sum_{j=1}^{n} b_j}, \, \frac{b_2}{\sum_{j=1}^{n} b_j}, \, \cdots, \, \frac{b_n}{\sum_{j=1}^{n} b_j} \right) = (b'_1, b'_2, \cdots, b'_n) \tag{2-131}$$

式中，$b'_j (j = 1, 2, \cdots, n)$ 为归一化后的模糊综合评价指标。归一化后的模糊综合评价指标能够反映评价对象的分布状态，可使决策者对评价对象有更深入的了解。

案例：某企业为了了解所开发产品的可用性，采用模糊综合评价对可用性进行评价。

① 建立因素集　根据可用性的"5E"模型，建立因素集 U

$U = \{$有效的(u_1)，有效率的(u_2)，有趣的(u_3)，容错(u_4)，易学(u_5)$\}$

② 建立权重集　通过调查，可用性各因素的权重如下

$$A = \frac{0.35}{\text{有效的}} + \frac{0.20}{\text{有效率的}} + \frac{0.10}{\text{有趣的}} + \frac{0.15}{\text{容错}} + \frac{0.20}{\text{易学}}$$

③ 建立评价集　根据可用性的属性，评价集如下

$$V = \{$很满意($v_1$)，满意($v_2$)，不满意($v_3$)，很不满意($v_4$)$\}$$

④ 单因素的模糊评价　邀请用户对每一个因素单独进行评价，得到的模糊向量分别为

对于因素"有效的（u_1）"，$\boldsymbol{R}_1 = (0.25, 0.50, 0.20, 0.05)$。

对于因素"有效率的（u_2）"，$\boldsymbol{R}_2 = (0.30, 0.40, 0.30, 0)$。

对于因素"有趣的（u_3）"，$\boldsymbol{R}_3 = (0, 0.50, 0.30, 0.20)$。

对于因素"容错（u_4）"，$\boldsymbol{R}_4 = (0, 0.60, 0.20, 0.20)$。

对于因素"易学（u_5）"，$\boldsymbol{R}_5 = (0.50, 0.40, 0.10, 0)$。

结合所有因素的评价结果，可得到评价矩阵 $\boldsymbol{R}$ 为

$$\boldsymbol{R} = \begin{pmatrix} 0.25 & 0.50 & 0.20 & 0.05 \\ 0.30 & 0.40 & 0.30 & 0 \\ 0 & 0.50 & 0.30 & 0.20 \\ 0 & 0.60 & 0.20 & 0.20 \\ 0.50 & 0.40 & 0.10 & 0 \end{pmatrix}$$

⑤ 多因素的模糊综合评价　按照主因素决定型进行模糊合成，即

$$\boldsymbol{B} = \boldsymbol{A} \circ \boldsymbol{R}$$

$$= (0.35, 0.20, 0.10, 0.15, 0.20) \circ \begin{pmatrix} 0.25 & 0.50 & 0.20 & 0.05 \\ 0.30 & 0.40 & 0.30 & 0 \\ 0 & 0.50 & 0.30 & 0.20 \\ 0 & 0.60 & 0.20 & 0.20 \\ 0.50 & 0.40 & 0.10 & 0 \end{pmatrix}$$

$$= (0.25, 0.35, 0.20, 0.15)$$

⑥ 评价指标的处理　采用最大隶属度法，由于 $\max\{0.25, 0.35, 0.20, 0.15\} = 0.35 = b_2$，因此该产品的可用性评价结果为"满意（$v_2$）"。

采用模糊分布法，对评价指标进行归一化，由于

$$b = \sum_{j=1}^{4} b_j = 0.25 + 0.35 + 0.20 + 0.15 = 0.95$$

因此

$$B' = \left(\frac{0.25}{0.95}, \frac{0.35}{0.95}, \frac{0.20}{0.95}, \frac{0.15}{0.95} \right) = (0.26, 0.37, 0.21, 0.16)$$

评价结果显示，26%的用户对产品的可用性"很满意"，37%的用户对产品的可用性"满意"，21%的用户对产品的可用性"不满意"，16%的用户对产品的可用性"很不满意"。

2.8.4　模糊优选

在设计方案的评价决策中，经常遇到优选问题，优选一般具有模糊性与相对性，现对模糊优选加以介绍。

2.8.4.1　绝对优属度和相对优属度

（1）绝对优属度

对于望大型指标，绝对优属度的计算公式为

$$a_{ij} = \frac{x_{ij} - \inf(x_i)}{\sup(x_i) - \inf(x_i)} \tag{2-132}$$

对于望小型指标，绝对优属度的计算公式为

$$a_{ij} = \frac{\sup(x_i) - x_{ij}}{\sup(x_i) - \inf(x_i)} \tag{2-133}$$

式中，x_{ij} 表示第 j 个方案（也称决策）在第 i 个指标（也称目标）上的特征值，$\sup(x_i)$、$\inf(x_i)$ 分别为指标 i 的上确界、下确界，a_{ij} 表示第 j 个方案在第 i 个指标上的绝对优属度。

在实际应用中，指标的上确界、下确界无法确定，为了解决该问题，Chen（1994）提出相对优属度。

（2）相对优属度

对于望大型指标，相对优属度的计算公式为

$$r_{ij} = \frac{x_{ij} - \bigwedge_j x_{ij}}{\bigvee_j x_{ij} - \bigwedge_j x_{ij}} \tag{2-134}$$

对于望小型指标，相对优属度的计算公式为

$$r_{ij} = \frac{\bigvee_j x_{ij} - x_{ij}}{\bigvee_j x_{ij} - \bigwedge_j x_{ij}} \tag{2-135}$$

式中，x_{ij} 表示第 j 个方案在第 i 个指标上的特征值，$\bigvee_j x_{ij}$、$\bigwedge_j x_{ij}$ 分别为指标 i 的最大值、最小值，r_{ij} 表示第 j 个方案在第 i 个指标上的相对优属度。

2.8.4.2 模糊理论优选模型

设有 q 个方案（也称决策）组成论域 U，其中有 n 个方案满足约束集形成决策集

$$D = \{d_1, d_2, \cdots, d_n\} \tag{2-136}$$

设系统有 m 个指标（也称目标）组成决策集 D 的评价指标集

$$P = \{p_1, p_2, \cdots, p_m\} \tag{2-137}$$

依据 m 个指标对 n 个方案的评价，可用目标特征值矩阵表示为

$$\boldsymbol{X} = \begin{bmatrix} x_{11} & x_{12} & \cdots & x_{1n} \\ x_{21} & x_{22} & \cdots & x_{2n} \\ \vdots & \vdots & \vdots & \vdots \\ x_{m1} & x_{m2} & \cdots & x_{mn} \end{bmatrix} = (x_{ij})_{m \times n} \tag{2-138}$$

式中，x_{ij} 表示第 j 方案第 i 个目标的特征值。

通过式(2-134) 和式(2-135)，可将目标特征值矩阵变换为目标相对优属度矩阵，即

$$R = \begin{bmatrix} r_{11} & r_{12} & \cdots & r_{1n} \\ r_{21} & r_{22} & \cdots & r_{2n} \\ \vdots & \vdots & \vdots & \vdots \\ r_{m1} & r_{m2} & \cdots & r_{mn} \end{bmatrix} = (r_{ij})_{m \times n} \qquad (2\text{-}139)$$

根据优选的相对性，将优等决策 G 和劣等决策 B 分别看作两极，即

$$G = (g_1, g_2, \cdots, g_m)^{\mathrm{T}}$$

$$= (r_{11} \vee r_{12} \vee \cdots \vee r_{1n}, r_{21} \vee r_{22} \vee \cdots \vee r_{2n}, \cdots, r_{m1} \vee r_{m2} \vee \cdots \vee r_{mn})^{\mathrm{T}} \qquad (2\text{-}140)$$

$$B = (b_1, b_2, \cdots, b_m)^{\mathrm{T}}$$

$$= (r_{11} \wedge r_{12} \wedge \cdots \wedge r_{1n}, r_{21} \wedge r_{22} \wedge \cdots \wedge r_{2n}, \cdots, r_{m1} \wedge r_{m2} \wedge \cdots \wedge r_{mn})^{\mathrm{T}} \qquad (2\text{-}141)$$

设方案 j 相对隶属度的最优值以 u_j 表示，则

$$u_j = \cfrac{1}{1 + \left\{ \cfrac{\sum\limits_{i=1}^{m} [w_i (g_i - r_{ij})]^p}{\sum\limits_{i=1}^{m} [w_i (r_{ij} - b_i)]^p} \right\}^{2/p}} \qquad (2\text{-}142)$$

有关 u_j 的详细推导过程，请参考相关文献，在此不再赘述。将 $g_i = 1$，$b_i = 0$ 代入上式，可得到决策相对优属度模型为

$$u_j = \cfrac{1}{1 + \left\{ \cfrac{\sum\limits_{i=1}^{m} [w_i (1 - r_{ij})]^p}{\sum\limits_{i=1}^{m} [w_i r_{ij}]^p} \right\}^{2/p}} \qquad (2\text{-}143)$$

式中，p 为距离参数，$p = 1$ 时为海明距离，$p = 2$ 时为欧几里得距离。

决策相对优属度 u_j 最大的决策称为最满意决策，u_j 从大到小的排列次序为决策的满意度排序。

2.9 模糊测度与模糊积分

2.9.1 模糊测度

测度（Measure）是指有一函数 μ，使某集合 A 与所表示 A 大小的数值 $\mu(A)$

相对应。客观上可以衡量的测度是满足加法性的，但是带有主观性的模糊测度（Fuzzy Measure）就不一定满足加法性，用户体验具有主观性，其研究会涉及模糊测度。

设 X 为某个集合，集合函数具有如下性质时，g 称为 X 上的模糊测度：

① $g(\varnothing) = 0$。

② $g(X) = 1$。

③ 当 $A \subseteq B \subseteq X$ 时，$g(A) \leqslant g(B)$。

上述三个性质中，前两个性质属于对边界条件的界定，最后一个性质是对单调性的要求。

模糊测度不一定满足加法性，当 $A \cap B = \varnothing$ 时，关于 $g(A \cup B)$ 与 $g(A) + g(B)$ 之间的大小关系有下面三种可能：

① 当 $g(A \cup B) > g(A) + g(B)$ 时，A 与 B 之间有相乘作用（优加法性）。

② 当 $g(A \cup B) < g(A) + g(B)$ 时，A 与 B 之间有相抵作用（劣加法性）。

③ 当 $g(A \cup B) = g(A) + g(B)$ 时，A 与 B 之间无相互作用（加法性）。

在众多模糊测度中，λ 模糊测度使用方便，其形式为

$$g(A \cup B) = g(A) + g(B) + \lambda g(A) g(B) \tag{2-144}$$

式中，λ 值能够反映出 A 与 B 之间是否存在交互作用，当 $\lambda > 0$ 时，代表两者具有相乘作用，当 $\lambda < 0$ 时，代表两者具有相抵作用，当 $\lambda = 0$ 时，代表两者无相互作用。

令 $X = \{x_1, x_2, \cdots, x_n\}$ 为一个有限集合，且各变量 x_i 的 λ 测度为 g_i，则有：

$$
\begin{aligned}
g_\lambda(\{x_1, x_2, \cdots, x_n\}) &= \sum_{i=1}^{n} g_i + \lambda \sum_{i_1=1}^{n-1} \sum_{i_2=i_1+1}^{n} g_{i_1} \cdot g_{i_2} + \cdots + \lambda^{n-1} g_1 \cdot g_2 \cdots g_n \\
&= \frac{1}{\lambda} \left[\prod_{i=1}^{n} (1 + \lambda \cdot g_i) - 1 \right], \ \lambda \in [-1, \infty)
\end{aligned}
\tag{2-145}
$$

当 $g(X) = 1$ 时，可通过下式计算 λ 值

$$\lambda + 1 = \prod_{i=1}^{n} (1 + \lambda g_i) \tag{2-146}$$

2.9.2 模糊积分

传统的加权平均法，需要假设指标之间无交互作用，但在主观性较强的用户体验中，该假设并不合理，此时可使用模糊积分（Fuzzy Integral）。模糊积分是以

模糊测度为基础的一种综合评价方法，模糊积分并不需要评价指标之间相互独立，只要符合单调性即可。

　　模糊积分的形式较多，其中 Choquet 积分使用较为广泛，现对其加以介绍。

　　若 $X = \{x_1, x_2, \cdots, x_n\}$ 为一个有限集合，g 为模糊测度，$h(x_i)$ 代表在 x_i 上的绩效值，令 $h(x_i)$：$X \rightarrow [0, 1]$，$i = 1, 2, \cdots, n$，假设 $h(x_1) \geqslant h(x_2) \geqslant \cdots \geqslant h(x_n)$，则 Choquet 积分的示意图如图 2-16 所示，计算公式为

$$\int h\,\mathrm{d}g = h(x_n)g(H_n) + [h(x_{n-1}) - h(x_n)]g(H_{n-1}) + \cdots + [h(x_1) - h(x_2)]g(H_1)$$

$$= h(x_n)[g(H_n) - g(H_{n-1})] + h(x_{n-1})[g(H_{n-1}) - g(H_{n-2})] + \cdots + h(x_1)g(H_1)$$

$$(2\text{-}147)$$

式中，$H_1 = \{x_1\}$，$H_2 = \{x_1, x_2\}$，$\cdots$，$H_n = \{x_1, x_2, \cdots, x_n\} = X$。

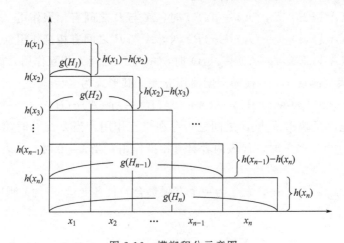

图 2-16　模糊积分示意图

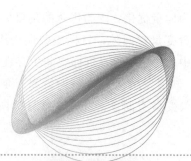

第 3 章
多目标进化优化

3.1 多目标优化

多目标优化（Multi-objective Optimization）处理多个目标的同时优化，多目标优化问题可定义为：

给定决策向量 $\boldsymbol{x}=[x_1,x_2,\cdots,x_m]^{\mathrm{T}}$，满足下面约束：

$$g_i(\boldsymbol{x}) \leqslant 0, \forall i=1,2,\cdots,n \tag{3-1}$$

$$h_j(\boldsymbol{x}) = 0, \forall j=1,2,\cdots,s \tag{3-2}$$

设有 r 个优化目标，且这 r 个优化目标是相互冲突的，优化目标可表示为

$$f(\boldsymbol{x})=[f_1(\boldsymbol{x}),f_2(\boldsymbol{x}),\cdots,f_r(\boldsymbol{x})]^{\mathrm{T}} \tag{3-3}$$

寻求 $\boldsymbol{x}^*=[x_1^*,x_2^*,\cdots,x_m^*]^{\mathrm{T}}$，使 $f(\boldsymbol{x}^*)$ 在满足约束式(3-1) 和式(3-2) 的同时达到最优。

在多目标优化中，有的子目标函数可能需要最大化，有的子目标函数可能需要最小化，为了处理方便，可将所有子目标函数统一转换为最小化或最大化，如将最大化转化为最小化时，可用下列方式：

$$\max f_i(\boldsymbol{x}) = -\min(-f_i(\boldsymbol{x})) \tag{3-4}$$

同理，可将式(3-1) 的不等式约束条件转换为

$$-g_i(\boldsymbol{x}) \geqslant 0, \forall i=1,2,\cdots,n \tag{3-5}$$

一般情况下，如果无特别说明，多目标优化问题统一指求所有目标的最小化问题，即

$$\min f(\boldsymbol{x})=[f_1(\boldsymbol{x}),f_2(\boldsymbol{x}),\cdots,f_r(\boldsymbol{x})]^{\mathrm{T}} \tag{3-6}$$

多目标优化问题被称为向量优化，因为优化的是目标向量，而不是单个目标。在多目标优化中，除了决策变量空间外，目标函数还构成多维空间，称为目标空间 Z。对于决策变量空间中的每个解 x，目标空间中存在一个点，表示为 $f(x)=z=(z_1, z_2, \cdots, z_r)^{\mathrm{T}}$。映射发生在 m 维解向量和 r 维目标向量之间。图 3-1 说明了具有三维解向量的决策变量空间 x、具有二维目标向量的目标空间 z 以及它们之间的映射。

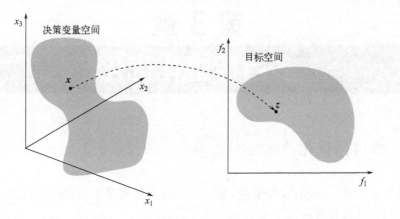

图 3-1　决策变量空间与对应的目标空间

使用单个解向量 x 同时优化所有相互冲突的 r 个目标函数是不可能的。因此，一个比较符合逻辑的方法是获得一组非支配解（Non-dominated Solution），非支配解的相关定义如下：

如果满足以下两个条件，则解 p 支配（Dominate）另一个解 q：

① 解 p 在所有目标中均不劣于 q，也就是说，$f_k(p) \leqslant f_k(q)$，$(k=1, 2, \cdots, r)$。

② 解 p 在至少一个目标上严格优于 q，也就是说，$\exists l \in \{1, 2, \cdots, r\}$，$f_l(p) < f_l(q)$。

此时称 p 为非支配的（Non-dominated），q 为被支配的（Dominated），记为 $p > q$，其中 ">" 表示支配关系（Dominate Relation）。

基于上述定义，Pareto 最优解（Pareto Optimal Solution）可定义为：一个解 $x \in \Omega$ 被称为 Pareto 最优解当且仅当不存在 $x' \in \Omega$，使得 $v = [f_1(x'), f_2(x'), \cdots, f_r(x')]^{\mathrm{T}}$ 支配 $u = [f_1(x), f_2(x), \cdots, f_r(x)]^{\mathrm{T}}$。因此，就所有目标而言，没有一个解比其他解更好，每个解都代表了不同目标之间的折中。Pareto 最优解是一组非支配解，而不是单个最优解。

根据 Pareto 最优解的概念，将所有个体与其他个体进行比较，可确定当前种群中的非支配解。已识别的个体被赋予等级（Rank）1，再从总体中删除等级 1 的个体。然后，确定剩余个体中的非支配解，并将其赋予等级 2。执行该程序，直到所有个体都被分配了一个等级，Pareto 等级示意图如图 3-2 所示。

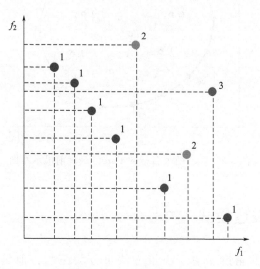

图 3-2　Pareto 等级示意图

对于给定的多目标优化问题 $f(x)$，Pareto 最优解集（Pareto Optimal Set）P^* 定义为：$P^* = \{x \in \Omega \mid \neg \exists x' \in \Omega, f(x') \preceq f(x)\}$。对于给定的多目标优化问题 $f(x)$ 和 Pareto 最优解集 P^*，Pareto 最优前沿（Pareto Front）PF^* 定义为：$PF^* = \{f(x) \mid x \in P^*\}$。

当目标函数的数量大于 3 时，Pareto 最优前沿的形状可能很复杂。对于只有两个目标函数的优化问题，Pareto 最优前沿的示意图如图 3-3 所示。可行区域在曲线包围的区域内，非可行区域在曲线包围的区域外。可行区域中的每个点代表一个解，粗曲线表示 Pareto 最优前沿，Pareto 最优前沿上的点表示 Pareto 最优解，因此，实心点 A、B、C、D、E 和 F 都是 Pareto 最优解。空心点 G、H、I、J、K、L 落在可行区域内，但不在 Pareto 最优前沿上，因此不是最优解。

在任何两个 Pareto 最优解中，就一个目标而言，其中一个解可能会更好，但这种更好来自于对另一个目标的牺牲。因此，需要结合多准则决策（Multi-criteria Decision Making）根据偏好信息得出其中哪一个是最优解。

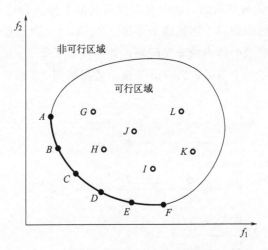

图 3-3   含有两个目标的 Pareto 最优前沿示意图

3.2 后偏好表达模式

从多目标决策的角度来看，决策方法可分为三种：前偏好表达模式（Prior Preference Articulation Approach）、交互式偏好表达模式（Progressive Preference Articulation Approach）、后偏好表达模式（Posterior Preference Articulation Approach）。该分类最早由 Cohon 和 Marks（1975）提出，是目前最流行的分类之一，分类的重点是处理搜索和决策这两个问题的方式。

经典的多目标优化方法属于前偏好表达模式，先通过决策将多个目标转换为单个目标，再进行搜索，即决策在搜索之前。前偏好表达模式从确定用于构建复合适应度函数的偏好权重向量开始，以找到最优解，这种处理多目标优化问题的方法简单，但有些主观。

交互式偏好表达模式在解决问题的过程中结合偏好信息，决策和搜索是集成在一起的，适应度函数基于用户的评价。交互式偏好表达模式需要进行大量评价，在评价过程中，用户的偏好会不断调整，这将导致与评价过程紧密相关的适应度值产生误差。

在后偏好表达模式中，决策在搜索之后进行。后偏好表达模式不需要与决策者偏好相关的预先信息，并且在一次运行中提供许多 Pareto 最优解。Pareto 最优解是一组非支配解，而不是单个最优解。

在偏好信息的使用方面，前偏好表达模式和后偏好表达模式有着根本的区别。

前偏好表达模式要求在不知道可能后果的情况下，提供偏好向量；相比之下，后偏好表达模式使用偏好信息从已经获得的 Pareto 最优解中选择单个解，这使得后偏好表达模式更具条理性和实用性。

3.3 多目标进化算法

多目标进化算法（Multi-objective Evolutionary Algorithms）是一种基于全局概率的搜索优化方法，受生物进化机制的启发，属于随机搜索方法，能够找到可接受的权衡解集，是解决多目标优化问题的常用方法。

第一代多目标进化算法很简单，缺乏正式的验证方法。当精英保留成为一种标准时，第二代多目标进化算法开始形成。在第二代多目标进化算法中，提高了算法的效率，并开发了许多指标以便于验证。NSGA-Ⅱ（Non-dominated Sorting Genetic Algorithm-Ⅱ）、PESA-Ⅱ（Pareto Envelope-based Selection Algorithm-Ⅱ）和 SPEA2（Strength Pareto Evolutionary Algorithm 2）是第二代算法中具有代表性的算法，其特点是强调效率和精英保留机制的使用。

3.3.1 NSGA-Ⅱ

NSGA-Ⅱ由 Deb 等于 2002 年提出，是非支配排序遗传算法（Non-dominated Sorting Genetic Algorithm，NSGA）的改进版本。NSGA-Ⅱ采用精英保留机制，将父代和子代结合起来，通过竞争产生下一代种群，有助于提高进化种群的整体水平。此外，NSGA-Ⅱ使用拥挤距离来保持解的多样化。

NSGA-Ⅱ的示意图如图 3-4 所示，NSGA-Ⅱ的程序概述如下：

步骤 1：将大小为 N 的父种群 $P(t)$ 和大小为 N 的子种群 $Q(t)$ 合并，生成大小为 $2N$ 的种群 $R(t)$，然后通过非支配排序计算 $R(t)$ 群体中个体的秩，秩的大小与 Pareto 等级数量相同。

步骤 2：根据秩对所有个体进行分类，并将 F_i 作为具有相同等级个体的子群体。根据这些秩的优先级顺序填充下一代 $P(t+1)$，从最优非支配秩开始，然后是第二个非支配秩，依此类推，直到 $P(t+1)$ 填充满为止。对于最终秩，优先选择拥挤距离较大的解。

步骤 3：通过选择、交叉和变异，从父种群 $P(t+1)$ 生成子种群 $Q(t+1)$。

NSGA-Ⅱ采用拥挤锦标赛选择算子，比较两个解并返回获胜者。假设每个解 i 有两个属性：种群中的非支配秩 r_i、种群中的局部拥挤距离 d_i。基于这两个属性，拥挤锦标赛选择算子定义如下：

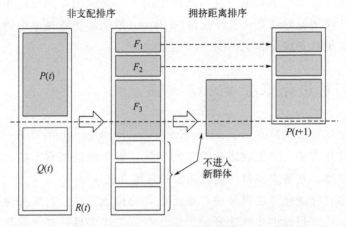

图 3-4 NSGA-Ⅱ示意图

如果以下任一条件成立，则解 i 在锦标赛中优于另一个解 j：

① 如果解 i 具有更好的秩，即 $r_i < r_j$。

② 如果它们具有相同的秩，但解 i 比解 j 有更大的拥挤距离，即 $r_i = r_j$ 且 $d_i > d_j$。

第一个条件确保选择的解位于更好的非支配前沿，第二个条件通过决定两个解的拥挤距离来确定两个解在同一非支配前沿上的关系。

个体 i 在目标 k 中的拥挤距离 c_k^i 定义为：

$$c_k^i = \frac{f_k^{[i+1]} - f_k^{[i-1]}}{f_k^{\max} - f_k^{\min}} \tag{3-7}$$

式中，$f_k^{[i+1]}$ 和 $f_k^{[i-1]}$ 分别表示个体 $i+1$ 和个体 $i-1$ 在目标 k 中的值，$f_k^{\max}$ 和 $f_k^{\min}$ 分别表示目标 k 中的最大值和最小值。

个体 i 对于 m 个目标具有 m 个值，将它们相加可以得出整体拥挤距离，该距离定义为：

$$c^i = \sum_{k=1}^{m} c_k^i \tag{3-8}$$

式中，c^i 是个体 i 的整体拥挤距离。

图 3-5 显示了具有两个目标条件下的拥挤距离计算，其中所有点都处于相同的秩。个体 i 的拥挤距离是其周围矩形周长的一半。

3.3.2　PESA-Ⅱ

Corne 等于 2000 年提出了基于 Pareto 包络的选择算法（Pareto Envelope-

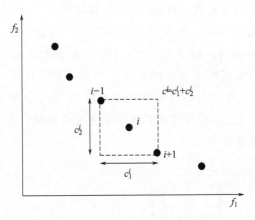

图 3-5　拥挤距离计算示意图

based Selection Algorithm，PESA），该算法由内部种群和外部种群组成。当算法运行时，使用拥挤策略将内部种群中的非支配解引入到外部种群，从而消除外部种群中的支配解。图 3-6 显示了 PESA 的示意图，PESA 的程序概述如下：

步骤 1：产生并评价初始内部种群 $P(t)$，将外部种群 $A(t)$ 初始化为空集。

步骤 2：将非支配个体 $P(t)$ 并入到 $A(t)$。

步骤 3：如果已经达到终止条件，则停止，将 $A(t)$ 作为结果返回。否则，转至步骤 4。

步骤 4：清除 $P(t)$ 中的所有个体，并重复以下操作，直到 $P(t)$ 为满。从 $A(t+1)$ 中选择两个个体，使用概率 p_c，通过交叉产生一个新个体 $P(t+1)$，同时对该个体进行变异操作。使用概率 $(1-p_c)$ 从 $A(t+1)$ 选取一个个体，并对其进行变异操作产生一个新个体 $P(t+1)$。

步骤 5：返回步骤 2。

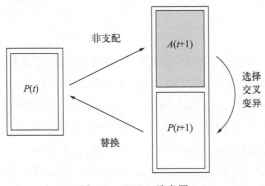

图 3-6　PESA 示意图

在 PESA 中，采用了超盒（Hyper-box）和挤压因子（Squeeze Factor）。超盒是通过使用超网格划分空间，挤压因子表示在一个超盒中有多少个非支配个体，数字越小，超盒越不拥挤。图 3-7 说明了 PESA 的拥挤策略，图中超网格由水平线和垂直线表示，圆圈是可能存在的非支配个体，支配正方形所表示的个体，A 个体所在的超盒中有 2 个个体，因此挤压因子为 2，B 个体所在的超盒中有 1 个个体，因此挤压因子为 1。当在外部种群选择非支配个体时，采用二元锦标赛方式，挤压因子最小的个体赢得锦标赛。

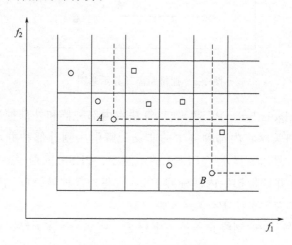

图 3-7　PESA 的拥挤策略

Corne 等于 2001 年对 PESA 进行了改进，提出了基于区域选择（Region-based Selection）的概念，其选择的单位是超盒而不是个体。修改后的 PESA 命名为 PESA-Ⅱ，PESA-Ⅱ仅在选择机制上与 PESA 有所不同。在 PESA-Ⅱ中，每个超盒都有自己的挤压因子，首先选择挤压因子小的超盒，然后再从所选的超盒中随机选择个体，通过这种方法让种群保持良好的分布性。

3.3.3　SPEA2

SPEA2 由 Zitzler 等于 2001 年提出，是强度 Pareto 进化算法（Strength Pareto Evolutionary Algorithm，SPEA）的改进版本。SPEA2 采用了细粒度适应度分配策略（Fine-grained Fitness Assignment Strategy），该策略考虑了支配它的个体数量以及被它支配的个体数量。SPEA2 还采用最近邻密度估计技术（the Nearest Neighbor Density Estimation Technique）以保持个体的多样性，并采用增强存档截断方法（Enhanced Archive Truncation Method）以保证边界解的保留。

SPEA2 的示意图如图 3-8 所示，其中 $A(t)$ 表示第 t 代大小为 $\widetilde{N}$ 的存档集，

$P(t)$ 表示第 t 代大小为 N 的种群，SPEA2 的程序概述如下：

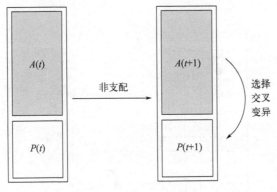

图 3-8　SPEA2 示意图

步骤 1：产生大小为 N 的第一代种群 $P(0)$ 和空存档集 $A(0)$，并将计数器 t 设置为 0。

步骤 2：计算 $P(t)$ 和 $A(t)$ 中个体的适应度值。

步骤 3：将 $P(t)$ 和 $A(t)$ 中的所有非支配个体复制到 $A(t+1)$。如果 $A(t+1)$ 大小超过 $\tilde{N}$，则使用截断算子来降低其大小；否则，如果 $A(t+1)$ 的大小小于 $\tilde{N}$，则用 $P(t)$ 和 $A(t)$ 的支配个体填充 $A(t+1)$。

步骤 4：如果满足停止标准，将 $A(t+1)$ 中的所有非支配个体作为返回结果，然后停止循环。

步骤 5：执行锦标赛选择并替换 $A(t+1)$，以填充配对库（Mating Pool）。

步骤 6：将交叉和变异操作应用于配对库中的个体，并设置 $P(t+1)$ 为结果种群。将 t 增加 1，然后转至步骤 2。

在 SPEA2 中，种群 P 和存档集 A 中的每个个体 i 都被分配了一个强度值 $S(i)$ 来描述其强度（Strength），即受个体 i 支配的解的数量，如下所示：

$$S(i) = | \{j \,|\, j \in P + A \wedge i \succ j\} | \tag{3-9}$$

$S(i)$ 的数值越大，个体越强，仅仅比较每个个体的强度将会导致选择偏差。因此，采用原始适应度（Raw Fitness）描述个体的收敛性，原始适应度的定义如下：

$$R(i) = \sum_{j \in P+A, j \succ i} S(j) \tag{3-10}$$

个体 i 的原始适应度 $R(i)$ 等于支配个体 i 的所有个体的强度值之和，计算 $R(i)$ 时不仅考虑了存档集 A 中支配个体 i 的个体信息，同时也考虑了进化种群 P 中支配个体 i 的个体信息。如果个体 i 是 A 和 P 并集中的非支配解，则需要为其指定最优原始适应度，该值一般为 0。

强度和原始适应度如图 3-9 所示，图中（）中的数字表示强度，［］中的数字表示原始适应度。

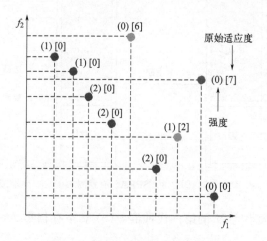

图 3-9　强度和原始适应度示意图

在 SPEA2 中，采用密度（Density）来描述个体 i 的拥挤程度，如下所示：

$$D(i) = \frac{1}{\sigma_i^k + 2} \qquad (3\text{-}11)$$

式中，σ_i^k 为到个体 i 的第 k 个最短距离。个体离其他个体越远，σ_i^k 越大，$D(i)$ 越小，Zitzler 等（2001）认为 $k = \sqrt{|P| + |A|}$ 是一个理想的参数选项。

个体的适应度函数如下：

$$F(i) = R(i) + D(i) \qquad (3\text{-}12)$$

可以看出，对于受支配的个体，其原始适应度值是几个、几十个或数百个，大到足以忽略其密度（小于 0.5）。对于非支配个体，其原始适应度值均为 0，因此密度较小的稀疏个体获得优势。

在环境选择过程中，根据式(3-13)进行个体选择，其中适合度值低于 1 的非支配解被选择到下一代存档集中。

$$A_{t+1} = \{i \,|\, i \in P_t + \overline{A}_t \wedge F(i) < 1\} \qquad (3\text{-}13)$$

当非支配前沿刚好能够存档时，即 $|A_{t+1}| = \widetilde{N}$，环境选择完成。当 $|A_{t+1}| < \widetilde{N}$ 时，之前的存档集和种群中处于最优支配地位的 $\widetilde{N} - |A_{t+1}|$ 个个体被复制到存档集。当非支配集的大小超过 $\widetilde{N}$ 时，需要一个存档截断过程，该过程通过迭代从 A_{t+1} 中删除个体，直到 $|A_{t+1}| = \widetilde{N}$。

在每次迭代中，如果个体 i 满足如下条件，则将其从 A_{t+1} 中删除：对于所有

$j \in A_{t+1}$ 有

$$i \leqslant_d j : \Leftrightarrow \forall 0 < k < |A_{t+1}| : \sigma_i^k = \sigma_j^k \vee$$

$$\exists 0 < k < |A_{t+1}| : [(\forall 0 < l < k : \sigma_i^l = \sigma_j^l) \wedge \sigma_i^k < \sigma_j^k]$$

$$(3\text{-}14)$$

这样，在每个阶段，与其他个体距离最小的个体被选择。如果存在多个具有最小距离的个体，则可以考虑第二最小距离。图 3-10 描述了两个目标求最大值的存档集截断过程，其中个体的删除顺序为 1、2 和 3。

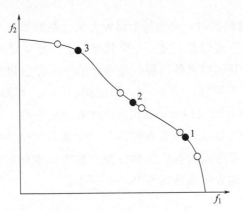

图 3-10　SPEA2 的存档集截断过程

（来源：Zitzler 等，2001）

3.4　高维多目标进化算法

经典的多目标进化算法，如 NSGA-Ⅱ和 SPEA2，在求解 2 维或 3 维优化问题时具有很好的效果。但是，随着目标维数的增加，这些算法存在一定的困难，如搜索能力退化、最优解集的可视化困难、重组操作效率降低等，使得优化的难度呈指数级增长。

在多目标优化研究中，一般将 4 个及以上目标的优化问题称为高维多目标优化问题。近年来，高维多目标进化算法已成为进化多目标优化领域的研究热点，相关的算法包括基于参考点的非支配排序遗传算法（the Reference-point-based Many-objective NSGA-Ⅱ，NSGA-Ⅲ）、基于分解的多目标进化算法（Multi-objective Evolutionary Algorithm Based on Decomposition，MOEA/D）、多重单目标 Pareto 采样算法（Multiple Single Objective Pareto Sampling，MSOPS）等，其中 NSGA-Ⅲ的使用较为广泛。

NSGA-Ⅲ的总体框架与 NSGA-Ⅱ相似，其程序如下。首先，随机产生大小为 N 的父代种群 P_t。接着，使用选择、交叉和变异操作生成子代群体 Q_t。随后，这两个种群根据其支配水平进行组合和排序。最后，从组合种群中选择最优的 N 个个体构成新一代群体。

与 NSGA-Ⅱ不同，NSGA-Ⅲ采用参考点方法选择个体，以使种群具有良好的分布性。参考点数量 H 的计算公式如下：

$$H = \binom{M + p - 1}{p} \tag{3-15}$$

式中，M 为目标函数的数目，p 为每个目标上的分割数量。

为了描述参考点生成过程，使用一个具有三个目标（$M=3$）的示例来解释和说明，该过程适用于任何数量的目标。参考点的生成方法如图 3-11 所示，假设每个维度被平均分为三个部分，即 $p=3$，根据式(3-15)，可知参考点的数量为 10。接着，使用 Das 和 Dennis（1998）提出的方法对种群中的个体进行标准化。然后，为每个个体指定一个参考点，参考点可以与一个或多个个体相关，但会保留距离该点较近的个体。当参考点均匀广泛地分布在整个标准化的超平面时，所选择的种群也将会均匀广泛地分布在真实的 Pareto 面上。

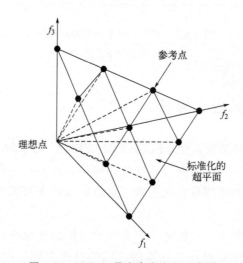

图 3-11　NSGA-Ⅲ中参考点的示意图

3.5　多目标进化算法的性能评价

为了能够比较各种多目标进化算法，必须考虑两个目标。第一个目标是寻找尽可能接近 Pareto 最优前沿的解，这需要以 Pareto 最优区域为目标进行搜索，称为收敛性（Convergence）。第二个目标是在 Pareto 最优前沿产生尽可能多样的解，这需要沿着 Pareto 最优区域进行搜索，称为多样性（Diversity）。收敛性和多样性在某种意义上是两个相互正交的目标，如图 3-12 所示。

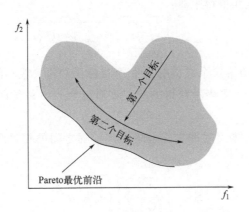

图 3-12　多目标进化优化的两个目标

在评价多目标进化算法时，应考虑上述两个目标。据此可将算法的性能评价指标分为三类（Deb, 2001）：第一类用来评价所求解集与真正的 Pareto 最优解集的接近程度，主要评价算法的收敛性；第二类用来评价解集的分布情况，主要评价算法的分布性；第三类是综合考虑解集的收敛性和分布性，用于评价算法的综合性能。这三类指标各自又包含多个指标，现对典型的指标加以介绍。

（1）错误率

错误率（Error Rate，ER）是指非 Pareto 最优解集中的解向量与群体规模 Q 的比率，计算公式为：

$$ER = \frac{\sum_{i=1}^{|Q|} e_i}{|Q|} \tag{3-16}$$

式中，$|Q|$ 为群体规模的数量。令 P^* 表示 Pareto 最优解集，则 e_i 的定义为：

$$e_i = \begin{cases} 1, & \text{当 } i \notin P^* \text{ 时} \\ 0, & \text{其他} \end{cases} \tag{3-17}$$

当 $ER = 0$ 时，表示所有解都属于 Pareto 最优解集；当 $ER = 1$ 时，表示所有解都不属于 Pareto 最优解集。ER 值越小，表明算法的收敛性越好。

（2）世代距离

世代距离（Generational Distance，GD）测量获得的最优解集 Q 与真实 Pareto 最优前沿的最优解集 P^* 之间的平均距离，计算公式为：

$$GD = \frac{(\sum_{i=1}^{|Q|} d_i^p)^{1/p}}{|Q|} \qquad (3\text{-}18)$$

式中，GD 是世代距离。当 $P=2$ 时，d_i 是从解 $i \in Q$ 到真实 Pareto 最优前沿 P^* 中距离最近个体的欧几里得距离：

$$d_i = \min_{k=1}^{|P^*|} \sqrt{\sum_{m=1}^{M} (f_m^{(i)} - f_m^{*(k)})^2} \qquad (3\text{-}19)$$

式中，$f_m^{*(k)}$ 是 P^* 的第 k 个成员的第 m 个目标函数值。较小的世代距离表示算法具有良好的收敛能力，零表示获得的所有解都在 Pareto 最优前沿内。

（3）间距

间距（Spacing）通过对非支配解集中连续解之间的相对距离度量来计算，定义如下：

$$S = \sqrt{\frac{1}{|Q|} \sum_{i=1}^{|Q|} (d_i - \overline{d})^2} \qquad (3\text{-}20)$$

式中，S 为间距值；$|Q|$ 为群体规模的数量；$d_i = \min_{k \in Q \wedge k \neq i} \sum_{m=1}^{M} |f_m^i - f_m^k|$，是获得的非支配集中第 i 个解和任何其他解的目标函数值之差的绝对值总和的最小值；$\overline{d}$ 是距离测量的平均值，$\overline{d} = \sum_{i=1}^{|Q|} d_i / |Q|$。$S$ 值越小，表示算法的分布性越好。

（4）散布

散布（Spread）度量所获得解分布的情况，定义如下：

$$\Delta = \frac{\sum_{m=1}^{M} d_m^e + \sum_{i=1}^{|Q|} |d_i - \overline{d}|}{\sum_{m=1}^{M} d_m^e + |Q|\overline{d}} \qquad (3\text{-}21)$$

式中，Δ 表示散布值；$\overline{d}$ 表示所有 d_i 的平均值；d_m^e 表示所获得解的极端点与 Pareto 最优解集中解的极端点在 m 维空间中的距离；$|Q|$ 为群体规模的数量。Δ 值越小，表示算法的分布性越好，零表示最理想的情况。

（5）超体积

超体积（Hypervolume，HV）用于计算目标空间中的体积。从数学上讲，对于每个解 $i \in Q$，超立方体 v_i 可通过一个参考点和解 i 作为其对角来构造。超体积 HV 的计算公式如下：

$$HV = \text{volume}\left(\bigcup_{i=1}^{|Q|} v_i\right) \qquad (3\text{-}22)$$

超体积量化了与最优解集中的收敛性和分布性相关的综合信息。较大的超体积表明 Q 中的解更接近真实的 Pareto 最优前沿，并且在整个目标空间中分布更均匀。

3.6 多准则决策方法

多准则决策是指在具有相互冲突、不可共度的有限或无限方案集中进行选择的决策，多准则决策根据决策方案是有限还是无限，分为多属性决策（Multiple Attribute Decision Making）和多目标决策（Multiple Objective Decision Making）两大类。通常认为决策对象为离散的有限数量的备选方案的多准则决策是多属性决策，决策对象是连续的无限数量的备选方案的多准则决策是多目标决策。

多目标进化优化的结果是 Pareto 最优解集，为了从 Pareto 最优解集中选择符合用户需求的最优设计方案，需要进行多准则决策。当 Pareto 最优解集为离散的有限数量的解时，采用多属性决策，多属性决策的方法较多，在此仅介绍三种常用的方法，分别是层次分析法、TOPSIS、灰色关联分析。

3.6.1 层次分析法

3.6.1.1 层次分析法概述

层次分析法（Analytic Hierarchy Process，AHP）是 Saaty（1980）提出的一个实用的多准则评价方法，其目的在于利用一个层级的结构将复杂问题系统化，将决策元素划分成不同维度，并由不同维度将问题加以层级分解和架构，使大型复杂的决策问题解构成多个小问题，然后分别进行比较评价，最后再加以整合。层次分析法特色在于基于评估属性之间的成对比较，构建成对比较矩阵，以反映决策者的主观偏好架构，再利用特征向量的计算来确定各属性间的相对权重。

基于层次分析法的设计决策分析架构如图 3-13 所示，其中计算各属性的相对权重和各方案的相对评价值，使用的方法都是以成对比较矩阵计算特征向量而得到的，都包括 3 个子步骤：①建立成对比较矩阵；②计算特征向量；③验证一致性。下面将对层次分析法应用于设计决策的步骤进行简要说明。

3.6.1.2 层次分析法的步骤

（1）架构问题与分清决策元素

可利用头脑风暴法、焦点小组法、Delphi 法等方法，将影响决策的元素逐一列出。

（2）目标定义与层级架构

产生目标集合，并将其发展为层级架构。

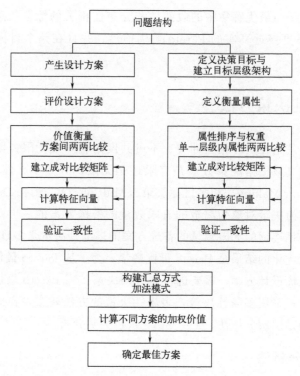

图 3-13 基于层次分析法的设计决策分析架构

（3）方案产生与层级架构

层次分析法层级架构的最底层元素为该决策的备选方案。

（4）属性成对比较以建立相对权重

① 根据评估尺度收集衡量值 层次分析法将评估不同相对重要水平的基本划分设定为 5 级，即同等重要、稍重要、颇重要、极重要、绝对重要，并分别用比率尺度 1、3、5、7、9 的衡量值来代表；另外 4 个相对重要水平介于 5 个基本划分之间，当需要折中时，可以用相邻衡量水平的中间值，即 2、4、6、8 的衡量值来代表，如表 3-1 所示。

表 3-1　相对重要性尺度表

相对重要性程度	相对重要水平的定义	说明
1	同等重要（Equal Importance）	两个指标的重要性一样
3	稍重要（Moderate Importance of One Over Another）	从经验和判断上来看，某一个指标稍微重要
5	颇重要（Essential or Strong Importance）	从经验和判断上来看，某一个指标颇为重要

相对重要性程度	相对重要水平的定义	说明
7	极重要(Demonstrated Importance)	实际上显示某一个指标极为重要
9	绝对重要(Extreme Importance)	有充分的证据显示某一个指标绝对重要
2,4,6,8	相邻衡量的中间值	需要折中时

② 建立成对比较矩阵　成对比较矩阵是指在同一层属性中，决策者对任意两个属性相对重要性的判断，成对比较的结果可表示为

$$
A = \begin{bmatrix}
1 & a_{12} & \cdots & \cdots & a_{1n} \\
1/a_{12} & 1 & a_{23} & \cdots & a_{2n} \\
\cdots & 1/a_{23} & \cdots & \cdots & \cdots \\
\vdots & \vdots & \vdots & \vdots & \vdots \\
1/a_{1n} & 1/a_{2n} & \cdots & \cdots & 1
\end{bmatrix} \tag{3-23}
$$

式中，a_{12} 代表属性 1 相对于属性 2 的相对重要性，矩阵的下三角部分的数值为上三角相对位置数值的倒数，即 $a_{12} = 1/a_{21}$。主对角线的部分为指标自己与自己比较，也就是说 a_{11}，a_{22}，$\cdots$，a_{nn} 的值均为 1。

③ 计算特征值与特征向量　特征值 λ 与特征向量 X 的关系为

$$AX = \lambda X \tag{3-24}$$

经移项后，可得

$$(A - \lambda I)X = 0 \tag{3-25}$$

式(3-25)成立的条件是特征向量 X 为非零向量，且

$$\det(A - \lambda I) = 0 \tag{3-26}$$

求解上述行列式，即可求得矩阵 A 的 n 个特征值 λ，其中最大特征值为 $\lambda_{\max}$，其对应的特征向量即为权重向量 W。

由于高次多项式不易求解，因此可用近似方法进行求解，其中一种常用的近似方法是行向量几何平均值标准化法，其过程如下：

将任意两个属性的相对重要性进行成对比较，建立属性重要度判断矩阵 $A = [a_{ij}]_{n \times n}$，然后计算特征向量 $W = [w_1, w_2, \cdots, w_i, \cdots, w_n]^{\mathrm{T}}$，公式为：

$$\overline{w}_i = \sqrt[n]{\prod_{j=1}^{n} a_{ij}} \tag{3-27}$$

$$w_i = \overline{w}_i \Big/ \sum_{i=1}^{n} \overline{w}_i \tag{3-28}$$

式中，a_{ij} 表示属性 i 较属性 j 的相对重要性，w_i 为属性 i 的权重。可将式(3-27)

和式(3-28)加以合并，则权重的计算公式为

$$w_i = \sqrt[n]{\prod_{j=1}^{n} a_{ij}} \Big/ \sum_{i=1}^{n} \sqrt[n]{\prod_{j=1}^{n} a_{ij}} \tag{3-29}$$

考虑到事物的复杂性以及人对重要度矩阵的主观评定可能会有较大偏差，在求出特征向量后，应进行一致性检验。为此，需要计算属性重要度判断矩阵 $\boldsymbol{A}$ 的最大特征值 $\lambda_{\max}$：

$$\lambda_{\max} = \frac{1}{n} \cdot \sum_{i=1}^{n} \frac{(\boldsymbol{A} \cdot \boldsymbol{W})_i}{w_i} \tag{3-30}$$

④ 验证一致性 理性决策者的偏好架构应该满足传递性，因此，理想情况下决策者进行成对比较的结果应该满足传递性。然而，人的主观判断所构成的成对比较矩阵不容易完全满足传递性，需要测试其偏好的一致性程度。

为了验证决策者在进行成对比较时，给定的衡量值是否满足一致性，可使用一致性指数（Consistency Index，C. I.），其计算公式与含义如下：

$$\text{C. I.} = \frac{\lambda_{\max} - n}{n - 1} \begin{cases} = 0, \text{表示前后判断具有完全一致性} \\ \leqslant 0.1, \text{表示前后判断虽不完全一致，但为可接受的偏差} \\ > 0.1, \text{表示前后判断有不一致性} \end{cases}$$

$$\tag{3-31}$$

当决策问题比较复杂，两两比较的判断变多时，成对比较矩阵的阶数会增加，因而不容易维持判断的一致性。此时，可采用一致性比率（Consistency Ratio，C. R.），一致性比率利用随机指数（Random Index，R. I.）调整不同阶数下产生不同程度的 C. I. 值的变化，随机指数见表 3-2。

表 3-2 随机指数表

阶数	1	2	3	4	5	6	7	8	9	10	11	12	13	14	15
R. I.	N. A.	N. A.	0.58	0.90	1.12	1.24	1.32	1.41	1.45	1.49	1.51	1.48	1.56	1.57	1.58

在不同阶数的矩阵下，C. I. 值经过 R. I. 值调整后，可以得到 C. R. 值，即

$$\text{C. R.} = \frac{\text{C. I.}}{\text{R. I.}} \tag{3-32}$$

当 C. R. ≤0.1 时，矩阵的一致性程度才是令人满意的。当 C. R. 的值超过可接受的上限 0.1 时，表示成对比较矩阵的结果不符合一致性要求。

（5）方案成对比较以建立各属性下的方案衡量

方案间的两两比较必须在每个属性下都进行一次，操作过程与建立属性间相对权重的过程相同，包括：根据评价尺度收集衡量值、建立方案间的成对比较矩

阵、计算特征值与特征向量、验证一致性。

（6）汇总模式与方案总排序

层次分析法汇总模式由下而上计算最底层的各方案对整个目标层级各层属性的优先顺序，由逐层加权后的总和决定各个方案的优劣。

案例：通过设计调查发现，用户对某产品共有 6 项需求，分别为易于使用、维护方便、造型美观、安全可靠、价格适中、适度耐用，试采用层次分析法确定各项需求的权重。

首先通过两两比较，建立判断矩阵表，如表 3-3 所示。

表 3-3　需求重要度判断矩阵表

需求	易于使用	维护方便	造型美观	安全可靠	价格适中	适度耐用
易于使用	1	3	2	4	5	5
维护方便	1/3	1	1/3	2	2	3
造型美观	1/2	3	1	2	4	3
安全可靠	1/4	1/2	1/2	1	2	3
价格适中	1/5	1/3	1/4	1/2	1	1/3
适度耐用	1/5	1/3	1/3	1/3	3	1

根据判断矩阵表，可得判断矩阵 A 为

$$A = \begin{bmatrix} 1 & 3 & 2 & 4 & 5 & 5 \\ 1/3 & 1 & 1/3 & 2 & 2 & 3 \\ 1/2 & 3 & 1 & 2 & 4 & 3 \\ 1/4 & 1/2 & 1/2 & 1 & 2 & 3 \\ 1/5 & 1/3 & 1/4 & 1/2 & 1 & 1/3 \\ 1/5 & 1/3 & 1/3 & 1/3 & 3 & 1 \end{bmatrix}$$

接着根据式(3-27) 和式(3-28) 计算权重，有

$$\begin{bmatrix} \overline{w}_1 \\ \overline{w}_2 \\ \overline{w}_3 \\ \overline{w}_4 \\ \overline{w}_5 \\ \overline{w}_6 \end{bmatrix} = \begin{bmatrix} \sqrt[6]{1 \times 3 \times 2 \times 4 \times 5 \times 5} \\ \sqrt[6]{\frac{1}{3} \times 1 \times \frac{1}{3} \times 2 \times 2 \times 3} \\ \sqrt[6]{\frac{1}{2} \times 3 \times 1 \times 2 \times 4 \times 3} \\ \sqrt[6]{\frac{1}{4} \times \frac{1}{2} \times \frac{1}{2} \times 1 \times 2 \times 3} \\ \sqrt[6]{\frac{1}{5} \times \frac{1}{3} \times \frac{1}{4} \times \frac{1}{2} \times 1 \times \frac{1}{3}} \\ \sqrt[6]{\frac{1}{5} \times \frac{1}{3} \times \frac{1}{3} \times \frac{1}{3} \times 3 \times 1} \end{bmatrix} = \begin{bmatrix} 2.90 \\ 1.05 \\ 1.82 \\ 0.85 \\ 0.37 \\ 0.53 \end{bmatrix}$$

$$W = \begin{bmatrix} w_1 \\ w_2 \\ w_3 \\ w_4 \\ w_5 \\ w_6 \end{bmatrix} = \begin{bmatrix} \dfrac{2.90}{2.90+1.05+1.82+0.85+0.37+0.53} \\ \dfrac{1.05}{2.90+1.05+1.82+0.85+0.37+0.53} \\ \dfrac{1.82}{2.90+1.05+1.82+0.85+0.37+0.53} \\ \dfrac{0.85}{2.90+1.05+1.82+0.85+0.37+0.53} \\ \dfrac{0.37}{2.90+1.05+1.82+0.85+0.37+0.53} \\ \dfrac{0.53}{2.90+1.05+1.82+0.85+0.37+0.53} \end{bmatrix} = \begin{bmatrix} 0.39 \\ 0.14 \\ 0.24 \\ 0.11 \\ 0.05 \\ 0.07 \end{bmatrix}$$

6 项需求的权重见表 3-4。

表 3-4 需求的权重

项目	易于使用	维护方便	造型美观	安全可靠	价格适中	适度耐用
$\overline{w}_i$	2.90	1.05	1.82	0.85	0.37	0.53
w_i	0.39	0.14	0.24	0.11	0.05	0.07

最后进行一致性检验，$\boldsymbol{A} \cdot \boldsymbol{W} = (2.34, 0.89, 1.49, 0.71, 0.31, 0.46)^{\mathrm{T}}$，根据式（3-30），可得 $\lambda_{\max} = 6.29$，根据式（3-31）和式（3-32），可得 C. I. = 0.058，C. R. = 0.046，可见一致性满足要求。

3.6.2 TOPSIS

3.6.2.1 TOPSIS 概述

理想解类似度偏好顺序评估法（Technique for Order Preference by Similarity to Ideal Solution，TOPSIS）是由 Hwang 和 Yoon（1981）提出。在 TOPSIS 中，每个方案的评估可以通过该方案与正理想解和负理想解的距离来衡量，正理想解和负理想解未必真实存在，但可依此为基准，采用"趋吉避凶"的观念来选择方案。TOPSIS 方案评价的示意图如图 3-14 所示，方案 j 与正理想解的距离为 S_j^*，与负理想解的距离为 S_j^-，方案 A 与方案 B 的 S_A^*、S_A^-、S_B^*、S_B^- 在图中均以虚线表示。距正理想解越近（S_j^* 越小）而距负理想解越远（S_j^- 越大）的方案越佳。

3.6.2.2 TOPSIS 的步骤

（1）建立各方案对各属性的评分矩阵并予以标准化

设有 m 个方案 n 个属性，方案 i 在属性 j 的评分为 x_{ij}，则评分矩阵为

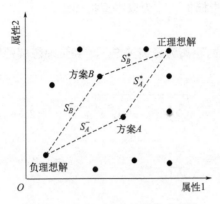

图 3-14　TOPSIS 方案评价示意图

$$A = \begin{bmatrix} x_{11} & x_{12} & \cdots & x_{1n} \\ x_{21} & x_{22} & \cdots & x_{2n} \\ \vdots & \vdots & \vdots & \vdots \\ x_{m1} & x_{m2} & \cdots & x_{mn} \end{bmatrix} \tag{3-33}$$

对数据进行标准化处理

$$r_{ij} = \frac{x_{ij}}{\sqrt{\sum_{i=1}^{m} x_{ij}^2}} \tag{3-34}$$

（2）决定各属性相对权重，并将标准化评分矩阵乘以属性权重

令 w_j 为属性 j 的相对权重，v_{ij} 为属性权重与标准化评分的乘积，即

$$v_{ij} = w_j r_{ij} \tag{3-35}$$

$$\begin{bmatrix} v_{11} & v_{12} & \cdots & v_{1n} \\ v_{21} & v_{22} & \cdots & v_{2n} \\ \vdots & \vdots & \vdots & \vdots \\ v_{m1} & v_{m2} & \cdots & v_{mn} \end{bmatrix} = \begin{bmatrix} w_1 r_{11} & w_2 r_{12} & \cdots & w_n r_{1n} \\ w_1 r_{21} & w_2 r_{22} & \cdots & w_n r_{2n} \\ \vdots & \vdots & \vdots & \vdots \\ w_1 r_{m1} & w_2 r_{m2} & \cdots & w_n r_{mn} \end{bmatrix} \tag{3-36}$$

（3）确定正理想解和负理想解

正理想解 A^* 和负理想解 A^- 可分别通过式（3-37）和式（3-38）加以确定。

$$A^* = \{v_1^*, v_2^*, \cdots, v_j^*, \cdots, v_n^*\}$$
$$= \{(\max_i v_{ij} \mid j \in J), (\min_i v_{ij} \mid j \in J') \mid i = 1, 2, \cdots, m\} \tag{3-37}$$

$$A^- = \{v_1^-, v_2^-, \cdots, v_j^-, \cdots, v_n^-\}$$
$$= \{(\min_i v_{ij} \mid j \in J), (\max_i v_{ij} \mid j \in J') \mid i = 1, 2, \cdots, m\} \tag{3-38}$$

式中，J 为效益型指标集，J' 为成本型指标集。

（4）计算分离度

方案 i 到正理想解的距离为分离度 S_i^*，到负理想解的距离为分离度 S_i^-，计算公式分别为

$$S_i^* = \sqrt{\sum_{j=1}^{n} (v_{ij} - v_j^*)^2}, \quad i = 1, 2, \cdots, m \tag{3-39}$$

$$S_i^- = \sqrt{\sum_{j=1}^{n} (v_{ij} - v_j^-)^2}, \quad i = 1, 2, \cdots, m \tag{3-40}$$

（5）汇总模式

TOPSIS 以相对接近度 C_i^* 来整合方案 i 到正理想解和负理想解的两种距离度量，采用比例方式来汇总两种分离度，公式为

$$C_i^* = \frac{S_i^-}{S_i^* + S_i^-} \tag{3-41}$$

（6）根据相对接近度选择最佳方案

根据 C_i^* 的值选择最佳设计方案，C_i^* 越接近 1，表示该方案距正理想解越近，距负理想解越远，从而方案越佳。

案例：现有 4 款产品，共有 6 个评价指标，分别是易于使用、易于学习、造型美观、价格、安全性好、实用性好。其中价格的单位为元，其余指标均采用 7 等级李克特量表进行度量（1～7，1 表示强烈反对，7 表示强烈赞同），相关数据见表 3-5，请采用 TOPSIS 对 4 款产品进行评价。

表 3-5 评价指标值

型号	易于使用	易于学习	造型美观	价格/元	安全性好	实用性好
A_1	5.0	5.5	4.6	5000	5.0	6.6
A_2	5.5	6.5	5.5	6700	3.9	4.9
A_3	4.8	4.5	5.8	6000	6.5	6.4
A_4	5.3	5.2	5.0	5800	4.8	5.4

根据 4 款产品在 6 个评价指标上的值，可得评分矩阵为 A 为

$$A = \begin{bmatrix} 5.0 & 5.5 & 4.6 & 5000 & 5.0 & 6.6 \\ 5.5 & 6.5 & 5.5 & 6700 & 3.9 & 4.9 \\ 4.8 & 4.5 & 5.8 & 6000 & 6.5 & 6.4 \\ 5.3 & 5.2 & 5.0 & 5800 & 4.8 & 5.4 \end{bmatrix}$$

采用式(3-34) 对数据进行标准化，结果为

$$\boldsymbol{R}=[r_{ij}]_{4\times6}=\begin{bmatrix} 0.485 & 0.503 & 0.438 & 0.423 & 0.487 & 0.562 \\ 0.533 & 0.594 & 0.524 & 0.567 & 0.380 & 0.418 \\ 0.465 & 0.411 & 0.553 & 0.508 & 0.633 & 0.545 \\ 0.514 & 0.475 & 0.477 & 0.491 & 0.467 & 0.460 \end{bmatrix}$$

经调查可知，6 个指标的权重为

$$\boldsymbol{W}=[w_1, w_2, w_3, w_4, w_5, w_6]=[0.14, 0.10, 0.20, 0.16, 0.22, 0.18]$$

根据式(3-35) 和式(3-36)，加权后的标准化矩阵为

$$\boldsymbol{V}=[v_{ij}]_{4\times6}=\begin{bmatrix} 0.068 & 0.050 & 0.088 & 0.068 & 0.107 & 0.101 \\ 0.075 & 0.059 & 0.105 & 0.091 & 0.084 & 0.075 \\ 0.065 & 0.041 & 0.111 & 0.081 & 0.139 & 0.098 \\ 0.072 & 0.048 & 0.095 & 0.079 & 0.103 & 0.083 \end{bmatrix}$$

求正理想解 A^* 和负理想解 A^-，由于第 4 个指标是价格，属于成本型指标，其余指标均为效益型指标，因此有

$$A^* = [\max_i v_{i1}, \max_i v_{i2}, \max_i v_{i3}, \min_i v_{i4}, \max_i v_{i5}, \max_i v_{i6}]$$

$$= [0.075, 0.059, 0.111, 0.068, 0.139, 0.101]$$

$$A^- = [\min_i v_{i1}, \min_i v_{i2}, \min_i v_{i3}, \max_i v_{i4}, \min_i v_{i5}, \min_i v_{i6}]$$

$$= [0.065, 0.041, 0.095, 0.091, 0.084, 0.075]$$

计算分离度 S_i^* 和 S_i^-，

$$S_1^* = \sqrt{\sum_{j=1}^{6}(v_{1j}-v_j^*)^2}$$

$$= \sqrt{(0.068-0.075)^2+(0.050-0.059)^2+\cdots+(0.101-0.101)^2} = 0.041$$

$$S_1^- = \sqrt{\sum_{j=1}^{6}(v_{1j}-v_j^-)^2}$$

$$= \sqrt{(0.068-0.065)^2+(0.050-0.041)^2+\cdots+(0.101-0.075)^2} = 0.044$$

同理可得，

$$S_2^* = 0.066, \ S_3^* = 0.025, \ S_4^* = 0.047$$

$$S_2^- = 0.023, \ S_3^- = 0.063, \ S_4^- = 0.026$$

计算相对接近度，

$$C_1^* = \frac{S_1^-}{S_1^* + S_1^-} = \frac{0.044}{0.044 + 0.041} = 0.516$$

同理可得，$C_2^* = 0.256$，$C_3^* = 0.717$，$C_4^* = 0.357$。

按计算出的 C_i^* 进行大小排序，选出最优者。C_i^* 值越接近 1，表示所评价的样本越佳。据此，4 款产品的优劣顺序为 $A_3 > A_1 > A_4 > A_2$，因此产品 A_3 最优。

3.6.3 灰色关联分析

灰色系统理论由我国学者邓聚龙（1990）提出，以"部分信息已知，部分信息未知"的"贫信息"不确定性系统为研究对象，主要通过对部分已知信息的挖掘，提取有价值的信息，实现对系统运行行为、演化规律的正确描述，从而使人们能够运用数学模型实现对贫信息不确定性系统的分析、评价、预测、决策和优化控制。

灰色关联，简称灰关联，指事物之间的不确定关联，或系统因子之间、因子对主体行为之间的不确定关联。灰色关联分析的基本任务是基于行为因子序列的微观或宏观几何接近，以分析和确定因子间的影响程度或因子对主行为的贡献测度。

灰色关联分析是灰色系统理论的重要内容，灰色关联分析的主要功能是进行离散序列间测度的计算，其意义是在系统发展过程中量化描述系统中各子系统（或元素）之间的关系，如果两个子系统（或元素）变化的趋势是一致的，即同步变化程度较高，则可以认为两者关联较大；反之，两者关联较小。

设有序列

$$X_0 = (x_0(1), x_0(2), \cdots, x_0(n))$$
$$X_1 = (x_1(1), x_1(2), \cdots, x_1(n))$$
$$\vdots$$
$$X_i = (x_i(1), x_i(2), \cdots, x_i(n))$$
$$\vdots$$
$$X_m = (x_m(1), x_m(2), \cdots, x_m(n))$$

则灰色关联系数为

$$\gamma(x_0(k), x_i(k)) = \frac{\min_i \min_k |x_0(k) - x_i(k)| + \zeta \max_i \max_k |x_0(k) - x_i(k)|}{|x_0(k) - x_i(k)| + \zeta \max_i \max_k |x_0(k) - x_i(k)|}$$

$$(3\text{-}42)$$

式中，ζ 为分辨系数，$\zeta \in (0, 1)$。

灰色关联度为

$$\gamma(X_0, X_i) = \frac{1}{n} \sum_{k=1}^{n} \gamma(x_0(k), x_i(k)) \tag{3-43}$$

在评价决策研究中，各指标（或属性）的权重可能不同，此时可将灰色关联度的计算公式记为

$$\gamma(X_0, X_i) = \sum_{k=1}^{n} w_k \gamma(x_0(k), x_i(k)) \tag{3-44}$$

式中，w_k 为各指标的权重。

需要注意的是，在进行灰色关联分析时，当指标度量的单位不同或指标的类型不同时，需要对数据进行标准化处理。设有 m 个方案 n 个指标，x_{ij} 为第 i 方案在第 j 指标上的评价值，则数据标准化的方法如下。

对于望大型指标，即效益型指标或正向指标，数据标准化的公式为：

$$v_{ij} = \frac{x_{ij} - \min_j\{x_{ij}\}}{\max_j\{x_{ij}\} - \min_j\{x_{ij}\}} \tag{3-45}$$

对于望小型指标，即成本型指标或负向指标，数据标准化的公式为：

$$v_{ij} = \frac{\max_j\{x_{ij}\} - x_{ij}}{\max_j\{x_{ij}\} - \min_j\{x_{ij}\}} \tag{3-46}$$

对于望目型指标，数据标准化的公式为：

$$v_{ij} = 1 - \frac{|x_{ij} - OB|}{\max\{\max_j\{x_{ij}\} - OB, OB - \min_j\{x_{ij}\}\}} \tag{3-47}$$

式中，v_{ij} 为标准化后的值，OB 为目标值。

案例：邀请 36 名用户作为试验参与者对 6 款移动医疗应用设计方案进行评价。先让试验参与者采用 7 等级李克特量表（1～7，1 表示强烈反对，7 表示强烈赞同）对移动医疗应用进行感性评价，共包括"看起来简单的""色彩符合我的喜好""界面精致的"等 3 个指标；接着要求试验参与者完成规定任务，对移动医疗应用的可用性进行评价，共包括"任务完成数量""任务完成时间""平均错误数"等 3 个指标；最后要求试验参与者采用 7 等级李克特量表对移动医疗应用的用户价值进行评价，共包括"有用的""自我成就的""愉快的"等 3 个指标。对试验结果进行统计，结果如表 3-6 所示，请据此对 6 款设计方案进行优劣排序。

表 3-6　移动医疗应用用户体验评价数据

方案	看起来简单的	色彩符合我的喜好	界面精致的	任务成功数量	任务完成时间/s	平均错误数	有用的	自我成就的	愉快的
参考点	6.74	6.69	6.78	7.88	549	0.17	6.74	6.38	6.28

方案	看起来简单的	色彩符合我的喜好	界面精致的	任务成功数量	任务完成时间/s	平均错误数	有用的	自我成就的	愉快的
方案1(A1)	5.87	6.69	6.78	5.32	1003	0.48	5.17	3.87	4.26
方案2(A2)	5.26	2.13	6.36	6.28	1058	0.37	4.72	4.36	5.74
方案3(A3)	4.77	5.14	4.12	7.39	939	0.43	3.88	6.04	5.24
方案4(A4)	6.74	5.58	5.37	7.88	549	0.17	6.74	5.27	6.28
方案5(A5)	3.25	4.27	3.87	4.32	1340	0.52	3.18	6.38	3.78
方案6(A6)	2.83	2.56	4.76	6.04	1442	0.41	3.54	3.12	5.06

表 3-6 中参考点的值为每个指标在 6 款设计方案中的最优值。其中"任务完成时间"和"平均错误数"属于望小型指标，其值越小越好；其余均属于望大型指标，其值越大越好。对于望大型指标，采用式(3-45)进行标准化处理，对于望小型指标，采用式(3-46)进行标准化处理。标准化后的所有数据均变为望大型，且位于区间 [0，1]，见表 3-7。

表 3-7　标准化后的数据

方案	看起来简单的	色彩符合我的喜好	界面精致的	任务成功数量	任务完成时间/s	平均错误数	有用的	自我成就的	愉快的
参考点	1.00	1.00	1.00	1.00	1.00	1.00	1.00	1.00	1.00
方案1(A1)	0.78	1.00	1.00	0.28	0.49	0.11	0.56	0.23	0.19
方案2(A2)	0.62	0.00	0.86	0.55	0.43	0.43	0.43	0.38	0.78
方案3(A3)	0.50	0.66	0.09	0.86	0.56	0.26	0.20	0.90	0.58
方案4(A4)	1.00	0.76	0.52	1.00	1.00	1.00	1.00	0.66	1.00
方案5(A5)	0.11	0.47	0.09	0.11	0.00	0.00	0.11	1.00	0.00
方案6(A6)	0.00	0.09	0.31	0.48	0.00	0.31	0.10	0.00	0.51

计算每个方案序列与参考点序列差的绝对值，即差序列，结果见表 3-8。

表 3-8　差序列

项目	看起来简单的	色彩符合我的喜好	界面精致的	任务成功数量	任务完成时间/s	平均错误数	有用的	自我成就的	愉快的
$\Delta_{r1}(k)$	0.22	0.00	0.00	0.72	0.51	0.89	0.44	0.77	0.81
$\Delta_{r2}(k)$	0.38	1.00	0.14	0.45	0.57	0.57	0.57	0.62	0.22
$\Delta_{r3}(k)$	0.50	0.34	0.91	0.14	0.44	0.74	0.80	0.10	0.42

项目	看起来简单的	色彩符合我的喜好	界面精致的	任务成功数量	任务完成时间/s	平均错误数	有用的	自我成就的	愉快的
$\Delta_{r4}(k)$	0.00	0.24	0.48	0.00	0.00	0.00	0.00	0.34	0.00
$\Delta_{r5}(k)$	0.89	0.53	1.00	1.00	0.89	1.00	1.00	0.00	1.00
$\Delta_{r6}(k)$	1.00	0.91	0.69	0.52	1.00	0.69	0.90	1.00	0.49

令分辨系数 ζ 为 0.5，计算方案序列与参考点序列差的灰色关联系数，结果如表 3-9 所示。

表 3-9　灰色关联系数

项目	看起来简单的	色彩符合我的喜好	界面精致的	任务成功数量	任务完成时间/s	平均错误数	有用的	自我成就的	愉快的
$\gamma(x_0(k), x_1(k))$	0.692	1.000	1.000	0.410	0.496	0.361	0.531	0.394	0.382
$\gamma(x_0(k), x_2(k))$	0.569	0.333	0.776	0.527	0.467	0.467	0.468	0.447	0.698
$\gamma(x_0(k), x_3(k))$	0.498	0.595	0.354	0.784	0.534	0.402	0.384	0.827	0.546
$\gamma(x_0(k), x_4(k))$	1.000	0.673	0.508	1.000	1.000	1.000	1.000	0.595	1.000
$\gamma(x_0(k), x_5(k))$	0.359	0.485	0.333	0.333	0.361	0.333	0.333	1.000	0.333
$\gamma(x_0(k), x_6(k))$	0.333	0.356	0.419	0.492	0.333	0.422	0.357	0.333	0.506
权重(w)	0.048	0.009	0.011	0.193	0.042	0.137	0.304	0.110	0.146

结合表中最后一行每个指标的权重，则灰色关联度的计算如下：

$$\gamma(x_0, x_1) = \sum_{k=1}^{9} w_k \gamma(x_0(k), x_1(k)) = 0.4633$$

同理可得 $\gamma(x_0, x_2) = 0.5175$，$\gamma(x_0, x_3) = 0.5494$，$\gamma(x_0, x_4) = 0.9471$，$\gamma(x_0, x_5) = 0.4104$，$\gamma(x_0, x_6) = 0.4097$。因此，方案的优劣顺序为 $A_4 > A_3 > A_2 > A_1 > A_5 > A_6$。

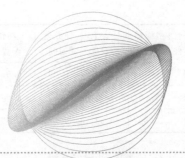

第4章

稳健参数设计

4.1 稳健参数设计概述

4.1.1 品质工程的三个阶段

品质工程（Quality Engineering，也称为质量工程）由日本学者田口玄一（Genichi Taguchi）在20世纪70年代初提出，它将数理统计、经济学应用到品质管理中，发展成为独特的品质控制技术。品质控制可分为在线品质控制（On-line Quality Control，也称线内品质控制）、离线品质控制（Off-line Quality Control，也称线外品质控制）两种类型。在线品质控制是指生产阶段所从事的品质控制活动，其目的是维持生产过程中产品的一致性，使产品间的差异最小化。离线品质控制是指在产品规划、产品设计、流程设计阶段所从事的品质控制活动，其目的是降低噪声因子对产品品质特性的敏感度。

离线品质控制可分为系统设计（System Design）、参数设计（Parameter Design）、容差设计（Tolerance Design）三个阶段，如图4-1所示。

（1）系统设计

系统设计又称概念设计（Concept Design），是一个富有创新性的设计阶段，这一阶段的主要任务是进行概念构想，并选择一个最合适的设计概念，设计人员的直觉和经验发挥着重要作用。这一阶段可采用品质功能展开（Quality Function Deployment，也称质量功能展开）、Pugh概念筛选、TRIZ等方法。

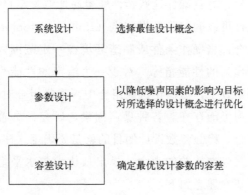

图 4-1　品质工程的三个阶段示意图

（2）参数设计

参数设计的主要任务是确定系统中各参数的最佳水平，使系统对噪声因子的敏感度降到最低，从而提升系统的稳健性。参数设计旨在降低噪声因子对系统的效果，而不是控制噪声因子。在参数设计过程中，应选择容易控制的因子，也就是易于修改水平的因子，以实现在低成本条件下获得最优参数值。

（3）容差设计

容差设计的目的是在参数设计阶段所确定的最优参数的基础上，确定各参数合适的容差。其基本思想是根据各参数的波动对产品品质特性的影响，从经济性的角度考虑是否需要对影响大的参数给予较小的容差。容差设计既要考虑减少产品的品质损失，又要考虑减少产品的成本增加，对这两者加以权衡，采取最佳策略。

4.1.2　稳健参数设计的含义

稳健参数设计是田口玄一提出的通过试验进行参数设计的最优化方法，因此又称为田口方法。稳健参数设计具有实用性强的特点，在业界得到了广泛应用，被认为是提升品质的最佳方法之一。稳健参数设计以工程的视角事先了解品质问题，以社会损失成本作为衡量产品品质的依据，通过试验进行参数设计，强调品质的问题应该在产品或流程的设计阶段加以考虑，并将重点放在如何降低产品绩效的变异上。

稳健参数设计通过极小化噪声因子的影响，以减小产品品质特性的变异来改善品质，是一种在提高产品预期性能的同时使噪声因素影响达到最小的产品设计方法。稳健参数设计的重点在于产品概念的选择与参数的最优化，这些可通过降低重要品质特性的变异，并且确保这些特性能容易地调整至目标值来实现。

通过稳健参数设计可以确定稳健设定点（Robust Setpoint），稳健设定点是一系列设计参数值的组合，当操作条件或制造环境在一定范围内变化时，具有这些参数的产品仍能达到预期的性能指标。对于一个给定的性能目标，存在着许多参数值组合可以达到预期效果，然而在这些组合中，某些组合对噪声因素非常敏感。由于产品的工作环境中可能存在着各种噪声因素，研究人员希望选择对噪声因素最不敏感的参数值组合，稳健参数设计的目的就是要确定这样的参数值组合。

稳健参数设计依据成本效益的观念，找出最优参数水平组合，以达到获得高品质产品的目的，其基本理念如下：

① 品质不是检验出来的，品质必须设计到产品中去。

② 品质是要将与目标值之间的偏差最小化，并且免于不可控的环境因素的影响。

③ 品质成本应以与目标值偏差的函数关系来衡量。

4.2 稳健参数设计的原理

4.2.1 品质特性与参数之间的关系

一个产品的品质特性与产品参数、噪声因子之间的关系通常是复杂的、非线性的。不同参数水平的组合对品质特性的变异会有不同的影响。稳健参数设计是要寻找一个产品参数水平的组合，使得产品的品质特性值与期望的目标值之间具有最小的变异。

假设有一产品品质特性 y 与其设计参数 A、B 之间的关系如图 4-2 所示，其中 y 与 A 的关系是非线性、y 与 B 的关系是线性的。假设目标值为 y_1，为了达到目标值，可选择 A_1，但选择 A_1 所导致的 y 的变异比较大，为了有效控制品质特性的变异，就必须设法将变异减少。选择 A_2 时，y 的变异较小，从而使 y 处于一个较稳健的状态，A 称为控制因子（Control Factor）。由于选择 A_2，使 y 的输出值 y_2 大于目标值 y_1，此时可通过选择 B_2 将品质特性的目标值调回到目标值 y_1。B 的改变对 y 的变异不产生影响，可通过 B 来调整所需的输出值，这类因子称为调整因子（Adjustment Factor）。

稳健参数设计通过对因子水平的改变大幅降低品质特性的变异，可以降低品质损失，同时又不会增加成本。

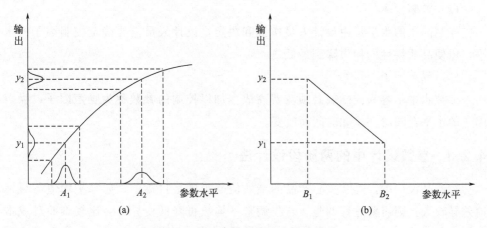

图 4-2 设计参数与输出之间的关系

4.2.2 参数的分类

对任何一个产品或流程，可绘制其参数图（P-diagram），如图 4-3 所示。其中 y 表示品质特性的反应值（Response），影响 y 的参数可分为信号因子（M）、控制因子（X）、噪声因子（N）三类。

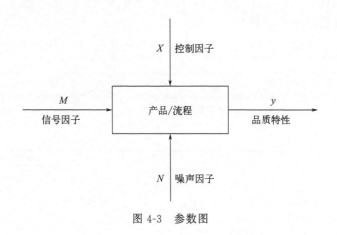

图 4-3 参数图

（1）信号因子

信号因子由产品的用户所设定，以表达所想要的反应值。通常信号因子与反应值之间具有输入与输出的关系，例如驾驶汽车时油门的大小会影响汽车速度的快慢。当信号因子为常数时，称为静态问题。当信号因子不固定时，称为动态问题。

（2）控制因子

控制因子的水平可由设计人员掌握和决定，设计人员需要确定控制因子的水平，以使品质特性的损失降到最低。

（3）噪声因子

参数水平不容易控制或必须花费高成本加以控制的参数称为噪声因子，噪声因子的水平会随着环境和时间而改变。

4.2.3　参数设计中的两阶段设计法

在产品设计中，经常关心产品的绩效值是否满足目标值。如果平均值与目标值差异较大，则需要进行调整。若先调整平均数再降低变异，会比较难而且成本较高。对此，可采用两阶段设计法，即先降低变异，再将平均数调至目标值，具体如下。

第一个阶段的目的是降低变异。在此阶段，暂时忽略平均值，先选择控制因子的水平以降低噪声因子的敏感度。

第二个阶段的目的是将平均数调至目标值。在此阶段，利用调整因子调整平均数至目标值。调整因子可选择对变异影响较小但对平均值有显著影响的因子。

两阶段设计法的示意图见图4-4。首先将变异降低，即由 A 到 B，然后将平均值调整至目标值，即由 B 到 C。

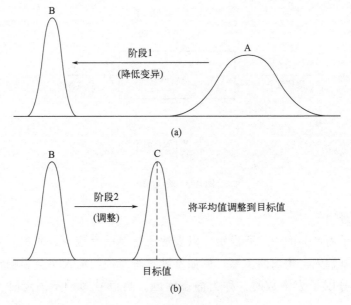

图 4-4　两阶段设计法示意图

4.3 正交表及其使用

4.3.1 试验设计

在设计研发中，经常需要进行试验，设计试验时需要考虑的一个关键问题是试验成本。当成本较低时，可以进行大量试验并利用具有较高分辨率的试验设计来考察因素以及因素之间的关系。当试验成本较高时，可以采用一次同时改变多个因素的试验设计方法。常用的试验设计方法包括全因子试验设计（Full Factorial Experimental Design）、单因子试验设计（One-factor-at-a-time Experimental Design）、部分析因试验设计（Fractional Factorial Experimental Design）、正交试验设计（Orthogonal Experimental Design）。

全因子试验设计对每个因素各个水平的所有组合进行系统考察，使研究人员可以确定所有多因素的交互影响，以及每个因素对性能的影响。但这类试验一般仅适用于因素和因素水平都很少，并且试验费用不高的情况。当有 k 个因素且每个因素具有 n 个水平时，全因子试验需要实施至少 n^k 次。因此，当因子数量超过 4 个时，不适合采用全因子试验设计。

单因子试验设计是一种不平衡的试验设计，每次试验只能考察一个因素。使用该试验方法时，让其他所有因子都固定在特定水平上，据此探讨单一因子的改变效果，单因子试验设计的效率很低，而且不能保证试验结果的再现性。

部分析因试验设计从各因素、各水平的一切可能处理组合中，根据一定的原则选择一部分处理组合进行试验。在设计试验时，部分因子的分布应保持平衡。对于在任何给定因素水平上进行的若干次试验来讲，其余各个因素在每一个水平上测试的次数应相等。

正交试验设计是一种最小的部分析因试验设计，它仍然能使研究人员确定每个因素的主要影响，这种试验设计方法的效率很高，具有良好的再现性，因此被广泛应用于设计研发中。正交试验设计的主要工具是正交表（Orthogonal Array，也称直交表），通过正交表可以实现以最少的试验次数达到与大量试验等效的结果。

4.3.2 正交表概述

正交表用下面的符号表示

$$L_a(b^c)$$

其中，L 为正交表的代号，a 为试验次数，b 为水平数，c 为因素数。即该正交表代表共有 a 次试验，最多可容纳 b 水平的因素 c 个。如 $L_8(2^7)$ 正交表表示需要安排 8 次试验，最多可观察 7 个因素，每个因素 2 个水平，如表 4-1 所示。为求精简，$L_8(2^7)$ 正交表也称为 L_8 正交表。

表 4-1　L_8 正交表

试验	列						
	1	2	3	4	5	6	7
1	1	1	1	1	1	1	1
2	1	1	1	2	2	2	2
3	1	2	2	1	1	2	2
4	1	2	2	2	2	1	1
5	2	1	2	1	2	1	2
6	2	1	2	2	1	2	1
7	2	2	1	1	2	2	1
8	2	2	1	2	1	1	2

正交表中各列的水平数也可以不相等，即将不同水平的因素安排在同一正交表中，如 $L_{18}(2^1 \times 3^7)$ 正交表，在该正交表中，第 1 列为 2 水平，后面 7 列为 3 水平，该正交表简称 L_{18} 正交表，是设计研发中推荐使用的正交表，如表 4-2 所示。

表 4-2　L_{18} 正交表

试验	列							
	1	2	3	4	5	6	7	8
1	1	1	1	1	1	1	1	1
2	1	1	2	2	2	2	2	2
3	1	1	3	3	3	3	3	3
4	1	2	1	1	2	2	3	3
5	1	2	2	2	3	3	1	1
6	1	2	3	3	1	1	2	2
7	1	3	1	2	1	3	2	3
8	1	3	2	3	2	1	3	1
9	1	3	3	1	3	2	1	2
10	2	1	1	3	3	2	2	1

试验	列							
	1	2	3	4	5	6	7	8
11	2	1	2	1	1	3	3	2
12	2	1	3	2	2	1	1	3
13	2	2	1	2	3	1	3	2
14	2	2	2	3	1	2	1	3
15	2	2	3	1	2	3	2	1
16	2	3	1	3	3	2	1	2
17	2	3	2	1	3	1	2	3
18	2	3	3	2	1	2	3	1

当控制因子取两个水平时，可用来研究线性效果；当取三个水平时，可评估非线性效果。因此，在实际应用中三水平的正交表显得较为重要。正交表中各因子间为正交关系，即表中任何一列，各水平都出现，且出现次数相等；表中任意两列间，各种不同水平的所有可能组合都出现，且出现的次数相等。即使一个试验并未用完正交表的所有列，试验的正交性也是依然存在的。当执行一个正交试验时，各因子的效应不会互相混淆，可以分开，因此可进行试验结果的比较分析。

4.3.3　正交表的使用

使用正交表的第一步是计算自由度（Degrees of Freedom，DOF）。一般来讲，一个因子的自由度为该因子的水平数减 1，两个因子交互作用的自由度为这两个因子自由度的乘积，正交表的自由度为试验次数减 1。

在选择合适的正交表时，必须先计算试验中因子和交互作用的总自由度，然后将其与正交表的自由度做比较。正交表的自由度必须大于或等于试验的总自由度。当试验条件允许时，应尽量选择较小的正交表进行多次试验，而不是选择较大的正交表进行单次试验。需要注意的是，当需要考察交互作用的效果时，应先将有交互作用的因子配置在正交表中，然后才能配置其他无交互作用的因子。

交互作用的含义是某个因子的效果随着另一个因子水平的改变而改变，也就是说一个因子的效果在第二个因子的某些或全部水平上存在差异。图 4-5 描述了 3 个例子，用以说明 A、B 两个因子的交互作用情况。图 4-5(a) 中的两条线相互平行，表示当 A 因子的水平由 A_1 变成 A_2 时，其反应值 y 的改变不随着 B 因子水平的不同而变化，即因子 A 和 B 之间没有交互作用。在图 4-5(b) 中，两条线不平行，表示当 A 因子的水平由 A_1 变成 A_2 时，其反应值 y 的改变随着 B 因子水平的不同而变化，即因子 A 和 B 之间有一定的交互作用。在图 4-5(c) 中，两条线相互交叉，表示交互作用非常显著。以上只是交互作用的分类，交互作用的具体情况需要结合统计推论来确认。

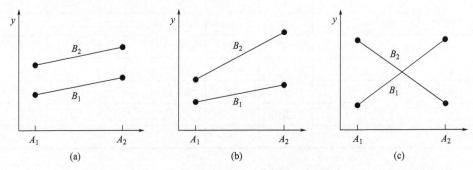

图 4-5　两水平因子交互作用示意图

可通过交互作用表了解正交表中因子间交互作用的分布。L_8 正交表的交互作用如表 4-3 所示，其中括号中的数字表示列号。可以看出，第 1 列与第 2 列的交互作用在第 3 列，即可用第 3 列考察第 1 列所代表因子与第 2 列所代表因子间的交互作用。

表 4-3　L_8 正交表的交互作用表

列＼列	1	2	3	4	5	6	7
	(1)	3	2	5	4	7	6
		(2)	1	6	7	4	5
			(3)	7	6	5	4
				(4)	1	2	3
					(5)	3	2
						(6)	1
							(7)

除了交互作用表，也可用点线图了解正交表中因子间交互作用的分布，在点线图中，正交表中的列以点和线来表示，当两点通过一条线连接起来时，表示由两点所代表的两列的交互作用包含于线所代表的列中。L_8 正交表的一个点线图如图 4-6(a) 所示，可以发现第 2 列和第 4 列所代表的因子的交互作用在第 6 列。一般情况下，一个点线图并没有完全体现正交表中任意两列的交互作用，如 L_8 正交

表的另一个点线图如图 4-6（b）所示。一个正交表可以有很多点线图，每个点线图中的信息都与交互作用表一致。

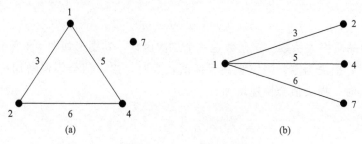

图 4-6　L_8 正交表的点线图

4.4　品质损失的概念与品质损失函数

4.4.1　品质损失的概念

当产品的品质不良时，将会给生产者带来损失。传统上，大部分生产者只重视超出规格界限的产品百分比。符合规格的产品都是一样好，不符合规格的产品都是一样差，这个观念可用图 4-7 加以说明。图中的横轴表示产品的品质特性 y，纵轴表示产品的品质损失 $L(y)$，目标值为 m，只要在规格界限 $m-\Delta_0$ 与 $m+\Delta_0$ 之间，损失就为 0，如果超出规格界限，就会造成品质损失，用公式表示为

$$L(y)=\begin{cases}0,|y-m|\leqslant\Delta_0\\A_0,\qquad\text{其他}\end{cases}\tag{4-1}$$

式中，A_0 为更换或维修成本。

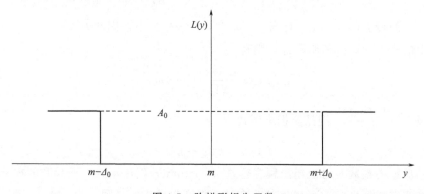

图 4-7　阶梯形损失函数

传统描述品质损失的方法并不合适，比较好的方法是用品质性能与目标之间的偏差衡量品质。令 y 表示某产品的品质特性，其目标值为 m，可将品质损失描述为

$$L(y) = k(y-m)^2 \tag{4-2}$$

式中，k 为品质损失系数。该函数是一个二次函数，其图形如图 4-8 所示。当 y 等于目标值时，损失为零；当 y 偏离目标值较少时，损失值会缓慢增加；当 y 偏离目标值较多时，损失值会快速增加。

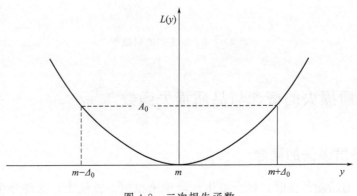

图 4-8　二次损失函数

4.4.2　品质损失函数的引入

产品性能的变异愈小，损失愈小；变异愈大，损失愈大。假设由于品质特性目标值 m 产生偏差所造成的品质特性 y 的损失为 $L(y)$，采用泰勒公式对式（4-2）加以展开，有

$$L(y) = L(m) + \frac{L'(m)}{1!}(y-m) + \frac{L''(m)}{2!}(y-m)^2 + \cdots \tag{4-3}$$

由于假设 $L(m) = 0$，且当 $y = m$ 时，$L(y)$ 最小，因此 $L'(m) = 0$。如果二次以上的高阶导数可忽略不计，则有

$$L(y) \approx \frac{L''(m)}{2!}(y-m)^2 \tag{4-4}$$

设 $k = \dfrac{L''(m)}{2!}$，则品质损失函数为

$$L(y) = k(y-m)^2 \tag{4-5}$$

品质损失系数 k 可由超出顾客容差（Customer Tolerance）所导致的损失来获得，顾客容差是指 50% 的顾客认为产品不能产生功能的界限。设 $m \pm \Delta_0$ 表示功能

界限，若在 $m \pm \Delta_0$ 处的损失为 A_0，代入上式可得

$$k = \frac{A_0}{\Delta_0^2} \tag{4-6}$$

将 k 值代入式(4-5)，可得

$$L(y) = \frac{A_0}{\Delta_0^2}(y - m)^2 \tag{4-7}$$

4.4.3 品质损失函数的四种类型

（1）望目特性的情况

有些品质特性会有一个有限的目标值 m（通常 $m \neq 0$），且品质损失是对称于目标值的，这样的品质特性称为望目特性（Nominal-the-best，NTB），见图 4-9 (a)。望目特性的损失函数可用式(4-5)所示的二次损失函数来描述。

假设一产品的品质特性为 y，其目标值为 m，抽取 n 个样本，其衡量值分别为 y_1，y_2，$\cdots$，y_n，则平均品质损失为

$$
\begin{aligned}
L_{NTB} &= \frac{1}{n}\left[L(y_1) + L(y_2) + \cdots + L(y_n)\right] \\
&= \frac{k}{n}\left[(y_1 - m)^2 + (y_2 - m)^2 + \cdots + (y_n - m)^2\right] \\
&= \frac{k}{n}\sum_{i=1}^{n}(y_i - m)^2 \\
&= k\left[(\overline{y} - m)^2 + s_n^2\right]
\end{aligned}
\tag{4-8}
$$

式中，$\overline{y} = \dfrac{1}{n}\sum\limits_{i=1}^{n}y_i$，$s_n^2 = \dfrac{1}{n}\sum\limits_{i=1}^{n}(y_i - \overline{y})^2$。

当 n 非常大时，上式可写为

$$L_{NTB} = k\left[(\overline{y} - m)^2 + s^2\right] \tag{4-9}$$

式中，$s^2 = \dfrac{1}{n-1}\sum\limits_{i=1}^{n}(y_i - \overline{y})^2$。

使用均方差（Mean Square Deviation，MSD）度量品质特性偏离目标值的程度，其定义为所有 $(y_i - m)^2$ 值的平均值，即

$$MSD_{NTB} = \frac{1}{n}\sum_{i=1}^{n}(y_i - m)^2 = (\overline{y} - m)^2 + s^2 \tag{4-10}$$

则平均品质损失可表示为

$$L_{NTB} = k(MSD_{NTB}) \tag{4-11}$$

（2）望小特性的情况

有些品质特性不会出现负值，且其值越小，表示品质越好，也就说是该品质特性的目标值等于 0，这样的品质特性称为望小特性（Smaller-the-best，STB），见图 4-9(b)。望小特性的损失函数可由望目特性的损失函数加以推导，即

$$L(y) = k(y-0)^2 = ky^2 \tag{4-12}$$

望小特性的均方差和平均品质损失分别为

$$MSD_{STB} = \frac{1}{n}\sum_{i=1}^{n}(y_i)^2 = \overline{y}^2 + s^2 \tag{4-13}$$

$$L_{STB} = k(MSD_{STB}) \tag{4-14}$$

（3）望大特性的情况

有些品质特性不会出现负值，且其值越大，表示品质越好，这样的品质特性称为望大特性（Larger-the-best，LTB），见图 4-9(c)。望大特性的损失函数可以看成望小特性的损失函数的倒数，即

$$L(y) = k\frac{1}{y^2} \tag{4-15}$$

望大特性的均方差和平均品质损失分别为

$$MSD_{LTB} = \frac{1}{n}\sum_{i=1}^{n}\left(\frac{1}{y_i}\right)^2 \approx \frac{1}{\overline{y}^2}\left(1+3\times\frac{s^2}{\overline{y}^2}\right) \tag{4-16}$$

$$L_{LTB} = k(MSD_{LTB}) \tag{4-17}$$

（4）不对称型望目特性的情况

有些品质特性对目标值两边的偏离有所不同，即两边的品质损失不对称于目标值，见图 4-9(d)。这种情况需要有两个不同的品质损失系数来描述，其品质损失函数为

$$L(y) = \begin{cases} k_1(y-m)^2, & y > m \\ k_2(y-m)^2, & y \leqslant m \end{cases} \tag{4-18}$$

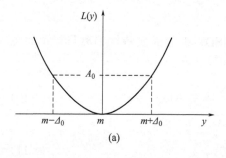

(a)

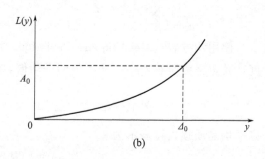

(b)

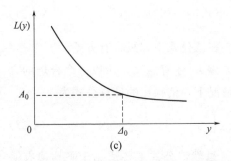
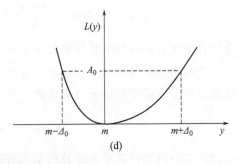

图 4-9　品质损失函数的四种类型

4.5　信噪比

　　在田口方法中，通常使用信噪比作为衡量品质的指标，信噪比是从均方差直接变化而来，其定义如下：

$$\eta = -10\log_{10}(MSD) \tag{4-19}$$

式中，η 为信噪比，MSD 可分为 MSD_{NTB}、MSD_{STB}、MSD_{LTB}，信噪比的单位是分贝（Decibel，dB）。

　　（1）望目特性的信噪比

　　望目特性问题的主要特征如下：

　　① 品质特性连续且非负值，其数值范围是 $(0, \infty)$。

　　② 目标值为一有限值且不为 0。

　　③ 当平均值为 0 时，标准差也为 0。

　　④ 通常可以找到调整因子将平均数移至目标值。

　　望目特性的信噪比可定义为

$$\eta_{\text{NTB}} = -10\log_{10}(MSD_{\text{NTB}}) = -10\log_{10}\left[\frac{1}{n}\sum_{i=1}^{n}(y_i - m)^2\right] = -10\log_{10}\left[(\overline{y} - m)^2 + s^2\right]$$

$$\tag{4-20}$$

式中，$\overline{y} = \dfrac{1}{n}\sum_{i=1}^{n} y_i$，$s^2 = \dfrac{1}{n-1}\sum_{i=1}^{n}(y_i - \overline{y})^2$。该公式为望目特性信噪比计算的第一种类型。

　　可以看出，信噪比的大小由两方面决定，一是偏心值 $(\overline{y} - m)^2$，二是方差 s^2。在许多望目特性的工程问题中，都存在一个及以上调整因子，使平均值与目标值一致，从而使偏心值降为零，在这种情况下，信噪比的计算公式为

$$\eta_{\text{NTB}} = -10\log_{10}\left[\frac{1}{n}\sum_{i=1}^{n}(y_i - m)^2\right] = -10\log_{10}(s^2) \tag{4-21}$$

该公式为望目特性信噪比计算的第二种类型，在该公式中，只含有方差 s^2。

当两组试验数据的平均值一样时，比较方差 s^2 才有意义，所以一个合理的方法是以方差除以平均值平方来比较，在这种情况下，信噪比的计算公式为

$$\eta_{\text{NTB}} = -10\log_{10}\left(\frac{s^2}{\bar{y}^2}\right) \tag{4-22}$$

该公式为望目特性信噪比计算的第三种类型，虽然该公式主要适用于平均值有明显差异的情况，但即使平均值很接近，也可以使用该式计算信噪比。该公式也可近似地表示为

$$\eta_{\text{NTB}} = 10\log_{10}\frac{\frac{1}{n}(S_m - V_e)}{V_e} \tag{4-23}$$

式中，$S_m = \frac{1}{n}\left(\sum_{i=1}^{n}y_i\right) = n\bar{y}^2$；$V_e = s^2$。推导过程如下：

$$10\log_{10}\frac{\frac{1}{n}(S_m - V_e)}{V_e} = 10\log_{10}\left[\frac{1}{n}\frac{S_m}{V_e} - \frac{1}{n}\right]$$

$$= 10\log_{10}\left[\left(\frac{\bar{y}}{s}\right)^2 - \frac{1}{n}\right]$$

$$\approx 10\log_{10}\left(\frac{\bar{y}}{s}\right)^2$$

$$= -10\log_{10}\left(\frac{s^2}{\bar{y}^2}\right)$$

需要注意的是，第二种类型和第三种类型都是基于存在调整因子的假设，这需要在事前或事后加以验证，如果调整因子并不存在，则第一种类型较为合理。此外，对于望目特性，除了计算信噪比之外，还可以进一步计算灵敏度，灵敏度是表征品质特性可调性的指标，具体可参考相关文献，在此不再赘述。

（2）望小特性的信噪比

望小特性问题的主要特征如下：

① 品质特性连续且非负值。

② 目标值为 0。

③ 不需要调整因子。

④ 望小特性的目标是同时要最小化平均值和变异。

望小特性的信噪比可定义为

$$\eta_{STB} = -10\log_{10}(MSD_{STB}) = -10\log_{10}\left(\frac{1}{n}\sum_{i=1}^{n}y_i^2\right) \qquad (4\text{-}24)$$

由于在望小品质特性的问题中，通常并不存在调整因子使品质特性的平均值与目标值一致，因此望小品质特性的信噪比计算只有这一种类型，望大特性的情况与此相似。

（3）望大特性的信噪比

望大特性问题的主要特征如下：

① 品质特性连续且非负值。

② 目标值为∞或最大的可能值。

③ 不需要调整因子。

④ 将品质特性值取倒数，望大特性问题即可转化为望小特性问题。

望大特性的信噪比可定义为

$$\eta_{LTB} = -10\log_{10}(MSD_{LTB}) = -10\log_{10}\left(\frac{1}{n}\sum_{i=1}^{n}\frac{1}{y_i^2}\right) \qquad (4\text{-}25)$$

4.6 稳健参数设计的试验配置

传统的试验方法没有考虑到噪声因子的效果，田口方法则将控制因子与噪声因子综合考虑到试验配置中。田口方法的参数设计试验由两部分组成：内侧正交表（Inner Array，也称内表）、外侧正交表（Outer Array，也称外表）。内侧正交表中的列代表控制因子，每一行表示一组控制因子的水平组合；外侧正交表中的列代表噪声因子，每一行代表噪声因子的水平组合。内侧正交表与外侧正交表合在一起构建了一个完整的参数设计试验，在内侧正交表中所给定每个控制因子的水平组合，会依据外侧正交表中噪声因子的水平组合进行重复性试验，这种试验配置方法也称为内外表直积法。

图4-10是一个参数设计的试验配置案例，其内侧正交表采用L_8正交表，共有7个两水平控制因子，外侧正交表采用$L_4(2^3)$正交表（简称L_4正交表），共有3个两水平噪声因子。L_8正交表共有8个试验组合，每个试验组合都需要经历L_4正交表所确定的噪声因子的4种组合，因此共需要进行32（8×4＝32）次试验。在第1次试验中，所有控制因子均为水平1，所有噪声因子也均为水平1，试验结果为y_{11}，按照同样的方式可得到其他试验结果。

试验中使用噪声因子的目的是产生变异，噪声因子的数目越多，所能获取的

图 4-10 内侧和外侧正交表

外侧正交表 · 噪声因子

列	试验1	试验2	试验3	试验4
3	1	2	2	1
2	1	2	1	2
1	1	1	2	2

内侧正交表

列 试验	控制因子 1	2	3	4	5	6	7	结果 1	2	3	4
1	1	1	1	1	1	1	1	y_{11}	y_{12}	y_{13}	y_{14}
2	1	1	1	2	2	2	2	y_{21}	y_{22}	y_{23}	y_{24}
3	1	2	2	1	1	2	2	y_{31}	y_{32}	y_{33}	y_{34}
4	1	2	2	2	2	1	1	y_{41}	y_{42}	y_{43}	y_{44}
5	2	1	2	1	2	1	2	y_{51}	y_{52}	y_{53}	y_{54}
6	2	1	2	2	1	2	1	y_{61}	y_{62}	y_{63}	y_{64}
7	2	2	1	1	2	2	1	y_{71}	y_{72}	y_{73}	y_{74}
8	2	2	1	2	1	1	2	y_{81}	y_{82}	y_{83}	y_{84}

信息越多，但噪声因子太多会使试验规模变大。当内侧正交表共有 n_1 次试验组合，外侧正交表的噪声因子组合数为 n_2 时，总共需要 $n_1 \times n_2$ 次试验。当 n_1 和 n_2 都比较大时，将会使试验次数非常多，从时间和成本来看，执行大规模的试验是不合适的。此外，掌握所有的噪声因子也是比较困难的。

为了简化试验，可依据实际情况选择重要的噪声因子，也可将多个噪声因子合并为少数噪声因子。有的情况下，可将多个噪声因子合并为一个综合噪声因子，通过三个水平加以规定：即正面极端情况、标准情况、负面极端情况。为了进一步减少试验次数，可以只选择两个水平，即正面极端情况、负面极端情况。如果噪声因子的分布情况未知，或者其水平难以确定，可对内侧正交表中的每一次试验随机地选取重复的观测值来评估噪声因子的效果。

4.7 稳健参数设计的流程

稳健参数设计旨在找出控制因子的最优水平，从而使产品对噪声不敏感。本书主要针对静态参数设计进行研究，其流程图如图 4-11 所示，具体如下（Su，2013）。

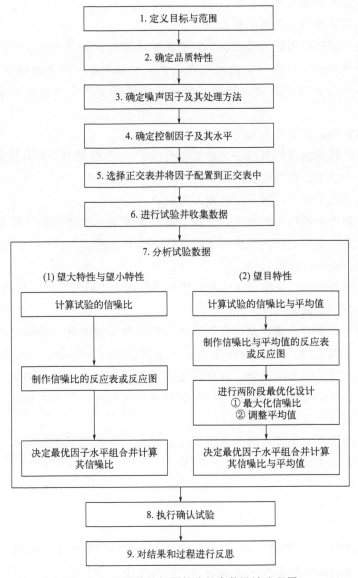

图 4-11　静态特性问题的稳健参数设计流程图

（1）定义目标与范围

定义项目目标，并确认所要研究的系统或子系统的范围。在这一过程中，应避免探究太大的系统，否则会造成不必要的试验扩大。

（2）确定品质特性

依据工程知识和经验，明确产品的主要功能，确定想要的结果，在此基础上定义品质特性并确定其测量方法。

（3）确定噪声因子及其处理方法

尽可能了解所有可能的噪声因子，并从中选择重要的噪声因子。明确测试情况，以获得噪声因子的效果，确定噪声因子的处理策略。如果想减少试验次数，可将所有噪声因子加以整合，采用三个或两个极端情况作为整合后噪声因子的水平。

（4）确定控制因子及其水平

依据实际情况选择控制因子，通常会选择 6～8 个控制因子，且将各因子设定为 2 个或 3 个水平，注意选择的水平应包含整个试验范围。

（5）选择正交表并将因子配置到正交表中

根据控制因子的数量和水平，选择合适的正交表，将控制因子配置到内侧正交表中，如果有需要，再将噪声因子配置到外侧正交表中。

（6）进行试验并收集数据

规划与准备试验，决定试验中的具体细节问题，进行试验并收集试验数据。

（7）分析试验数据

分析试验结果时，需要先计算信噪比与平均数，接着针对信噪比与平均数制作控制因子的反应表（Response Tables）或反应图（Response Graphs）。最后，确定最优控制因子的水平组合，并预测最优条件下的信噪比和平均值。需要注意的是，对于望目特性问题，需要进行两阶段最优化设计，先最大化信噪比，再将平均值调整至目标值。

分析试验数据的关键是确定各因子的水平值，即各因子中相同水平试验结果的均值，计算公式为

$$R_i = \frac{\sum\limits_{i=1}^{m} y_i}{m} \tag{4-26}$$

式中，R_i 为因子的水平值，y_i 为具有相同水平设计变量的试验结果，m 为相同水平设计变量的试验样本数。根据各因子的水平值，制作反应表或反应图，从而推导出各设计变量水平的最优组合。需要注意的是，若将 y_i 替换为信噪比，则可以根据信噪比得出最优设计组合。

以 $L_9(3^4)$ 正交表为例，各因子水平值的计算如表 4-4 所示。首先计算每个因子不同水平的试验结果之和，如 $T_{1A} = y_1 + y_2 + y_3$，$T_{2A} = y_4 + y_5 + y_6$，$T_{3A} = y_7 + y_8 + y_9$，接着计算各因子的水平值，如 $R_{1A} = T_{1A}/3$，$R_{2A} = T_{2A}/3$，$R_{3A} = T_{3A}/3$。

表 4-4　试验数据的分析

试验序号		控制因子				试验结果
		A	B	C	D	
1		1	1	1	1	y_1
2		1	2	2	2	y_2
3		1	3	3	3	y_3
4		2	1	2	3	y_4
5		2	2	3	1	y_5
6		2	3	1	2	y_6
7		3	1	3	2	y_7
8		3	2	1	3	y_8
9		3	3	2	1	y_9
水平和	T_1	T_{1A}	T_{1B}	T_{1C}	T_{1D}	
	T_2	T_{2A}	T_{2C}	T_{2C}	T_{2D}	
	T_3	T_{3A}	T_{3C}	T_{3C}	T_{3D}	
水平均值	R_1	R_{1A}	R_{1B}	R_{1C}	R_{1D}	
	R_2	R_{2A}	R_{2C}	R_{2C}	R_{2D}	
	R_3	R_{3A}	R_{3C}	R_{3C}	R_{3D}	
极差 R		R_A	R_B	R_C	R_D	

以各因子的水平值为基础，可计算极差，如 $R_A = \max\{R_{1A}，R_{2A}，R_{3A}\} - \min\{R_{1A}，R_{2A}，R_{3A}\}$，极差越大，说明因子对试验结果的影响越大，因子就越重要。因此，可根据极差大小对因子的重要性进行排序。

在确定最优参数组合时，若不考虑交互作用，则只需要根据试验目的从反应表或反应图中选择每个因子的最优水平，也就是每个因子最大值或最小值对应的水平。若考虑交互作用，假设通过分析发现两个因子的交互作用对试验结果影响很大，这时需要对这两个因子的所有不同水平组合的试验结果进行比较，选出这两个因子的最优水平组合，再综合考虑其他因子确定最优参数组合。

最优参数组合信噪比的计算一般基于加法模式（Additive Model）。所谓的加法模式是指数个因子的总效果等于个别因子效果的和。加法模式提供了一个相当好的近似关系，通过对数（log）转换，可使信噪比能够有效显示各控制因子的主效果，而将控制因子间的交互作用效果视为一种噪声。也就是说，通过对数转换后，可使品质特性的反应值对这种噪声不敏感。

（8）执行确认试验

在参数设计中，最后需执行确认试验。使用最优参数组合来执行确认试验，并将试验结果与预测结果加以比较。当两者相符合时，表示所得到的最优参数组合可以采纳；当两者不相符合时，则表示试验失败，需要重新规划试验。

（9）对结果和过程进行反思

要确定合适的最优条件一般需要进行多次试验，可重新考虑各因子的水平，探索水平范围之间或之外的值，探索因子间的交互作用，考察尚未包含在试验中的噪声因子和控制因子。

4.8 方差分析

方差分析（Analysis of Variance，ANOVA）是一种重要的统计检验方法，用于检验试验过程中有关因素对试验结果影响的显著性。将方差分析应用于参数设计中，可以解决如下问题：①估计试验误差并分析其影响；②判断试验因素及其交互作用的主次与显著性；③给出所给结论的置信度；④确定最优组合及其置信区间。

假设试验因子数量为 n，试验次数为 N，方差分析的过程如下（陈立周，1999）：

（1）计算总平方和 S_T 与总自由度 f_T

$$S_T = \sum_{i=1}^{N}(y_i - \overline{y})^2 = \sum_{i=1}^{N} y_i^2 - \frac{1}{N}\left(\sum_{i=1}^{N} y_i\right)^2 = \sum_{i=1}^{N} y_i^2 - CF \tag{4-27}$$

$$f_T = N - 1 \tag{4-28}$$

式中，y_i 为试验结果数据，$\overline{y} = \frac{1}{n}\sum_{i=1}^{n} y_i$，$CF = \frac{1}{N}\left(\sum_{i=1}^{N} y_i\right)^2$，$CF$ 为修正项（Correction Factor）。

（2）计算因子的平方和及其自由度

对于 A 因子，假设共有 a 个水平，各水平重复的次数分别为 n_1，$\cdots$，n_i，$\cdots$，n_a，则其平方和 S_A 与自由度 f_A 分别为

$$S_A = \frac{T_{1A}^2}{n_1} + \cdots + \frac{T_{iA}^2}{n_i} + \cdots + \frac{T_{aA}^2}{n_a} - CF \tag{4-29}$$

$$f_A = a - 1 \tag{4-30}$$

式中，T_{iA} 为 A 因子第 i 个水平所有反应值之和。

同理可计算其他因子的平方和（如 S_B、$S_C \cdots$）与自由度（如 f_B、$f_C \cdots$）。两个因子交互作用的平方和（如 $S_{A \times B}$）的计算方法与单个因子的平方和的计算方法相同，两个因子交互作用的自由度等于这两个因子自由度的乘积（如 $f_{A \times B} = f_A \times f_B$）。

（3）计算误差平方和 S_e 及其自由度 f_e

$$S_e = S_T - (S_A + S_B + \cdots) - (S_{A \times B} + S_{A \times C} + \cdots) \tag{4-31}$$

$$f_e = f_T - (f_A + f_B + \cdots) - (f_{A \times B} + f_{A \times C} + \cdots) \tag{4-32}$$

（4）制作方差分析表

方差分析表如表 4-5 所示，根据方差分析表可以进行推论统计，当 $F_A \geqslant F_\alpha(f_A, f_e)$ 时，认为 A 因子的影响显著，当 $F_A < F_\alpha(f_A, f_e)$ 时，认为 A 因子的影响不显著，同理可判定其他因子以及交互作用的影响是否显著。方差分析表定量地给出因子的主次关系，在确定参数的最优组合时，只需要考虑重要的因子及其相应的水平值。

表 4-5　方差分析表

变异来源	平方和	自由度	均方	统计量 F 值	显著性水平 α 对应的临界值
A	S_A	f_A	$V_A = S_A/f_A$	$F_A = V_A/V_e$	$F_\alpha(f_A, f_e)$
B	S_B	f_B	$V_B = S_B/f_B$	$F_A = V_B/V_e$	$F_\alpha(f_B, f_e)$
$A \times B$	$S_{A \times B}$	$f_{A \times B}$	$V_{A \times B} = S_{A \times B}/f_{A \times B}$	$F_{A \times B} = V_{A \times B}/V_e$	$F_\alpha(f_{A \times B}, f_e)$
⋮	⋮	⋮	⋮	⋮	⋮
e	S_e	f_e	$V_e = S_e/f_e$		
总和	S_T	f_T			

需要注意的是，可将表中不显著因子的平方和与误差平方和合并为纯误差平方和（Pure Error Sum of Squares），然后计算未合并因子的纯平方和（Pure Sum of Squares），在此基础上计算统计量 F 值、显著性水平 α 对应的临界值以及贡献率等，具体请参考相关文献，在此不再赘述。

4.9　试验研究方法

与传统的工程领域不同，在用户体验领域，需要邀请被试（也称试验参与者）进行试验。自变量和因变量是试验研究中非常重要的概念，自变量是试验中主要关注的情景，它不依赖于被试行为。作为试验者，会操纵这个变量，同时被试不能改变已经选择的水平。一旦选定了自变量，就会测量被试对这些变量的反应，用来测量被试行为的变量称为因变量。相关的试验研究方法可分为三种类型（Shaughnessy 等，2012）：独立组设计（Independent Design）、重复测量设计（Repeated Measures Design）、复合设计（Complex Design）。

4.9.1　独立组设计

4.9.1.1　独立组设计概述

独立组设计也称为被试间设计（Between-Subjects Design），是指每组被试代表自变量所界定的一种水平（也称条件）。独立组设计的被试分配示例见表 4-6，共有 2 组被试，每组 25 人，每组被试代表自变量所界定的一种水平。

表 4-6 **独立组设计的被试分配示例**

水平 1	水平 2
被试 1	被试 26
被试 2	被试 27
……	……
被试 25	被试 50

独立组设计的优点是被试接受自变量一个水平的处理不会影响到在其他水平上的行为反应。被试只需要完成自变量一种水平下的处理，在此水平下可以收集到更多的数据。对于每位被试而言，很容易保证试验时间较短，因而不大可能疲劳或失去试验兴趣。

独立组设计的缺点是被试分配到自变量不同水平的试验组可能会在某个维度上不对等，只要试验组由不同的人构成，那么就有可能存在巨大的差异。

4.9.1.2 独立组设计的分类

独立组设计可分为随机组设计、匹配组设计、自然组设计三种情况。

（1）随机组设计

若一个独立组设计中的平衡是通过将被试随机分配到不同试验条件下获得的，则此设计称为随机组设计。随机组设计可通过随机区组（Block Randomization）平衡被试的个体差异和试验操作过程中可能发生的混淆，并使每组人数相等。

（2）匹配组设计

匹配组设计为自变量的每个水平都分配相同类型的被试，进行匹配组设计时，必须依据与因变量高度相关的变量来匹配试验组。当使用了匹配组，统计检验的结果得出的因变量差异更有可能不是由随机误差造成，而是由自变量产生的，即统计检验对自变量引起的任何差异变得更加敏感。

（3）自然组设计

自然组设计通过选择，而不是操纵个体差异变量而形成。自然组设计是一种相关研究，研究者寻求自然组变量和因变量之间的共变。不能根据自然组变量的效应做因果推论，因为群体差异可能存在其他解释。

4.9.2 重复测量设计

4.9.2.1 重复测量设计概述

独立组设计是研究自变量作用的强有力工具，然而如果能让每一位被试参与到所有试验条件中去的话，试验会更加有效，这样的设计被称为重复测量设计，也称为被试内设计（Within-Subjects Design）。在独立组设计中，控制组与试验处理组是不同的组。在重复测量设计中，被试自己就是控制组，因为他们既参与试验条件，也参与控制条件。重复测量设计的被试分配示例见表 4-7，所有的 25 名被试均参与两种试验条件。

表 4-7　重复测量设计的被试分配示例

水平 1	水平 2
被试 1	被试 1
被试 2	被试 2
……	……
被试 25	被试 25

（1）重复测量设计的优点

① 实践上的优点　重复测量设计在实践上的优点是试验所需的被试较少。假如重复测量设计共需要 N 个被试，那么，两水平的独立组设计则需要 $2N$ 个被试，三个水平则需要 $3N$ 个被试。当被试数量很少时，独立组设计可能找不到足够能满足试验要求的被试，此时就必须要使用重复测量设计。

② 统计上的优点　在推论统计中，试验者试图从自变量不同水平上得到的结果，去推断数据的差异是由行为反应上真实存在的差异造成的，还是由随机误差造成。重复测量设计的统计优势在于它是将被试间个体差异降到最小的绝佳方法。通过使用重复测量设计，可以在主观上和统计检验上更确信，自变量不同水平之间的反应差异是真实存在的差异。

（2）重复测量设计的缺点

重复测量设计的主要缺点是：一旦被试接受了自变量某个水平的处理之后，不可能再将被试变为接受处理前的状态，接受试验处理会产生不可逆转的改变，即练习效应。只有当练习效应能够在重复测量试验的不同条件之间得到平衡，重复测量设计试验的自变量效果才具有可解释性。

（3）适合采用重复测量设计的情况

重复测量设计需要的被试少，所以仅有少量的被试时，重复测量设计非常合适。甚至当被试的数量足以进行独立组设计时，研究者也会使用重复测量设计，这是因为重复测量设计常常更加方便和高效。

重复测量设计通常比独立组设计更加灵敏，试验的灵敏度是指试验能够探测出自变量对因变量产生作用的能力。通常群体间的差异要比群体内的差异大，因此重复测量设计中误差变异较小。误差变异越小，就越容易检测自变量的效果。重复测量设计的这种高灵敏度，很适合研究自变量对行为仅有很小影响的情况。

当研究问题所涉及被试的行为在时间维度上发生变化时，例如学习试验，就需要使用重复测量设计。另外，一旦试验程序需要被试比较两个或更多刺激的相互关联时，也必须使用重复测量设计。

4.9.2.2 练习效应

在用户体验的稳健参数设计中，试验样本的数量一般较多，如果采用独立组设计，被试的数量可能不足，因此，需要经常采用重复测量设计，重复测量设计的核心问题是如何平衡练习效应。

在重复测量设计中，不存在由个体差异所导致的混淆，这是重复测量设计一个非常大的优点。但被试状态可能随着时间而发生变化，这可能会对内部效度产生威胁。重复测量设计中对被试的重复测试，使被试能够练习试验任务。作为练习的结果，被试可能会因为对任务更加了解而能够越来越好地完成任务，也可能会因为疲劳和枯燥等因素而使得他们的表现越来越差。被试在重复测量设计中发生的这些变化，被统称为练习效应。通常，在重复测量设计中，应该平衡各个试验条件间的练习效应。使用重复测量设计进行试验的关键是使用合适的方法来平衡练习效应。

针对练习效应，重复测量设计有两种不同的类型，即完全重复测量设计和不完全重复测量设计。在完全重复测量设计中，每一位被试的练习效应都得到了平衡，这种平衡是让每一位被试经历多种条件下的操作且每次所使用的顺序不同。在不完全重复测量设计中，每一条件对每位被试只执行一次，且执行条件的顺序在被试之间有所不同，这样结合所有被试的结果时，不完全重复测量设计中的练习效应就得到了平衡。

4.9.2.3 完全重复测量设计

完全重复测量设计是通过在被试内使用随机区组法或 ABBA 抵消平衡法来平衡练习效应的。在随机区组法中，试验条件以随机的方式排序；在 ABBA 抵消平衡法中，试验条件先以一种随机排序呈现，然后再呈现相反的顺序。当练习效应呈非线性时，或者当被试成绩会被期望效应影响时，随机区组法比 ABBA 抵消平衡法更好。

（1）随机区组法

随机区组法可以在完全设计中用来对每一位被试的试验条件进行排序。通常，随机区组的数量与每种条件被执行的次数相同，每个区组的大小与试验条件的数量相同。例如，假设共有 3 种试验条件，分别为 A、B、C，每种试验条件都对每一位被试呈现18次，表4-8展示了怎样利用随机区组法对3种试验条件进行排序，其中54个试验序列被分解成3种试验的18个区组，每一个试验区组包括以随机顺序呈现的3种试验条件。

表 4-8 利用随机区组法对3种试验条件进行排序

区组	实验	条件	区组	实验	条件
1	1	A	10	28	A
1	2	B	10	29	B
1	3	C	10	30	C
2	4	C	11	31	C
2	5	A	11	32	B
2	6	B	11	33	A
3	7	C	12	34	A
3	8	A	12	35	C
3	9	B	12	36	B
4	10	B	13	37	B
4	11	A	13	38	C
4	12	C	13	39	A
5	13	A	14	40	A
5	14	B	14	41	C
5	15	C	14	42	B
6	16	C	15	43	C
6	17	B	15	44	A
6	18	A	15	45	B
7	19	C	16	46	C
7	20	B	16	47	B
7	21	A	16	48	A
8	22	B	17	49	A
8	23	C	17	50	C
8	24	A	17	51	B
9	25	C	18	52	C
9	26	B	18	53	A
9	27	A	18	54	B

（2）ABBA 抵消平衡法

随机区组法在平衡练习效应时是有效的，但是在平衡掉练习效应前，每种条件必须重复多次。为了使随机区组有效，通常需要对每种条件进行足够次数的试验，当这样做不可能时，可以采用 ABBA 抵消平衡法。ABBA 抵消平衡法采用最简单的形式，仅仅需要对每一种条件进行两次操作，就可以平衡练习效应。ABBA 抵消平衡法首先以一种序列呈现条件，如先 A 后 B，然后再用相反的顺序呈现，如先 B 后 A。ABBA 指的是当试验中仅有两种条件（A 和 B）时的序列，但是该方法并不限于只有两种条件的试验，例如当有三种条件时，可采取 ABC-CBA 序列。

当练习效应是线性的时候，适合使用 ABBA 抵消平衡法。如果练习效应是线性的，那么每个连续试验的练习效应就具有同样的大小。表 4-9 中"练习效应（线性）"一行说明 ABBA 抵消平衡法是如何平衡练习效应的。在这个例子中，共有 A、B、C 三种试验条件，每次试验后都加了 1 个"单元"的假定练习效应。因为第一个试验没有练习效应，所以加在试验 1 上的练习效应量是 0。试验 2 加了 1 个单元的练习效应，这是因为被试经历了第一个试验。试验 3 加了 2 个单元的练习效应，这是因为被试经历了前两个试验，依此类推。通过合计每种条件的练习效应值，可以对练习效应的影响有所了解。例如，A 条件下得到的练习效应是极值（0 和 5），B 条件下得到的是中间值（1 和 4），C 条件得到的是中间值（2 和 3），三种条件的假定练习效应和都为 5。ABBA 循环能够应用于任何数量的条件，但是每一种条件重复的次数必须为偶数。

表 4-9　在 3 种条件的试验中练习效应的抵消平衡序列

试验	试验 1	试验 2	试验 3	试验 4	试验 5	试验 6
条件	A	B	C	C	B	A
练习效应(线性)	0	1	2	3	4	5
练习效应(非线性)	0	6	6	6	6	6

虽然 ABBA 抵消平衡法提供了一种平衡练习效应的简单方法，但是它也有局限性。例如，当一个任务的练习效应是非线性的时候，ABBA 抵消平衡法是无效的。这在表 4-9 中"练习效应（非线性）"一行中可以看出。在这个例子中，A 条件共有 6 个单元的假定练习效应（0 和 6），B 条件和 C 条件都有 12 个单元的假定练习效应（6 和 6）。当练习效应最初发生急剧变化，随后变化很小的时候，研究者常常忽略早期试验中的表现，而一直等待练习效应达到稳定状态。为了达到稳定状态，可能需要对每种条件进行几次重复，在这种情况下研究者可使用随机

区组法来平衡练习效应。

当期望效应发生时，ABBA抵消平衡法也是无效的。当一个被试能预期序列中下一个刺激条件是什么时，期望效应就发生了，此时应该使用随机区组法而非ABBA抵消平衡法。

4.9.2.4 不完全重复测量设计

在不完全重复测量设计中，练习效应在多位被试间进行平衡，而不是像完全重复测量设计那样在每位被试内进行平衡。在一个不完全重复测量设计中，通过改变目标的呈现顺序来平衡练习效应是非常重要的，通常采用的平衡规则是试验的每一个条件在每一个序列位置上出现的可能性必须相等，相关的方法包括所有可能顺序法和选择顺序法。无论是所有可能顺序法还是选择顺序法，被试都应该被随机分配到不同的序列中。

（1）所有可能顺序法

在不完全重复测量设计中平衡练习效应最好的方法是把所有可能的顺序都考虑到，每位被试被随机分配到一种顺序中。两个条件就只有两种可能的顺序（AB和BA）；3个条件有6种可能的顺序（ABC、ACB、BAC、BCA、CAB、CBA）。如有 N 个条件的话，就有 $N!$ 种可能的顺序。当拥有4个及以下条件时，在不完全设计中用来平衡练习效应的最好方法是使用所有可能顺序法。

在使用所有可能顺序法时，还需要注意另外一个问题，即每位被试必须在所有可能的条件顺序中被测试。因此，使用所有可能顺序法要求至少要具有和所有可能顺序一样多的被试数，也就是说，如果试验有4个条件，至少必须测试24位被试（或者48位，或者72位，或者是24的其他倍数），见表4-10。这种约束条件要求在测试前就应该明确参与试验的被试数量。

表 4-10 不完全重复测量设计中平衡练习效应的 3 种方法

所有可能顺序法								选择顺序							
								拉丁方				轮转的随机开始顺序			
序列位置				序列位置				序列位置				序列位置			
第1	第2	第3	第4	第1	第2	第3	第4	第1	第2	第3	第4	第1	第2	第3	第4
A	B	C	D	C	A	B	D	A	B	C	D	B	C	D	A
A	B	D	C	C	A	D	B	B	D	A	C	C	D	A	B
A	C	B	D	C	B	A	D	D	C	B	A	D	A	B	C
A	C	D	B	C	B	D	A	C	A	D	B	A	B	C	D
A	D	B	C	C	D	A	B								

所有可能顺序法								选择顺序							
								拉丁方				轮转的随机开始顺序			
序列位置				序列位置				序列位置				序列位置			
第1	第2	第3	第4	第1	第2	第3	第4	第1	第2	第3	第4	第1	第2	第3	第4
A	D	C	B	C	D	B	A								
B	A	C	D	D	A	B	C								
B	A	D	C	D	A	C	B								
B	C	A	D	D	B	A	C								
B	C	D	A	D	B	C	A								
B	D	A	C	D	C	A	B								
B	D	C	A	D	C	B	A								

（2）选择顺序法

在有的情况下，使用所有可能顺序法是不切实际的。例如，如果想要使用不完全设计来研究具有7个水平的自变量，若使用所有可能顺序法，每个被试参与7种条件的一种可能顺序，则需要有5040（7！＝5040）位被试。显然，如果有5个或者更多条件，还想要使用不完全重复测量设计的话，就必须使用一种能够代替所有可能顺序法的方法。

仅仅使用所有可能顺序中的一部分顺序，也能平衡练习效应。所选择顺序的数量应该是试验条件数量的倍数。例如，要做一个自变量有7个水平的试验，则需要选择7位、14位、21位、28位或者7的其他倍数位被试来平衡练习效应。选择顺序法可细分为拉丁方、轮转的随机开始顺序、随机化试验顺序等3种方法。

① 拉丁方 使用选择顺序法进行平衡的第一种方法是拉丁方。在一个拉丁方中，满足了对练习效应平衡的一般规则，即每一条件在每个不同序列位置上出现一次。例如，从表4-10的拉丁方中可以看到，"A"在第一个、第二个、第三个、第四个序列位置上分别仅仅出现了一次，每个条件都是如此。另外，在一个拉丁方中，每个条件先于和后于其他条件的次数也仅有一次。例如，在表4-10的拉丁方中，"AB"顺序出现一次，"BA"顺序也出现一次；"BC"顺序出现一次，"CB"顺序也出现一次，等等。

② 轮转的随机开始顺序 使用选择顺序法进行平衡的第二种方法是轮转的随机开始顺序。以一种随机顺序开始，并且系统地轮转这种序列，使每一种条件每次向左移一个位置（见表4-10右边的例子）。使用轮转的随机开始顺序能有效地平衡练习效应，因为每种条件在每个序列位置上都出现一次，这与拉丁方是相同

的。但是，序列系统地轮转意味着每个条件总是出现在相同的另一个条件之前或之后，这与拉丁方是不同的。

③ 随机化试验顺序　使用选择顺序法进行平衡的第三种方法是随机化试验顺序。对试验顺序进行随机处理，当试验条件较多时，该方法非常有效，因此在用户体验的稳健参数设计中被广泛使用。例如在一个重复测量设计中，有六种试验条件，则共有 720（6！=720）种不同序列，可采用随机化试验顺序选取部分序列进行平衡，表 4-11 为前 10 名被试所采用的随机化试验顺序。事实上，随机化试验顺序不是保证每种条件在试验中优先和尾随其他各条件出现的次数相同，而是相信一个随机序列能使顺序效应对每种试验条件的影响大致相等（Harris，2008）。

表 4-11　随机化的试验顺序

被试	顺序
被试 1	CDAEFB
被试 2	BDFACE
被试 3	FDBAEC
被试 4	ACBFDE
被试 5	FADEBC
被试 6	ABFCED
被试 7	EDBFAC
被试 8	CDBFEA
被试 9	DAEBFC
被试 10	EFCDBA

所有可能顺序法、拉丁方、轮转的随机开始顺序、随机化试验顺序这四者在平衡练习效应时同样有效，因为所有技术都保证了每个条件在每个序列位置上出现的可能性相等。无论使用哪种技术平衡练习效应，都应该在测试被试前充分准备好条件出现的序列，而且保证被试被随机分配到这些序列中去。

4.9.3　复合设计

在一个试验中采用两个或两个以上自变量的试验设计称为复合设计。复合设计中的因子组合可使研究人员确定每一个自变量的主效应和各自变量水平相结合的交互作用，复合设计的首要优势就是可以使研究者观察自变量之间的交互作用。复合设计涉及自变量不同因子的组合，因此也被称为因子设计、因素设计或析因设计（Factorial Design）。

一个复合设计试验具有两个或两个以上自变量。在复合设计中，每一个自变量都可以通过独立组设计或重复测量设计进行研究。当一个复合设计既包含一个独立组变量也包含一个重复测量变量时，这种设计被称为混合设计（Mixed Design）。

一个最简单的试验设计必须具有一个两水平的自变量；同样，最简单的复合设计应该有两个自变量且每个自变量具有两个水平。通过确定试验中每一自变量的水平，就可以确定复合设计的结构，2×2 试验设计就是一个最基本的复合设计。

在复合设计中，试验条件的数目等于每个自变量的水平数之积。增加自变量的水平数或者包含更多的自变量个数可以使复合设计的检验力更大，效率更高。例如，一个 3×4×2 试验设计包含三个自变量且分别具有 3、4 和 2 个水平，因此共包含 24 个试验条件。当试验中自变量的个数从 2 变为 3 时，复合设计的检验力和复杂性会实质性地增加。两因素设计只能有一个交互作用，但在三因素设计中每一个自变量均可以与其他自变量出现交互作用以及三个自变量一起也可以出现交互作用。因此，把一个两因素设计变为三因素设计可以产生 4 种不同的交互作用。如果三个自变量以符号 A、B、C 表示，那么三因素试验设计可允许检验 A、B、C 的主效应，A×B、A×C、B×C 的二元交互作用，以及 A×B×C 的三元交互作用。

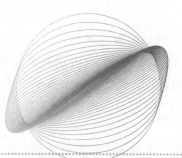

第 5 章
人因差错预防

5.1　人因差错及其分类

　　人类是具有创造性、建设性和探索性的生物，无聊的、重复的、精确的要求与上述特性背道而驰。人因差错发生的最常见的一种原因是要求人们在任务和流程中做违背人特性的事情。大约有 75%～95% 的工业事故是由人因差错（Error）造成。从广义上讲，人因差错可以是任何妨碍用户以最高效的方式完成某任务的操作。人因差错属于设计问题，设计师应该找到其根本原因，对系统进行改良或重新设计，确保不再出现同样的问题。

5.1.1　人因差错的概念

　　人因差错是指与普遍接受的正确或合理的行为有所偏离的行为，包括失误（Slip）和错误（Mistake）两大类，如图 5-1 所示。

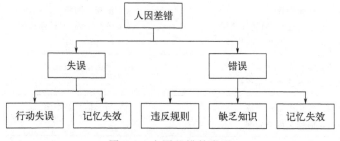

图 5-1　人因差错的类型

（1）失误

当某人打算做一件事，结果却做了另外一件事，就产生失误。失误发生时，所执行的行动与曾经预计的行动不一致。失误有两大类：行动失误、记忆失效。行动失误是指执行了错误的动作。记忆失效是指原打算做的行动没有做，或者没有及时评估行动结果。

（2）错误

当建立了不正确的目标或者形成了错误的计划，就会发生错误。错误有三大类：违反规则、缺乏知识、记忆失效。在违反规则的错误中犯错者恰如其分地分析了情况，但决定采取不正确的行动。在缺乏知识的错误中，由于不正确或不完善的知识，问题被误判。记忆失效的错误是指在目标、计划或评价阶段有所遗漏。

5.1.2　人因差错的分类

（1）Embrey 的人因差错分类法

人因差错的分类较多，其中较为详细的分类是 Embrey（1992）提出的分类框架，它被广泛应用于多种场合评价复杂人机系统中人的行为的定量化研究。该分类框架将人因差错分为 6 种主要类型，并进一步划分成基本的差错类型，如表 5-1 所示。

表 5-1　**Embrey 的人因差错分类**

主要类型	基本的差错类型	
计划差错	P1 不正确的计划被执行 P3 计划正确，但执行得太早或太晚	P2 正确但是不恰当的计划被执行 P4 计划正确，但顺序错误
操作差错	O1 操作过程太长或太短 O3 操作方向不正确 O5 误调整 O7 操作错误,但目标正确 O9 操作不完整	O2 进行了不及时的操作 O4 操作方向力太大或太小 O6 操作正确，但目标错误 O8 遗漏操作
检查差错	C1 遗漏检查 C3 检查正确,但目标错误 C5 进行了不及时的检查	C2 检查不彻底 C4 检查错误,但目标正确
追溯差错	R1 信息没有获得 R3 信息追溯不完整	R2 错误信息被获得
交流差错	T1 信息未得到交流 T3 信息交流不完整	T2 错误信息被交流
选择差错	S1 遗漏选择	S2 错误选择

（2）Reason 的人因差错分类法

Reason（1990）以失误心理学为基础，根据人的行为与其意向之间的关系，将人的不安全行为分为两大类：一类是非意向行为，另一类是意向行为，如图 5-2 所示。这种分类方法有助于找出差错类型的不同机理，例如失误主要是人的注意失效所导致，可通过加强系统的反馈机制加以改进，而错误往往比较隐蔽，短时间内较难发现和恢复。

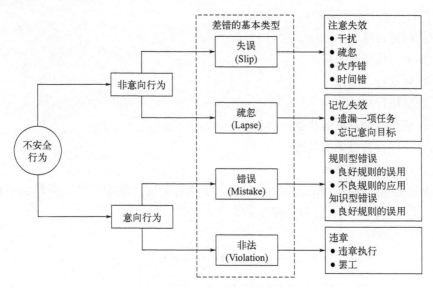

图 5-2　Reason 的人因差错分类

（3）Rasmussen 的人因差错分类法

Rasmussen（1983）提出了人的三种行为：技能型行为、规则型行为、知识型行为。这三种行为代表了人的三种不同的认知绩效水平。

技能型行为依赖于人员培训水平和完成该任务的经验，这种行为的特点是不需要人对信息进行解释而下意识地对信息给予反应操作，它常常是人对信号的一种直接反应。

规则型行为由规则或程序所控制和支配，如果规则没有很好地经过实践检验，那么人们就不得不对每项规则进行重复和校对，在这种情况下，就有可能由于时间短、认知过程慢、对规则理解差等而产生失误。

知识型行为发生在对当前情境状态不清楚、目标状态出现矛盾或者完全未遭遇过的新情境下。由于操作人员无现成的规则可循，因此必须依靠自己的知识经验进行分析、诊断和决策，知识型行为的失误概率较大。

5.2 人因差错分析

5.2.1 差错和行动的七个阶段

Norman（2013）提出了行动七阶段模型，该模型认为人完成任何一件任务的过程都包括如下七个阶段：

① 确定目标。

② 将目标转化为任务。

③ 规划行动顺序。

④ 实施行动。

⑤ 感知行动对象的状态。

⑥ 诠释行动对象的状态。

⑦ 评价行动的结果。

上述七个阶段中，第②～④个阶段属于执行阶段，第⑤～⑦个阶段属于评价阶段，七个阶段的执行过程如图 5-3 所示。

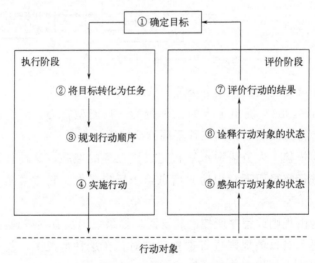

图 5-3　完成任务的七阶段模型

错误和失误在七阶段模型中发生的位置不同，见图 5-4。错误发生在设定目标或计划时，也发生在比较行动结果与预期目标时。失误发生在执行计划的时候，或者发生在感知和诠释结果时。记忆失效可能发生在每个阶段之间的转换过程中，在图中以×标识。在这些转换过程中，记忆失效会打断持续进行的动作周期，因此，人们不能完成预定行动。失误是下意识的行为，却在中途出了问题。错误则产生于意识行为中。

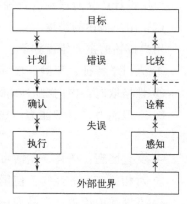

图 5-4　失误和错误产生的环节

在七阶段模型中，失误来自底层的阶段，错误发生在上层的阶段。记忆失效会影响每个阶段的过渡，大多数因记忆失效导致差错的直接原因是记忆中断，即动作开始与动作完成之间介入了意外事件，使短时记忆或工作记忆的能力超过其负荷。较高层次的记忆失效会导致错误，较低层次的记忆失效会导致失误。有三种方法可以防止由于记忆失效引起的差错：第一种是使用最少的步骤；第二种是对需要完成的步骤提供有效的提醒；第三种是使用强制功能。

5.2.2　用户分析

（1）用户的特征

用户对产品的使用情况受到用户的生理、心理、用户背景以及使用环境等的影响。

需要考虑的生理方面的因素包括用户群体的年龄、性别、体能、生理障碍、左右手使用的习惯程度等。这些生理方面的因素相互联系，在设计中应予以考虑。

在心理方面，动机和态度对完成任务的质量和效率起着非常关键的作用，强烈的动机和积极主动的态度是完成任务的重要心理基础，人的动机往往取决于完成任务的愿望和需要。例如，人们在完成他们认为最重要的任务时就会更严肃认真，完成的可能性和质量也相对较高；此外，完成任务过程进展顺利等可以增强用户的动机，提高完成任务的效率。

用户背景包括可能影响到产品使用的用户各方面的知识和经验，如对于计算机系统而言，用户背景涉及教育背景、读写能力、计算机系统常用操作的熟练程度、与产品功能和实现方式相类似系统的知识和经验、对系统所完成任务的知识和经验等。这些知识和经验都直接或间接地与用户使用系统的情况相联系，设计中要充分考虑这些因素。

用户使用产品的物理环境和社会环境也对使用效率有明显影响，这方面考虑的因素包括光线、声音、操作空间的大小和布置、参与操作的其他用户的背景与习惯、人为环境造成的动力和压力等。设计人员应当仔细、全面地了解和预测用户在使用设计产品时遇到的各种环境因素。

（2）用户描述的维度

用户描述的主要维度如下。

① 人口学特征：年龄、性别、地理位置、社会经济地位等。

② 性格取向：内向型/外向型、形象思维型/逻辑思维型。

③ 一般能力：感知能力（视觉、听觉、触觉等）、判断和分析推理能力、体能等。

④ 文化区别：语言、生活习惯、民族习惯、喜厌、代沟等。

⑤ 对相关产品的经验：使用竞品或特定领域的产品经验。

⑥ 态度和价值观：产品的偏好、对新技术的态度等。

⑦ 可使用的技术：计算机硬件、软件、其他常用工具。

在实际用户分析时，应当根据产品的具体情况定义最适合的用户特征描述。对每个产品来说，定义用户无须对所有用户特征进行描述，但是逐一审视用户特征将有助于避免遗漏重要的用户特征。

（3）人物模型

人物模型（Personas），也称用户角色模型，它将用户行为模式的原型描述整理成为典型的个人档案，借此让设计焦点人性化，测试设计情境，并协助设计传达。人物模型通过搜集完整的田野调查资料制作而成，将用户的共同行为集结成有意义且相关的人物描述，从而提供理想的解决方案，这种方法能够促进共情与沟通。人物模型一般以单页或简短叙述来呈现，设计团队可将人物模型作为整个设计过程的长期参考。

人物模型建立在设计调查过程中发现的行为模式的基础上，属于合成原型，因此人物模型并非真正的人，是从对真实用户的观察和研究中直接合成而来，能够反映众多真实用户的行为和动机。通过建立人物模型，研究人员能够理解特定情境下用户的目标。

建立人物模型的步骤如下（Cooper等，2014）：

步骤1：根据角色的不同对研究对象进行分组。

步骤2：将从不同角色身上观察到的一些显著行为作为行为变量，如活动、态度、能力、动机、技能等，需要注意的是变量选择的重点不是年龄、性别、地理位置等人口统计学变量。一般情况下，从每个角色身上可以发现15~30个变量。

步骤3：将研究对象映射到行为轴上，每位对象在轴上的位置是否精确并不重要，重要的是他们之间的相对位置，研究对象在多个轴上的聚集情况表明了显著的行为模式。

步骤 4：寻找位于多个区间或者变量上的主体群，如果一组主体聚焦在 6～8 个不同的变量上，则很可能代表一种显著的行为模式。

步骤 5：将所有已找出的行为模式加以整合，整合的内容包括行为本身、使用环境、使用过程存在的问题、行为相关的人口统计信息、行为相关的经验和能力、行为相关的态度和情感等。此外，还需要给人物模型起一个名字，该名字应具有一定的代表性。

步骤 6：检查人物模型的完整性和冗余性，确保每个人物模型都至少有一个显著的行为与其他人物模型不同。

步骤 7：对人物模型进行优先级排序，确定主要的设计目标，即设计所关注的受众，目标越具体越好。

步骤 8：完善人物模型的特性和行为，如简要描述人物模型的职业、生活方式等，为人物模型附加照片。

5.2.3　任务分析

（1）任务分析概述

任务分析的目的是理解用户如何完成工作，用户在各自的知识和经验的基础上建立起完成任务的思维模式。如果产品的设计与用户的思维模式相吻合，用户只需要花费很短的时间和很少的精力就可以理解系统的操作方法，并且很快就能够熟练使用以达到提高效率的目的。相反，如果产品的设计与用户的思维模式不符，用户就需要较多的时间和精力理解系统的设计逻辑，学习系统的操作方法，这些时间和精力的花费不能直接服务于完成任务的需要。

任务分析的数据往往是研究人员通过观察、讨论、提问等方式从典型用户的反馈中得到的。这些信息被进一步归纳整理后，用文字叙述、图示等工具直观地表达出来。任务分析的过程包括任务确认、收集任务数据、分析数据以便更深入地了解任务，然后对任务进行描述。任务分析就是把任务按照用户操作的方式不断分解，用户可以根据这些分解的步骤来完成任务。

任务分析的内容包括：
① 用户执行任务的原因。
② 任务执行的频率和重要程度。
③ 推进和促使任务执行的因素。
④ 执行任务的要素和完成任务的必要条件。
⑤ 执行的具体动作。
⑥ 用户做出的决定。

⑦ 支持决策的信息。

⑧ 失误和意外情况有哪些？如何纠正这些失误和意外？

⑨ 有哪些相关人员？他们的职责和角色是什么？

任务分析可以用来指导任务和界面设计，具体表现在：预测用户任务效能、识别人因差错、理解系统新老版本之间的关系、比较不同的设计、创建用户手册等。

（2）故事与场景

故事与场景是任务分析的常用方法，这两种方法非常接近，细微区别在于故事可能包括相当多的情感成分，场景分析则只关注完成任务的过程而不考虑人在完成任务时的情感反映，这两种方法实际上也经常通用而不加以严格区分。

在任务分析中使用的故事与场景可以是真实的，也可以是虚构的；可以是关于使用当前系统的情况，也可以是想象中的理想情况；可以来源于用户，也可以由设计人员编写出来。关键是要使这些故事与场景具有代表性，可以作为设计的参考。

（3）层次任务分析

层次任务分析（Hierarchical Task Analysis，HTA）是一种基于结构图表符号的任务结构图形表示法，兴起于 20 世纪 60 年代，是应用最为广泛的任务分析方法。层次任务分析通过目标、子目标、操作和计划的层次结构来描述所分析的活动，其最终结果是对任务活动的详细描述，通常用文字或图形加以表示。

进行层次任务分析时，按照从上到下的逻辑进行，首先是任务的目标，然后是各个任务和子任务，最后是为了实现目标需要进行的操作，如图 5-5 所示。许多人因工程研究方法都需要层次任务分析法的配合，如在人因差错的研究中，可将层次任务分析作为人因差错识别方法的一部分。

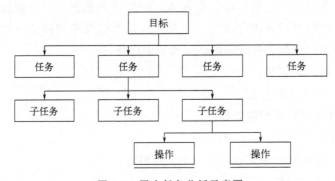

图 5-5　层次任务分析示意图

层次任务分析的步骤如下（Stanton，2006）：

步骤 1：定义所分析的任务，明确任务分析的目标。

步骤 2：采用观察法、问卷法、认知预演法等收集任务的步骤、使用的技术、人机之间的交互、决策和任务的限制等数据。

步骤 3：确定任务的整体目标。

步骤 4：将整体目标分解为次目标。

步骤 5：根据任务步骤将次目标进一步分解为更细的目标和操作。

步骤 6：制订计划，明确目标的实现方式。

5.2.4　因果分析

人因差错的因果分析可采用鱼骨图（Fishbone Diagram），鱼骨图也称因果图（Cause and Effect Diagram）、石川图（Ishikawa Diagram），是一种发现问题根本原因的方法。

鱼骨图中最右侧的鱼头位置，代表的是待分析的人因差错，粗线标记的鱼大骨代表的是产生原因的类别，鱼大骨长出的鱼小骨代表的是该类别下的具体原因，鱼小骨再往下细分则是导致每个具体原因产生的因素，即二级原因，如图 5-6 所示。

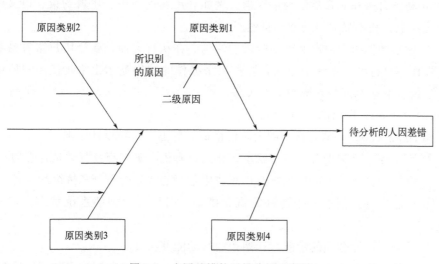

图 5-6　人因差错的因果分析示意图

鱼骨图的绘制步骤如下：

① 确定待分析的人因差错，这个差错应具有充分的定性、定量数据支持。

② 用头脑风暴法找出造成人因差错的主要原因类别，以及所有可能的原因及其子原因。

③ 当找到所有原因后，集中讨论原因较少的部分，以激发更多的想法。

需要注意的是，鱼骨图只能帮助研究人员找到人因差错产生的原因，不能确定原因的重要性和优先级，这些需要结合专家的经验或者是明确的重要性和优先级分级指标来确定。

5.3 应对人因差错的设计原则

鉴于人类的能力和技术要求之间存在不匹配，人因差错不可避免。因此，设计师应寻求减少差错的机会，并且减轻差错带来的影响。下面介绍应对差错的基本设计原则以及一些学者提出的典型设计原则。

（1）基本设计原则

① 考虑到有可能出现的每一个差错，想办法避免这些差错，尽量使操作具有可逆性，以减少差错可能造成的损失。

② 将所需的操作知识储存在外部世界，而不是全部储存在人的头脑中，但是如果用户已经把操作步骤熟记在心，则能够提高操作效率。

③ 利用自然和非自然的约束因素，例如利用物理约束、逻辑约束、语义约束和文化约束，利用强迫性功能和自然匹配原则。

④ 缩小动作执行阶段和评估阶段的鸿沟。在执行方面，要让用户很容易看到哪些操作是可行的。在评估方面，要把每个操作的结果显示出来，使用户能够方便、迅速、准确地判断系统的工作状态。

（2）Norman 提出的 7 项设计原则

Norman（2013）结合行动的七阶段模型，提出了 7 项设计原则。

① 可视性。呈现设备的当前状态，让用户有机会确定哪些行动是合理的。

② 反馈。提供行动的后果以及产品或服务当前状态的充分和持续的信息。

③ 概念模型。创造一个良好的概念模型，引导用户理解系统状态，带来掌控感。

④ 示能。设计合理的示能，让期望的行动能够实施。

⑤ 意符。有效地使用意符有助于确保可视性，并且有利于沟通和理解反馈。

⑥ 映射。使控制和结果之间的关系遵循良好的映射原则，尽可能通过空间的布局和时间的连续性来强化映射。

⑦ 约束。提供物理、逻辑、语义、文化的约束来引导行动。

（3）Nielsen 提出的 10 项可用性经验准则

Nielsen（1994）根据对 249 个可用性问题因子分析的结果，提出了 10 项可用性经验准则。

① 系统状态的可视性。系统应该让用户时刻清楚当前发生的事情。

② 系统与现实世界的匹配。让功能操作符合用户的日常使用场景，遵循现实世界的惯例。

③ 用户可控。用户能对当前的情况很好地了解和掌控。

④ 一致性和标准化。相同的文字、状态、按钮应该触发相同的事情，遵循通用和标准的设计惯例，同一用语、功能、操作应该保持一致。

⑤ 避免差错。在用户执行动作之前，防止用户混淆或者做出错误的动作。

⑥ 识别而不是回忆。尽量减少用户对操作目标的记忆负荷，动作和选项都应该是可见的。

⑦ 灵活和高效。允许用户灵活地执行操作，以高效地完成任务。

⑧ 美感与极简主义设计。由于多余的信息会分散用户对有用或者相关信息的注意力，因此界面应该去除不相关的信息，突出主要功能；此外，界面的设计应该具有美感。

⑨ 帮助用户识别、分析和修复差错。差错信息应该用语言准确地表达问题所在，并且提出一个建设性的解决方案，帮助用户从差错中恢复，将损失降到最低。

⑩ 帮助和文档。任何帮助信息都应该能够方便地搜索到，让用户知道如何解决，不至于茫然。

（4）Shneiderman 提出的 8 项黄金法则

Shneiderman（2016）针对交互式系统的界面设计，提出了 8 项法则，这 8 项法则源于经验，被称为"黄金法则"。

① 坚持一致性。在提示、菜单、帮助界面中使用相同的术语，始终使用一致的色彩、布局、字体等。

② 寻求通用性。应认识到不同用户的需求，使设计具有可塑性。

③ 提供信息反馈。对每个用户动作都应有反馈界面。

④ 通过对话框产生结束信息。将动作序列分组，每组按照开始、中间、结束三个阶段精心设计，每完成一组动作就提供信息反馈，这样会让用户感到满足和轻松。

⑤ 预防差错。尽可能通过界面设计使用户不至于犯严重的差错。

⑥ 提供撤销操作。尽可能允许撤销操作，以鼓励用户进行尝试。

⑦ 用户掌握控制权。用户希望能够掌控界面，并且要求界面能够响应他们的动作。

⑧ 减轻短期记忆负担。避免让用户必须记住一个界面上显示的信息，然后在另一个界面上使用这些信息。

5.4 失效模式与效应分析

（1）概述

失效模式与效应分析（Failure Mode and Effect Analysis，FMEA）是一种事前预防的分析方法，以预防问题的出现或控制问题的发展。FMEA 的目的是系统化地检讨分析设计至生产阶段的潜在失效项目，解决产品与制造的潜在异常问题，提升产品的品质与用户的满意度。

（2）基本思想

FMEA 是一种结构化的、自下而上的归纳性分析方法，它是按照一定的原则将要分析的系统划分为不同的层次，从最低层次开始，逐层进行分析，目的是要及早发现潜在的故障模式，探讨故障原因，了解故障发生后该故障对上一层子系统和系统所造成的影响，并采取措施，提高可靠性。

在分析某一系统时，FMEA 是一组系列化的活动，包括找出系统中潜在的失效模式，评价潜在失效模式影响的严重度（Severity，S），分析潜在失效模式发生的原因及其发生度（Occurrence，O），评估现行的预防措施或侦测措施的侦测度（Detection，D）。严重度、发生度、侦测度的值均介于 1~10 之间，其评价标准分别见表 5-2~表 5-4。

表 5-2　严重度（Severity，S）推荐的评价标准

严重度	标准	等级
非常严重、无警告	潜在失效模式影响安全性或不符合政府法规,严重度非常高,且无预先的警告	10
非常严重、有警告	潜在失效模式影响安全性或不符合政府法规,严重度非常高,但有预先的警告	9
很高	系统或产品无法运作,丧失基本功能	8
高	系统或产品能运作,但功能下降,用户严重不满	7
中等	系统或产品能运作,但方便性及舒适性失效,用户不满	6
低	系统或产品能运作,但方便性及舒适性下降,用户有些不满	5
很低	不符合要求,且多于 75% 的用户发现缺陷	4
轻微	不符合要求,且大约 50% 的用户发现缺陷	3
很轻微	不符合要求,且小于 25% 的有辨识能力的用户发现缺陷	2
无	无可辨识的影响	1

表 5-3　发生度（Occurrence, O）推荐的评价标准

失效原因发生可能性	可能的失效率	等级
很高、持续发生	$\geqslant 0.1$	10
很高、持续发生	0.05	9
高、反复发生	0.02	8
高、反复发生	0.01	7
中等、偶尔发生	0.002	6
中等、偶尔发生	0.0005	5
低、相对很少发生	0.0001	4
低、相对很少发生	0.00001	3
很低、不可能发生	$\leqslant 0.000001$	2
很低、不可能发生	0	1

表 5-4　侦测度（Detection, D）推荐的评价标准

侦测度	设计控制侦测的可能性	等级
完全不肯定	设计控制将不会或不能侦测潜在的原因/机制和后续的失效模式，或完全没有设计控制	10
很极少	设计控制只有很极少的机会侦测潜在的原因/机制和后续的失效模式	9
极少	设计控制只有极少的机会侦测潜在的原因/机制和后续的失效模式	8
很少	设计控制有很少的机会侦测潜在的原因/机制和后续的失效模式	7
少	设计控制有少的机会侦测潜在的原因/机制和后续的失效模式	6
中等	设计控制有中等的机会侦测潜在的原因/机制和后续的失效模式	5
中上	设计控制有中上的机会侦测潜在的原因/机制和后续的失效模式	4
多	设计控制有多的机会侦测潜在的原因/机制和后续的失效模式	3
很多	设计控制有很多的机会侦测潜在的原因/机制和后续的失效模式	2
几乎肯定	设计控制几乎肯定能侦测潜在的原因/机制和后续的失效模式	1

FMEA 根据风险优先指数（Risk Priority Number, RPN）确定重点预防和控制的项目，制定预防、改进措施，明确措施实施的相关职责，并跟踪验证。风险优先指数是严重度、发生度、侦测度的乘积，即

$$RPN = S \times O \times D \tag{5-1}$$

第 5 章　人因差错预防　**133**

RPN 的值介于 1~1000 之间，分数越高，表示潜在失效模式的风险越大，其评价等级的分类见表 5-5。RPN 的等级分类可依据产品特性或企业的不同予以调整，下面的情况可供参考：A、B 等级，必须制定对策；C 等级，选择性制定对策；D、E 等级，不需制定对策。此外，严重度、发生度、侦测度中任何一项评分在 8 以上时，即使 RPN 的值不大，仍需要制定对策。也有研究认为，当 RPN 的值大于 125 时，失效模式的风险较大，需要制定对策（Pahl 和 Beitz，2007）。除了 RPN 外，也可采用措施优先级（Action Priority，AP）进行风险分析，具体请参考相关文献，在此不再赘述。

表 5-5　　**RPN 的评价等级**

RPN	等级
＞512	A
216~512	B
64~215	C
9~63	D
1~8	E

（3）实施步骤

FMEA 的实施共包括 10 个步骤，具体如下（McDermott 等，2009）：

步骤 1：审查需要分析的产品或程序。

步骤 2：通过头脑风暴确定潜在失效模式。

步骤 3：列出每种失效模式的潜在后果。

步骤 4：给每种后果分配一个严重度等级。

步骤 5：给每种失效模式分配一个发生度等级。

步骤 6：给每种失效模式或后果分配一个侦测度等级。

步骤 7：计算每种后果的 RPN。

步骤 8：确定需要采取措施的失效模式的优先级。

步骤 9：采取措施以消除或减少高风险的失效模式。

步骤 10：当失效模式被消除或减少后，计算新的 RPN。

（4）报告编制

编制 FMEA 报告的基本方法是根据潜在失效模式及其后果，按照严重度、发生度、侦测度的评分标准进行风险评价，评价过程的顺序和具体内容如图 5-7 所示。

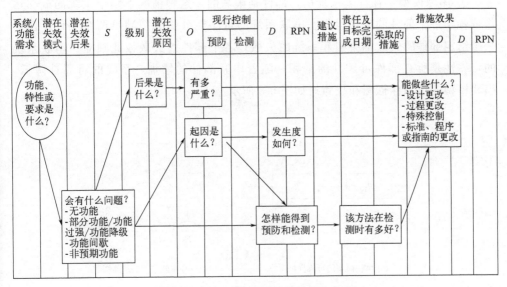

系统/功能需求	潜在失效模式	潜在失效后果	S	级别	潜在失效原因	现行控制		D	RPN	建议措施	责任及目标完成日期	措施效果				
						预防	检测					采取的措施	S	O	D	RPN

图 5-7　FMEA 的风险评价过程和内容

5.5　故障树分析

（1）概述

故障树分析（Fault Tree Analysis，FTA）是一种常用的可靠性分析方法，它将系统不希望发生的故障状态作为故障分析的目标，这一目标称为"顶事件"，在分析中要求找出导致这一故障发生的所有可能的直接原因，这些原因称为"中间事件"，再追踪找出导致每一个中间事件发生的所有可能原因，并依次逐级类推找下去，直至追踪到对被分析对象来说是一种基本原因为止，这些基本原因称为"基本事件"或"底事件"。

FTA 是自不希望发生的顶事件向原因方面做树形图分解，自上而下进行。由顶事件起经过中间事件至最下级的底事件用逻辑符号连接，形成树形图，故障树的构建是 FTA 的关键。在 FTA 中，应用布尔代数将树形图简化，求最小割集，并计算顶事件发生的概率。

（2）并联模型与串联模型

如果一个系统包含两个或更多的部件，那么这一复合系统的可靠性就取决于各个个体部件的可靠性以及它们在系统内的组合方式，基本的组合方式是串联模型和并联模型。

① 串联模型　在许多系统里，部件是串联的，这种情况下整个系统的成功运作依赖于每个部件的成功运作。串联系统的可靠性分析必须满足两个条件：任何一个给定部件的失效都会引起系统的失效；各个部件的失效彼此独立。串联系统的可靠性是所有部件可靠性的乘积，随着串联部件的增加，系统的可靠性降低。串联模型的可靠性框图和故障树如图 5-8 所示。

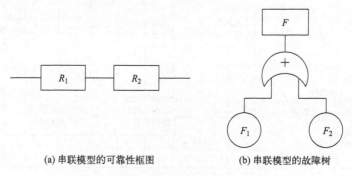

(a) 串联模型的可靠性框图　　　　(b) 串联模型的故障树

图 5-8　串联模型的可靠性框图和故障树

可靠性的串联模型对应故障树的"或门"（也称"OR 门"）。

系统可靠度，即成功概率为

$$R = R_1 R_2 \tag{5-2}$$

当存在 n 个部件时，有

$$R = \prod_{i=1}^{n} R_i \tag{5-3}$$

系统故障概率，即系统不可靠度，也就是顶事件发生的概率为

$$F = F_1 + F_2 - F_1 F_2 \tag{5-4}$$

当存在 n 个部件时，有

$$F = 1 - \prod_{i=1}^{n} (1 - F_i) \tag{5-5}$$

如果 F_i 小于 0.1，F 可近似为

$$F = \sum_{i=1}^{n} F_i \tag{5-6}$$

② 并联模型　对于并联系统，两个或更多的部件以某种方式去执行相同的功能。如果一个部件失效，另一个部件替补该部件来成功地执行其功能，只有并联系统中全部部件都失效时，整个系统才会失效。增加并联系统中的部件数量，会提高系统的可靠性。并联模型的可靠性框图和故障树如图 5-9 所示。

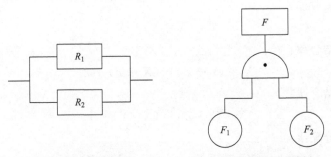

(a) 并联模型的可靠性框图   (b) 并联模型的故障树

图 5-9 并联模型的可靠性框图和故障树

可靠性的并联模型对应故障树的"与门"（也称"AND 门"）。

系统可靠度，即成功概率为

$$R = R_1 + R_2 - R_1 R_2 \qquad (5\text{-}7)$$

当存在 n 个部件时，有

$$R = 1 - \prod_{i=1}^{n}(1 - R_i) \qquad (5\text{-}8)$$

如果 R_i 小于 0.1，R 可近似为

$$R = \sum_{i=1}^{n} R_i \qquad (5\text{-}9)$$

系统故障概率，即系统不可靠度，也就是顶事件发生的概率为

$$F = F_1 F_2 \qquad (5\text{-}10)$$

当存在 n 个部件时，有

$$F = \prod_{i=1}^{n} F_i \qquad (5\text{-}11)$$

（3）常用的布尔代数运算法则

① 幂等律：

$$X + X = X \text{；} X \cdot X = X$$

② 加法交换律：

$$X + Y = Y + X$$

③ 乘法交换律：

$$X \cdot Y = Y \cdot X$$

④ 加法吸收律：

$$X + (X \cdot Y) = X$$

⑤ 乘法吸收律：

$$X \cdot (X + Y) = X$$

⑥ 加法结合律：

$$X + (Y + Z) = (X + Y) + Z$$

⑦ 乘法结合律：

$$X \cdot (Y \cdot Z) = (X \cdot Y) \cdot Z$$

⑧ 加法分配律：

$$X \cdot Y + X \cdot Z = X \cdot (Y + Z)$$

⑨ 乘法分配律：

$$(X + Y) \cdot (X + Z) = X + (Y \cdot Z)$$

⑩ 德·摩根定律：

$$\overline{X + Y + Z} = \overline{X} \cdot \overline{Y} \cdot \overline{Z} ; \overline{X \cdot Y \cdot Z} = \overline{X} + \overline{Y} + \overline{Z}$$

（4）最小割集与最小路集

最小割集是部件失效的最小组合，如果这个组合中的部件都失效，就会导致顶事件发生。如果此割集中有一个失效没有发生，则顶事件将不发生。找出最小割集对降低复杂系统潜在事故的风险具有重要意义。

最小路集是最小割集的补集，它确定"成功模式"，按这个模式顶事件将不发生。最小路集一般无须求得。

（5）结构重要度与概率重要度

结构重要度表示对应底事件的某元素，其正常状态与故障状态相比，在系统所有可能的状态数中正常状态数增加的比例。

概率重要度是指某元素从故障状态变为正常状态时，系统的不可靠度改善了多少。概率重要度的计算公式为

$$F_{系统}(F_i = 1) - F_{系统}(F_i = 0) = \Delta F \tag{5-12}$$

（6）实施步骤

FTA 的实施共包括 5 个步骤，具体如下（谢少锋等，2015）：

步骤 1：熟悉研究对象，调查历史数据，确定顶事件。

步骤 2：调查故障原因，确定控制目标，建立故障树。

步骤 3：依据故障树中各事件的逻辑关系，对故障树进行定性分析，求最小割集。

步骤 4：对故障树进行定量分析，求顶事件发生的概率、结构重要度、概率重要度等。

步骤 5：根据 FTA 的结果，制定改进措施。

5.6 系统性人因差错减少和预测方法

（1）概述

系统性人因差错减少和预测方法（Systematic Human Error Reduction and Prediction Approach，SHERPA）是使用非常广泛的人误识别方法，应用于航空、医疗卫生、公共技术等领域。SHERPA 包括了与行为分类相关的人误模式分类，与层次任务分析相结合，能预测可能发生的人因或设计引起的差错。SHERPA 为人因差错预测提供了一种结构化的综合性方法，在人因差错预测的准确性方面非常成功。

（2）实施步骤

SHERPA 的实施共包括 8 个步骤，具体如下（Stanton 等，2013）：

步骤 1：进行层次任务分析

在进行层次任务分析时，可结合观察法、焦点小组法等方法。

步骤 2：任务分类

对层次任务分析中的任务步骤进行分类，类型包括操作（Action）、检查（Checking）、信息沟通（Information Communication）、信息检索（Information Retrieval）、选择（Selection）。

步骤 3：人误识别

使用表 5-6 所示的 SHERPA 的差错分类法，结合专业知识确定所讨论任务的差错模式。

表 5-6　SHERPA 的差错分类

差错类别	差错代码	差错描述
操作	A1	操作太长/太短
	A2	操作时机不当
	A3	操作方向错误
	A4	操作太多/太少
	A5	操作错位
	A6	操作正确,对象错误
	A7	操作错误,对象正确
	A8	遗漏操作
	A9	操作不完整
	A10	操作错误,对象错误

差错类别	差错代码	差错描述
检查	C1	遗漏检查
	C2	检查不完整
	C3	检查正确,对象错误
	C4	检查错误,对象正确
	C5	检查时机不当
	C6	检查错误,对象错误
信息沟通	I1	无信息交流
	I2	错误的信息交流
	I3	信息交流不完整
信息检索	R1	信息未获取
	R2	获取错误信息
	R3	信息检索不完整
选择	S1	遗漏选择
	S2	选择错误

步骤4：后果分析

确定和描述在步骤3中所确定的差错的后果。

步骤5：恢复分析

确定已识别差错的恢复潜力。

步骤6：序概率分析

在确定了差错的后果和恢复潜力以后，应进一步确定差错发生的概率，通常使用低、中、高等序概率尺度。如果先前没有发生差错，就指定为低概率；如果先前发生过差错，则指定为中概率；如果频繁发生差错，则指定为高概率。

步骤7：危害性分析

使用低、中、高的尺度评价差错的危害性。

步骤8：补救措施分析

提出差错减少或降低的策略，补救措施一般包括四类：

第1类：设备，如对现有设备的重新设计或改造。

第2类：培训，如改变所提供的训练。

第3类：程序，如提供新程序或重新设计旧程序。

第4类：组织，如改变组织策略或文化。

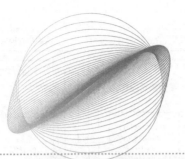

第6章
面向多目标进化优化的产品造型设计

6.1 基于多目标进化优化与多准则决策的产品造型设计

由于市场的激烈竞争，企业生产满足消费者需求的产品至关重要。情感反应（Affective Response）作为消费者情感需求的指标，越来越受到人们的关注。感性工学是一种将情感反应转化为设计要求的方法，在产品设计领域取得了很大成功。消费者对产品的情感反应是多方面的，能够满足多种情感反应（Multiple Affective Responses）的产品造型优化过程可以看作是一个多目标优化问题，这是感性工学研究的一个重要议题。

近年来，将多目标优化与多准则决策相结合，以帮助决策者解决实际问题，已经引起了相当多的关注。将多目标优化与多准则决策相结合的一种基本方法是先使用多目标优化获取 Pareto 最优解集，然后使用多准则决策从 Pareto 最优解集中选择最优解。针对产品造型设计的优化问题，可采用将多目标优化与多准则决策相结合的设计方法。

6.1.1 研究方法

本节提出一种基于多目标优化和多准则决策相结合的产品造型设计方法，方法的架构如图 6-1 所示。首先，使用数量化理论Ⅰ建立情感反应的预测模型，基于这些预测模型，构建多目标优化模型。然后，使用 NSGA-Ⅱ产生 Pareto 最优解集。最后，采用模糊层次分析法（Fuzzy Analytic Hierarchy Process，FAHP）获得最优产品造型设计。

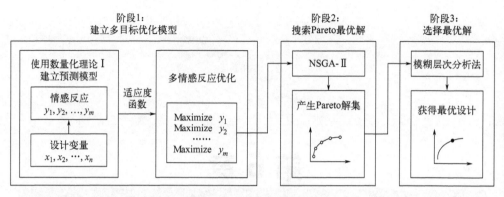

图 6-1　研究方法的架构

（1）建立多目标优化模型

首先，进行设计分析，包括产品造型分析和情感反应分析。产品造型分析目的在于明确造型特征，将产品分解为一组设计变量，通过计算设计变量的值来确定最优产品造型。设计变量可能的组合数量通常非常高，对此可采用正交表，依据正交表获得试验所需的最少样本数量。在情感反应分析方面，采用感性词汇来描述人们对产品的情感反应，然后应用因子分析来确定这些词汇所隐含的情感反应因素。根据情感反应因素，确定多目标优化设计的目标以及多准则决策的指标。

要构建多目标优化模型，先采用数量化理论Ⅰ建立情感反应的预测模型。数量化理论Ⅰ是多元线性回归分析的扩展，其优点是可以定量地显示每个设计变量对情感反应的贡献。运用数量化理论Ⅰ建立设计变量对情感反应的预测模型如下：

$$\hat{y} = \sum_{i=1}^{m} \sum_{j=1}^{n} \beta_{ij} x_{ij} + \varepsilon \tag{6-1}$$

式中，$\hat{y}$ 为情感反应的预测值；x_{ij} 为设计变量的水平；β_{ij} 为系数；m 为设计变量的数量；n 为水平的数量；ε 为随机变量。

产品造型设计中的多目标优化问题涉及最大化或最小化所有的情感反应。对于最大化问题，多目标优化模型为

$$\text{Maximize}[y_1, y_2, \cdots, y_n]^{\mathrm{T}} \tag{6-2}$$

式中，$y_i = (1, 2, \cdots, n)$ 是使用数量化理论Ⅰ预测的情感反应值。

（2）搜索 Pareto 最优解

为了生成 Pareto 最优解，采用 NSGA-Ⅱ。NSGA-Ⅱ使用拥挤距离来维持个体之间的多样性，因此在目标空间中提供了分布均匀的个体，这对于生成具有代表性的产品设计方案非常重要。

（3）选择最优解

在获得 Pareto 最优解后，采用模糊层次分析法确定最优设计方案。为了进行消费者需求的主观成对比较，使用了三角形模糊数，三角形模糊数具有计算效率高、数据采集方便等优点。三角形模糊数的隶属函数为

$$\mu_{\widetilde{M}}(x) = \begin{cases} (x-a)/(b-a), & a \leqslant x \leqslant b \\ (c-x)/(c-b), & b \leqslant x \leqslant c \\ 0, & \text{其他} \end{cases} \tag{6-3}$$

上述隶属函数可用 3 项对表示为 $\widetilde{M} = (a, b, c)$。

α 截集是一种将模糊集合转换为清晰集合的方法，上述三角形模糊数的 α 截集可表示为

$$\forall \alpha \in [0,1], \widetilde{M}_\alpha = [a^\alpha, c^\alpha] = [a + (b-a)\alpha, c - (c-b)\alpha] \tag{6-4}$$

使用模糊层次分析法获取多种情感反应权重的步骤如下：

步骤 1：建立多种情感反应的模糊比较矩阵

在模糊比较中，三角形模糊数 $\widetilde{1}$, $\widetilde{3}$, $\widetilde{5}$, $\widetilde{7}$ 和 $\widetilde{9}$ 表示准则 i 相对于准则 j 的重要程度。三角形模糊数 $\widetilde{1}^{-1}$, $\widetilde{3}^{-1}$, $\widetilde{5}^{-1}$, $\widetilde{7}^{-1}$ 和 $\widetilde{9}^{-1}$ 表示准则 j 相对于准则 i 的重要程度。表 6-1 列出了模糊语言、相应的模糊数和隶属函数。

表 6-1　模糊语言及其相应的模糊数和隶属函数

模糊语言	同等重要 (Equally Important, EQI)	有些重要 (Moderately Important, MI)	相当重要 (Strongly Important, SI)	非常重要 (Very Strongly Important, VSI)	极端重要 (Extremely Important, EXI)
模糊数	$\widetilde{1}$	$\widetilde{3}$	$\widetilde{5}$	$\widetilde{7}$	$\widetilde{9}$
隶属函数	(1, 1, 3)	(1, 3, 5)	(3, 5, 7)	(5, 7, 9)	(7, 9, 11)

所有准则的模糊成对比较矩阵如下：

$$\widetilde{A} = \begin{bmatrix} 1 & \widetilde{a}_{12} & \cdots & \widetilde{a}_{1n} \\ \widetilde{a}_{21} & 1 & \cdots & \widetilde{a}_{2n} \\ \vdots & \vdots & \vdots & \vdots \\ \widetilde{a}_{n1} & \widetilde{a}_{n2} & \cdots & 1 \end{bmatrix} \tag{6-5}$$

式中，$\widetilde{a}_{ij} = \begin{cases} 1, & i = j \\ \widetilde{1}, \widetilde{3}, \widetilde{5}, \widetilde{7}, \widetilde{9} \text{ 或 } \widetilde{1}^{-1}, \widetilde{3}^{-1}, \widetilde{5}^{-1}, \widetilde{7}^{-1}, \widetilde{9}^{-1}, & i \neq j \end{cases}$。

步骤 2：确定多种情感反应的权重

根据式(6-4)计算三角形模糊数 α 截集的下限和上限，结果如下：

$$\tilde{1}_\alpha = [1, 3-2\alpha], \tilde{1}_\alpha^{-1} = \left[\frac{1}{3-2\alpha}, 1\right]$$

$$\tilde{3}_\alpha = [1+2\alpha, 5-2\alpha], \tilde{3}_\alpha^{-1} = \left[\frac{1}{5-2\alpha}, \frac{1}{1+2\alpha}\right]$$

$$\tilde{5}_\alpha = [3+2\alpha, 7-2\alpha], \tilde{5}_\alpha^{-1} = \left[\frac{1}{7-2\alpha}, \frac{1}{3+2\alpha}\right]$$

$$\tilde{7}_\alpha = [5+2\alpha, 9-2\alpha], \tilde{7}_\alpha^{-1} = \left[\frac{1}{9-2\alpha}, \frac{1}{5+2\alpha}\right]$$

$$\tilde{9}_\alpha = [7+2\alpha, 11-2\alpha], \tilde{9}_\alpha^{-1} = \left[\frac{1}{11-2\alpha}, \frac{1}{7+2\alpha}\right] \tag{6-6}$$

令

$$\tilde{a}_{ij}^\alpha = [a_{ijl}^\alpha, a_{iju}^\alpha] \tag{6-7}$$

则模糊矩阵 $\widetilde{\boldsymbol{A}}$ 的 α 截集可以表示为

$$\widetilde{\boldsymbol{A}}_\alpha = \begin{bmatrix} [a_{11l}^\alpha, a_{11u}^\alpha] & \cdots & [a_{1nl}^\alpha, a_{1nu}^\alpha] \\ \vdots & \vdots & \vdots \\ [a_{n1l}^\alpha, a_{n1u}^\alpha] & \cdots & [a_{nnl}^\alpha, a_{nnu}^\alpha] \end{bmatrix} \tag{6-8}$$

矩阵 $\widetilde{\boldsymbol{A}}_\alpha$ 的满意程度可通过乐观指数 μ 估计，即

$$\hat{a}_{ij}^\alpha = \mu a_{iju}^\alpha + (1-\mu)a_{ijl}^\alpha, \forall \mu \in [0,1] \tag{6-9}$$

μ 值越高，表示乐观程度越高。在实际应用中，$\mu=1$、$\mu=0.5$、$\mu=0$ 可分别表示决策者持乐观、中性、悲观的态度。

设定乐观指数 μ，可得到精确判断矩阵 $\widetilde{\boldsymbol{A}}$ 为

$$\hat{\boldsymbol{A}} = \begin{bmatrix} 1 & \hat{a}_{12}^\alpha & \cdots & \hat{a}_{1n}^\alpha \\ \hat{a}_{21}^\alpha & 1 & \cdots & \hat{a}_{2n}^\alpha \\ \vdots & \vdots & \vdots & \vdots \\ \hat{a}_{n1}^\alpha & \hat{a}_{n2}^\alpha & \cdots & 1 \end{bmatrix} \tag{6-10}$$

矩阵 $\hat{\boldsymbol{A}}$ 的特征值通过下式计算

$$\det(\hat{\boldsymbol{A}} - \lambda \boldsymbol{I}) = 0 \tag{6-11}$$

最大特征值 $\lambda_{\max}$ 对应的特征向量 $\boldsymbol{x}$ 通过下式计算

$$\hat{\boldsymbol{A}}\boldsymbol{x} = \lambda_{\max}\boldsymbol{x} \tag{6-12}$$

对特征向量 $\boldsymbol{x}$ 标准化后，即可得到权重向量 $\boldsymbol{W} = [w_1, w_2, \cdots, w_n]^{\mathrm{T}}$。

步骤3：验证评价的一致性

为了确保两两比较时评价结果的一致性，采用一致性指数（C.I.）和一致性比率（C.R.）。如果 C.I. 和 C.R. 都小于 0.1，表明成对比较是一致的。C.I. 和 C.R. 的计算公式如下：

$$C.I. = \frac{\lambda_{max} - n}{n - 1} \quad\quad (6\text{-}13)$$

$$C.R. = \frac{C.I.}{R.I.} \quad\quad (6\text{-}14)$$

式中，λ_{max} 是 $\hat{A}$ 的最大特征值；n 是评价指标的数量；R.I. 是随机指数。随机指数用于调整不同阶数下产生不同程度的 C.I. 值的变化，具体见第 3.6.1 节中的表 3-2。

步骤 4：选择最优设计方案

由 m 个备选方案 n 个评价指标构成的决策矩阵 C 可表示为

$$C = \begin{bmatrix} c_{11} & c_{12} & \cdots & c_{1n} \\ c_{21} & c_{22} & \cdots & c_{2n} \\ \vdots & \vdots & \vdots & \vdots \\ c_{m1} & c_{m2} & \cdots & c_{mn} \end{bmatrix} \quad\quad (6\text{-}15)$$

第 i 个设计方案的性能值 v_i 计算公式为

$$v_i = \sum_{j=1}^{n} c_{ij} w_j \quad\quad (6\text{-}16)$$

式中，w_j 表示第 j 个指标的权重。

最后，根据性能值对设计方案进行排序，排名第一的方案是最优设计。

6.1.2 案例研究

汽车是典型的工业产品，消费者在购买汽车时越来越重视汽车的外观造型，汽车侧面轮廓是汽车造型的集中体现，本节采用汽车侧面轮廓设计来验证所提出的方法。

6.1.2.1 建立多目标优化模型

（1）设计变量分析

共收集 120 张市场上常见的汽车轮廓图片，由七位汽车设计领域专家对这些图片进行分析，获取对消费者情感反应影响较大的设计变量。这些设计变量可分为两类：一类与不同部件的造型有关，如表 6-2 所示；另一类与不同部件的比例有关，如表 6-3 所示。

表 6-2　汽车不同部件造型相关的设计变量

设计变量	水平 1	水平 2	水平 3
X_1 （前保险杠）	(x_{11})	(x_{12})	(x_{13})
X_2 （前部）	(x_{21})	(x_{22})	(x_{23})
X_3 （顶部）	(x_{31})	(x_{32})	(x_{33})
X_4 （后部）	(x_{41})	(x_{42})	(x_{43})
X_5 （后保险杠）	(x_{51})	(x_{52})	(x_{53})

表 6-3　汽车不同部件比例相关的设计变量

设计变量	示意图	水平 1	水平 2	水平 3
X_6 （汽车高度与汽车 长度之比，H_1/L_1）		0.32 (x_{61})	0.37 (x_{62})	0.42 (x_{63})
X_7 （汽车顶部与汽车 高度之比，H_2/H_1）		0.27 (x_{71})	0.30 (x_{72})	0.33 (x_{73})

设计变量	示意图	水平 1	水平 2	水平 3
X_8 （车轮高度与汽车 高度之比，H_3/H_1）		0.40 （x_{81}）	0.45 （x_{82}）	0.50 （x_{83}）
X_9 （底盘高度与车轮 高度之比，H_4/H_3）		0.20 （x_{91}）	0.35 （x_{92}）	0.50 （x_{93}）
X_{10} （前部长度与汽车 长度之比，L_2/L_1）		0.18 （x_{101}）	0.24 （x_{102}）	0.30 （x_{103}）
X_{11} （后部长度与汽车 长度之比，L_3/L_1）		0.09 （x_{111}）	0.13 （x_{112}）	0.17 （x_{113}）
X_{12} （前悬长度与汽车 长度之比，L_4/L_1）		0.14 （x_{121}）	0.18 （x_{122}）	0.22 （x_{123}）
X_{13} （后悬长度与汽车 长度之比，L_5/L_1）		0.17 （x_{131}）	0.20 （x_{132}）	0.23 （x_{133}）

共确定了 13 个设计变量，每个变量 3 个水平，根据所确定的设计变量，可生成 1594323（$3^{13}=1594323$）种设计方案。为了压缩试验样本数量，采用 $L_{27}(3^{13})$ 正交表（也称 L_{27} 正交表），得到 27 个样本，其组合情况如表 6-4 所示，示意图见图 6-2。

表 6-4　基于 L_{27} 正交表的试验样本设计

试验样本编号	设计变量水平												
	A	B	C	D	E	F	G	H	I	J	K	L	M
1	1	1	1	1	1	1	1	1	1	1	1	1	1
2	1	1	1	1	2	2	2	2	2	2	2	2	2
3	1	1	1	1	3	3	3	3	3	3	3	3	3
4	1	2	2	2	1	1	1	2	2	2	3	3	3
5	1	2	2	2	2	2	2	3	3	3	1	1	1
6	1	2	2	2	3	3	3	1	1	1	2	2	2
7	1	3	3	3	1	1	1	3	3	3	2	2	2
8	1	3	3	3	2	2	2	1	1	1	3	3	3
9	1	3	3	3	3	3	3	2	2	2	1	1	1
10	2	1	2	3	1	2	3	1	2	3	1	2	3
11	2	1	2	3	2	3	1	2	3	1	2	3	1
12	2	1	2	3	3	1	2	3	1	2	3	1	2
13	2	2	3	1	1	2	3	2	3	1	3	1	2
14	2	2	3	1	2	3	1	3	1	2	1	2	3
15	2	2	3	1	3	1	2	1	2	3	2	3	1
16	2	3	1	2	1	2	3	3	1	2	2	3	1
17	2	3	1	2	2	3	1	1	2	3	3	1	2
18	2	3	1	2	3	1	2	2	3	1	1	2	3
19	3	1	3	2	1	3	2	1	3	2	1	2	2
20	3	1	3	2	2	1	3	2	1	3	2	1	3
21	3	1	3	2	3	2	1	3	2	1	3	2	1
22	3	2	1	3	1	3	2	2	1	3	3	2	1
23	3	2	1	3	2	1	3	3	2	1	1	3	2
24	3	2	1	3	3	2	1	1	3	2	2	1	3
25	3	3	2	1	1	3	2	3	2	1	2	1	3
26	3	3	2	1	2	1	3	1	3	2	3	2	1
27	3	3	2	1	3	2	1	2	1	3	1	3	2

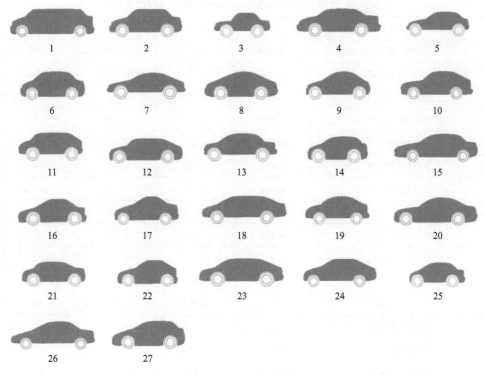

图 6-2   27 个试验样本

（2）情感反应分析

在校大学生是购买汽车的潜在消费者，他们通常比其他年龄段的人更关注汽车造型，因此邀请 60 名在校大学生（30 名女性，30 名男性，年龄 22~30 岁）作为试验参与者。要求参与者根据造型的相似程度将 120 张汽车的侧面图像分成 8~16 组。结合多维尺度分析、层次聚类分析和 K 均值聚类分析对试验数据进行分析，得到 10 个具有代表性的样本。从文献、汽车杂志和网站上收集 258 个情感形容词，为了从这 258 个形容词中选择与汽车造型设计最相关的形容词，要求试验参与者使用 KJ 方法将形容词分组，对分组结果进行整理，共确定 20 对形容词。

根据 10 个具有代表性的汽车样本和 20 对形容词制作问卷，邀请参与者填写问卷。对问卷调查结果进行因子分析，结果如表 6-5 所示。特征值大于 1 的因子共有 4 个，因此将 20 对的形容词分为 4 个因子，这 4 个因子对方差的累计贡献为 92.752%。在命名因子时，使用了因子载荷系数最大的情感词汇。因此，这 4 个因子分别被命名为"传统的-现代的""不舒适的-舒适的""方正的-圆润的"和"复杂的-简洁的"，根据这些词汇确定多目标优化的目标以及多准则决策的指标。

表 6-5　使用四个因子对 20 个成对形容词进行因子加载

形容词对		因子 1	因子 2	因子 3	因子 4
传统的-现代的		**0.956**	0.108	0.096	0.032
大众的-个性的		**0.946**	0.257	−0.048	−0.022
复古的-科技的		**0.938**	0.293	0.065	0.037
静止的-运动的		**0.920**	−0.034	0.143	−0.001
保守的-前卫的		**0.900**	0.396	0.069	0.026
直线的-流线的		**0.862**	0.308	0.196	−0.121
经济的-昂贵的		**0.801**	0.545	−0.132	−0.054
含蓄的-奔放的		**0.688**	0.618	0.004	0.130
呆板的-活泼的		**0.667**	−0.327	0.622	0.013
粗糙的-精致的		**0.656**	0.652	0.264	0.128
不舒适的-舒适的		0.104	**0.943**	−0.229	0.018
低俗的-高雅的		0.404	**0.902**	0.063	0.069
丑陋的-优美的		0.417	**0.874**	0.083	0.121
脆弱的-坚固的		0.224	**0.854**	−0.333	0.253
轻巧的-稳重的		−0.297	**0.829**	−0.341	0.247
朴素的-豪华的		0.619	**0.766**	0.074	0.030
忧郁的-愉悦的		0.614	**0.723**	0.245	0.118
方正的-圆润的		0.102	−0.075	**0.890**	0.015
复杂的-简洁的		−0.060	0.127	0.309	**0.837**
女性的-男性的		0.055	0.220	−0.339	**0.834**
最终统计	特征值	8.340	6.690	1.911	1.609
	方差百分比	41.699	33.450	9.557	8.046
	累积百分比	41.699	75.148	84.706	92.752

（3）多目标优化模型构建

为了建立多目标优化模型，必须获得试验数据。将 27 个代表性样本与 4 个情感反应因子相结合，通过使用 7 等级语义差异法设计问卷，例如，对于"传统的-现代的"，1 表示最传统的，7 表示最现代的。图 6-3 为用于问卷调查的软件界面，要求每位试验参与者按照随机的顺序评价 27 个样本，对问卷调查结果加以整理，结果如表 6-6 所示。

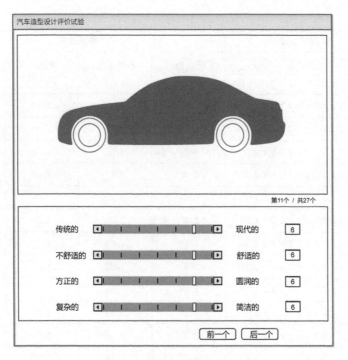

图 6-3　试验所使用的问卷界面

| 表 6-6 | **27 个代表性汽车样本的设计变量值与情感反应值** |

样本编号	设计变量	情感反应			
	$X_1 \sim X_{13}$	传统的-现代的	不舒适的-舒适的	方正的-圆润的	复杂的-简洁的
1	1 1 1 1 1 1 1 1 1 1 1 1 1	4.20	4.52	2.28	3.33
2	1 1 1 1 2 2 2 2 2 2 2 2 2	3.88	4.07	2.87	3.40
3	1 1 1 1 3 3 3 3 3 3 3 3 3	2.27	2.83	2.37	3.93
4	1 2 2 2 1 1 1 2 2 2 3 3 3	4.57	4.20	3.53	3.67
5	1 2 2 2 2 2 2 3 3 3 1 1 1	4.52	4.37	4.07	3.98
6	1 2 2 2 3 3 3 1 1 1 2 2 2	2.95	4.12	4.93	3.87
7	1 3 3 3 1 1 1 3 3 3 2 2 2	5.50	4.17	4.37	4.93
8	1 3 3 3 2 2 2 1 1 1 3 3 3	4.62	3.97	5.62	4.90
9	1 3 3 3 3 3 3 2 2 2 1 1 1	4.20	4.45	5.55	4.70
10	2 1 2 3 1 2 3 1 2 3 1 2 3	4.85	4.68	3.93	4.17
11	2 1 2 3 2 3 1 2 3 1 2 3 1	3.35	3.97	4.03	3.57

样本编号	设计变量 $X_1 \sim X_{13}$	情感反应			
		传统的-现代的	不舒适的-舒适的	方正的-圆润的	复杂的-简洁的
12	2 1 2 3 3 1 2 3 1 2 3 1 2	4.45	4.37	3.97	4.28
13	2 2 3 1 1 2 3 2 3 1 3 1 2	4.17	4.20	4.50	3.82
14	2 2 3 1 2 3 1 3 1 2 1 2 3	3.07	4.03	5.22	3.28
15	2 2 3 1 3 1 2 1 2 3 2 3 1	5.50	4.63	4.28	4.45
16	2 3 1 2 1 2 3 3 1 2 2 3 1	3.65	3.77	2.22	3.37
17	2 3 1 2 2 3 1 1 2 3 3 1 2	2.77	2.80	2.58	2.83
18	2 3 1 2 3 1 2 2 3 1 1 2 3	4.53	3.78	3.17	4.15
19	3 1 3 2 1 3 2 1 3 2 1 3 2	3.90	4.83	5.17	4.70
20	3 1 3 2 2 1 3 2 1 3 2 1 3	5.88	5.00	5.12	4.92
21	3 1 3 2 3 2 1 3 2 1 3 2 1	3.30	3.03	3.80	3.97
22	3 2 1 3 1 3 2 2 1 3 3 2 1	2.95	3.58	2.85	3.93
23	3 2 1 3 2 1 3 3 2 1 1 3 2	4.43	4.18	3.18	3.68
24	3 2 1 3 3 2 1 1 3 2 2 1 3	4.45	4.15	3.67	4.73
25	3 3 2 1 1 3 2 1 2 1 3	3.25	3.97	4.38	4.17
26	3 3 2 1 2 1 3 1 3 2 3 2 1	5.10	4.07	3.55	4.77
27	3 3 2 1 3 2 1 2 1 3 1 3 2	4.45	4.48	4.22	4.68

根据试验数据，利用数量化理论 I 构建情感反应的预测模型，四种情感反应的预测模型分别如表 6-7～表 6-10 所示。从预测模型可以预测不同设计变量的情感反应值，并对设计变量的重要性进行分析。如从表 6-7 可以发现，汽车高度与汽车长度之比（X_6）是对"传统的-现代的"影响最大的设计变量，其偏相关系数最高，为 0.468，后悬长度与汽车长度之比（X_{13}）是对"传统的-现代的"影响最小的设计变量，其偏相关系数最低，为 0.035。

表 6-7 "传统的-现代的"预测模型

设计变量	偏相关系数	水平	β_{ij}
X_1	0.049	1	−0.024
		2	−0.065
		3	0.089

设计变量	偏相关系数	水平	β_{ij}
X_2	0.070	1	-0.093
		2	-0.035
		3	0.128
X_3	0.234	1	-0.420
		2	0.063
		3	0.357
X_4	0.110	1	-0.115
		2	-0.094
		3	0.209
X_5	0.052	1	0.013
		2	0.078
		3	-0.091
X_6	0.468	1	0.806
		2	0.107
		3	-0.913
X_7	0.074	1	-0.141
		2	0.076
		3	0.065
X_8	0.145	1	0.157
		2	0.119
		3	-0.276
X_9	0.054	1	-0.078
		2	-0.019
		3	0.096
X_{10}	0.132	1	-0.235
		2	0.039
		3	0.196
X_{11}	0.159	1	0.137
		2	0.167
		3	-0.304

设计变量	偏相关系数	水平	β_{ij}
X_{12}	0.060	1	0.107
		2	-0.087
		3	-0.020
X_{13}	0.035	1	-0.017
		2	-0.046
		3	0.063
		ε	4.102

表 6-8　"不舒适的-舒适的"预测模型

设计变量	偏相关系数	水平	β_{ij}
X_1	0.038	1	-0.006
		2	-0.056
		3	0.062
X_2	0.079	1	0.062
		2	0.081
		3	-0.143
X_3	0.185	1	-0.340
		2	0.164
		3	0.175
X_4	0.057	1	0.007
		2	-0.093
		3	0.086
X_5	0.075	1	0.131
		2	-0.032
		3	-0.099
X_6	0.152	1	0.242
		2	-0.002
		3	-0.240
X_7	0.086	1	-0.154
		2	0.092
		3	0.062

设计变量	偏相关系数	水平	β_{ij}
X_8	0.123	1	0.114
		2	0.110
		3	−0.225
X_9	0.068	1	0.122
		2	−0.080
		3	−0.041
X_{10}	0.079	1	−0.112
		2	0.133
		3	−0.021
X_{11}	0.227	1	0.288
		2	0.122
		3	−0.410
X_{12}	0.081	1	0.120
		2	−0.134
		3	0.014
X_{13}	0.030	1	−0.040
		2	0.053
		3	−0.014
		ε	4.082

表 6-9 "方正的-圆润的"预测模型

设计变量	偏相关系数	水平	β_{ij}
X_1	0.095	1	0.049
		2	−0.138
		3	0.088
X_2	0.123	1	−0.178
		2	0.122
		3	0.057
X_3	0.631	1	−1.106
		2	0.164
		3	0.942

设计变量	偏相关系数	水平	β_{ij}
X_4	0.157	1	-0.164
		2	-0.062
		3	0.225
X_5	0.143	1	-0.212
		2	0.122
		3	0.090
X_6	0.158	1	-0.188
		2	-0.028
		3	0.216
X_7	0.117	1	-0.160
		2	0.136
		3	0.023
X_8	0.118	1	0.098
		2	0.077
		3	-0.175
X_9	0.102	1	0.142
		2	-0.114
		3	-0.028
X_{10}	0.102	1	0.085
		2	0.066
		3	-0.151
X_{11}	0.181	1	0.183
		2	0.081
		3	-0.264
X_{12}	0.074	1	0.109
		2	-0.051
		3	-0.058
X_{13}	0.193	1	-0.278
		2	0.072
		3	0.207
		ε	3.904

设计变量	偏相关系数	水平	β_{ij}
X_1	0.198	1	−0.001
		2	−0.312
		3	0.314
X_2	0.113	1	−0.051
		2	−0.146
		3	0.197
X_3	0.221	1	−0.373
		2	0.047
		3	0.327
X_4	0.134	1	−0.099
		2	−0.142
		3	0.241
X_5	0.128	1	−0.072
		2	−0.155
		3	0.227
X_6	0.115	1	0.162
		2	0.032
		3	−0.194
X_7	0.110	1	−0.192
		2	0.138
		3	0.054
X_8	0.077	1	0.114
		2	0.012
		3	−0.125
X_9	0.126	1	−0.018
		2	−0.188
		3	0.206
X_{10}	0.086	1	−0.142
		2	0.019
		3	0.123

表 6-10 "复杂的-简洁的" 预测模型

设计变量	偏相关系数	水平	β_{ij}
X_{11}	0.047	1	-0.005
		2	0.075
		3	-0.070
X_{12}	0.017	1	0.004
		2	-0.029
		3	0.025
X_{13}	0.074	1	-0.073
		2	-0.059
		3	0.132
		ε	4.081

对于语义差异量表，要获得具有右侧情感反应的设计，即量表的值越大越好，采用最大化的方式；要获得具有左侧情感反应的设计，即量表的值越小越好，采用最小化的方式。假设消费者需要一款"现代的""舒适的""圆润的"和"简洁的"汽车，所有这些都是语义差异量表右侧的因素，此时多目标优化问题是四种情感反应的最大化问题，多目标优化模型可以表示为

$$
\left.\begin{array}{l}
\text{Maximize} y_{现代的} = \sum_{i=1}^{13}\sum_{j=1}^{3}\beta_{ij1}x_{ij} + \varepsilon_1 \\[2ex]
\text{Maximize} y_{舒适的} = \sum_{i=1}^{13}\sum_{j=1}^{3}\beta_{ij2}x_{ij} + \varepsilon_2 \\[2ex]
\text{Maximize} y_{圆润的} = \sum_{i=1}^{13}\sum_{j=1}^{3}\beta_{ij3}x_{ij} + \varepsilon_3 \\[2ex]
\text{Maximize} y_{简洁的} = \sum_{i=1}^{13}\sum_{j=1}^{3}\beta_{ij4}x_{ij} + \varepsilon_4 \\[2ex]
\text{Subject to } x_{ij} = \{0,1\}, \text{and} \sum_{j=1}^{3}x_{ij} = 1
\end{array}\right\} \quad (6\text{-}17)
$$

6.1.2.2 搜索 Pareto 最优解

使用 NSGA-Ⅱ对多目标优化模型进行求解，采用模拟二进制交叉（Simulated Binary Crossover）和多项式变异（Polynomial Mutation）。优化算法的参数设置如下：运行次数为 25000；种群规模为 100；模拟二进制交叉的分布指数为 15，交

叉率为 0.80；多项式变异的分布指数为 20，变异率为 0.25。共获得 100 个 Pareto 最优解，如表 6-11 所示，这些解在目标空间中的 Pareto 最优前沿如图 6-4 所示。

表 6-11   使用 NSGA-Ⅱ 获得的 100 个 Pareto 最优解

设计方案编号	设计变量	情感反应			
	$X_1 \sim X_{13}$	现代的	舒适的	圆润的	简洁的
1	3 3 3 3 3 3 2 1 3 3 2 1 3	4.74	4.30	5.97	5.98
2	3 2 3 3 2 3 2 2 1 2 1 1 2	4.24	5.13	6.40	4.56
3	3 2 3 3 3 3 2 2 1 2 1 1 3	4.18	5.00	6.51	5.13
⋮	⋮	⋮	⋮	⋮	⋮
100	3 3 3 3 2 1 2 1 3 3 2 3 3	6.50	4.74	5.44	5.98

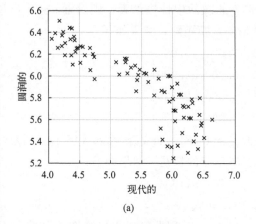
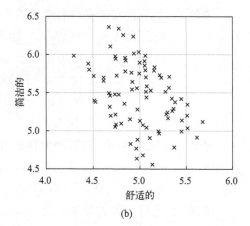

(a)   (b)

图 6-4   Pareto 最优前沿"现代的"和"圆润的"、"舒适的"和"简洁的"

6.1.2.3   选择最优解

使用模糊层次分析法确定最优设计方案，计算过程如下。

步骤 1：假设消费者需要一辆车，其情感反应偏好通过模糊成对比较来表达，如表 6-12 所示。

表 6-12   情感反应的成对比较

情感反应	EXI	VSI	SI	MI	EI	EI	MI	SI	VSI	EXI	情感反应
现代的				√							舒适的
现代的		√									圆润的
现代的			√								简洁的

情感反应	EXI	VSI	SI	MI	EI	EI	MI	SI	VSI	EXI	情感反应
舒适的			√								圆润的
舒适的				√							简洁的
圆润的							√				简洁的

在两两比较的基础上，得到如下模糊比较矩阵：

$$\widetilde{A} = \begin{bmatrix} 1 & \widetilde{3} & \widetilde{7} & \widetilde{5} \\ \widetilde{3}^{-1} & 1 & \widetilde{5} & \widetilde{3} \\ \widetilde{7}^{-1} & \widetilde{5}^{-1} & 1 & \widetilde{3}^{-1} \\ \widetilde{5}^{-1} & \widetilde{3}^{-1} & \widetilde{3} & 1 \end{bmatrix}$$

步骤 2：假设消费者是一名既不乐观也不悲观的中性决策者，则设置 $\alpha = 0.8$ 和 $\mu = 0.5$，根据式（6-6）~式（6-10）计算精确判断矩阵，结果如下：

$$\hat{A} = \begin{bmatrix} 1.000 & 3.000 & 7.000 & 5.000 \\ 0.339 & 1.000 & 5.000 & 3.000 \\ 0.143 & 0.201 & 1.000 & 0.339 \\ 0.201 & 0.339 & 3.000 & 1.000 \end{bmatrix}$$

将 $\hat{A}$ 代入式（6-11），得到最大特征值 $\lambda_{\max} = 4.131$。将 $\lambda_{\max}$ 代入式（6-12），得到相应的特征向量，经过标准化后，得到情感反应的权重，结果如下：

$$W = [0.564, 0.263, 0.056, 0.118]^{\mathrm{T}}$$

步骤 3：进行一致性测试，使用式（6-13）和式（6-14），可得 C.I. 为 0.044，C.R. 为 0.049。由于 C.I. 和 C.R 的值均小于 0.10，因此可以得出结论，判断矩阵的一致性是满足的。

步骤 4：根据表 6-11，关于 4 种情感反应和 100 个设计方案的决策矩阵 C 为

$$C = \begin{bmatrix} 4.74 & 4.30 & 5.97 & 5.98 \\ 4.24 & 5.13 & 6.40 & 4.56 \\ 4.18 & 5.00 & 6.51 & 5.13 \\ \vdots & \vdots & \vdots & \vdots \\ 6.50 & 4.74 & 5.44 & 5.98 \end{bmatrix}$$

根据情感反应的重要性权重，使用式（6-16）计算绩效值矩阵 V，结果为

$$V = [4.841 \quad 4.633 \quad 4.638 \quad \cdots \quad 5.919]^{\mathrm{T}}$$

根据绩效值对设计方案进行排序，结果为

设计方案 37 > 设计方案 1 > 设计方案 13 > ⋯ > 设计方案 98

排序结果如图 6-5 所示，设计方案 37 排名第一。因此，设计方案 37 是最优设计方案。

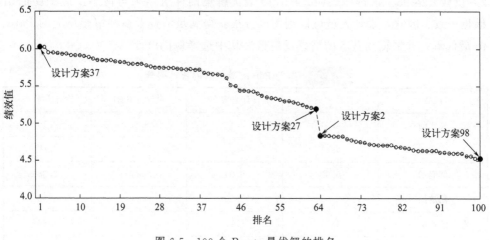

图 6-5 100 个 Pareto 最优解的排名

6.1.2.4 结果验证

为了对研究结果进行验证，选择图 6-5 中关键点（如起点、终点和跳跃点）相对应的典型设计方案。这些设计方案的设计变量、情感反应和设计草图如表 6-13 所示。

表 6-13 **Pareto 最优解集排序中的典型设计方案**

排名	设计方案编号	设计变量（$X_1 \sim X_{13}$）	情感反应				绩效值	设计草图
			现代的	舒适的	圆润的	简洁的		
1	37	3333212133213	6.63	4.84	5.60	5.96	6.03	
63	27	3233322112233	5.14	4.97	6.01	5.56	5.19	
64	2	3333332133213	4.74	4.30	5.97	5.98	4.84	
100	98	3233332212133	4.05	4.89	6.34	5.15	4.53	

将上述设计方案与 4 种情感反应相结合，设计问卷，邀请试验参与者填写问卷，问卷的统计结果见表 6-14。很显然，设计方案 37＞设计方案 27＞设计方案 2＞设计方案 98。该排序表明，Pareto 最优解集的评价结果与情感反应试验的结果相一致。因此，设计人员可以利用该方法获得满足消费者多种情感反应的 Pareto 最优解，并根据消费者的情感反应偏好从中选择最优设计。

表 6-14　典型 Pareto 最优解的统计得分

项目	设计方案 2	设计方案 27	设计方案 37	设计方案 98
现代的	4.81	5.10	6.65	4.10
舒适的	4.41	4.93	4.81	4.85
圆润的	5.93	6.04	5.62	6.38
简洁的	6.01	5.55	6.00	5.20
绩效值	4.91	5.17	6.04	4.56
排名	3	2	1	4

6.1.3　结果讨论

（1）研究方法的分析

本节提出了基于多目标进化优化与多准则决策的产品造型设计方法，首先使用多目标优化获得 Pareto 最优解集，然后使用多准则决策根据偏好权重得出最优设计。多目标优化是一种搜索过程，多准则决策是一种决策过程。为了获得最优设计方案，需要将搜索过程和决策过程集成在一起。

在所提出的研究方法中，决策过程在搜索过程之后，因此可以将其归类为后偏好表达模式，如图 6-6(a) 所示。在该研究方法中，当改变多个情感反应的偏好权重时，仅需要执行决策过程，就可从已经获得的 Pareto 最优解集中得到满足相应偏好权重的最优设计。也就是说，在所提出的研究方法中，只需要执行 1 次搜索过程。而在传统的基于前偏好表达模式的优化设计中，每改变一次情感反应的偏好权重，均需要执行 1 次搜索过程，如图 6-6 (b) 所示。显然，本节提出的研究方法更加方便、高效。

在研究中利用数量化理论 I 构建情感反应的预测模型，数量化理论 I 通过偏相关系数表示设计变量对情感反应的影响，有助于识别关键设计变量。然而，数量化理论 I 的预测精度较低。如果需要更精确的预测模型，可以采用反向传播神经网络（Back Propagation Neural Network，BPNN）或支持向量回归（Support

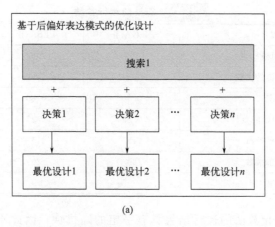

(a)

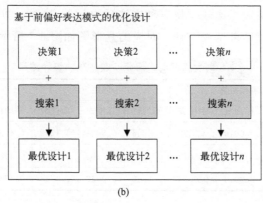

(b)

图 6-6　基于后偏好表达模式的优化设计与基于前偏好表达模式的优化设计

Vector Regression，SVR）等方法。此外，研究中仅使用了 27 个典型样本进行预测，由于样本数量较小，预测精度较低，可以增加更多具有代表性的样本来提高预测的精度。

本节以汽车造型设计为例，验证了所提方法的执行。需要注意的是，设计变量及其水平可以根据市场上现有的汽车或设计研究重点进行修改。本节所提出的方法是一种通用方法，可应用于其他具有多种造型设计变量的产品设计中。

（2）不同多目标进化算法的比较

使用三种典型的多目标进化算法（NSGA-Ⅱ、PESA-Ⅱ和 SPEA2）搜索 Pareto 最优解，为了能够对这三种算法进行比较，将这三种算法的运行参数设置为相同的值，且均采用模拟二进制交叉和多项式变异，具体的参数设置如表 6-15 所示。

表 6-15　算法的运行参数

参数	NSGA-Ⅱ	PESA-Ⅱ	SPEA2
种群规模	100	100	100
停止条件(评价的次数)	25000	25000	25000
交叉率	0.80	0.80	0.80
变异率(n 为变量的数目)	0.25	0.25	0.25
交叉的分布指数	15	15	15
变异的分布指数	20	20	20
外部存档集大小	—	100	100

　　由于多目标进化算法的运行结果具有一定的随机性,因此不能仅依赖一次运行的结果对不同算法进行比较。将三种方法独立运行 30 次,所得到的世代距离、间距、超体积的统计结果见表 6-16,对应的盒形图如图 6-7 所示。

表 6-16　世代距离、间距、超体积的统计结果

多目标 进化算法	世代距离			间距			超体积		
	平均值	标准差	中位数	平均值	标准差	中位数	平均值	标准差	中位数
NSGA-Ⅱ	0.0020	0.0010	0.0022	0.1256	0.0054	0.1249	0.4782	0.0022	0.4788
PESA-Ⅱ	0.0022	0.0031	0.0010	0.1243	0.0203	0.1265	0.4483	0.0324	0.4642
SPEA2	0.0019	0.0010	0.0020	0.0803	0.0082	0.0763	0.4763	0.0033	0.4762

　　就世代距离而言,三种算法(NSGA-Ⅱ、PESA-Ⅱ和 SPEA2)的平均值都小于 0.01,这表明对于本节中的问题,这三种算法均能够近似接近真实的 Pareto 最优前沿,收敛性较好。根据 Mann-Whitney 和 Kruskal-Wallis 测试结果,三种算法之间的差异不显著($p > 0.05$)。

　　就间距而言,SPEA2 的平均值最低,NSGA-Ⅱ和 PESA-Ⅱ接近。SPEA2 的值显著低于其他两种算法($p < 0.05$),NAGA-Ⅱ和 PESA-Ⅱ之间的差异不显著($p > 0.05$)。因此,对于本节中的问题,SPEA2 在分布性方面提供了最佳性能。

　　就超体积而言,NSGA-Ⅱ的值最高,PESA-Ⅱ的值最低,三种算法之间存在显著差异($p < 0.05$)。对于本节中的问题,NSGA-Ⅱ在收敛性/分布性的综合方面提供了最佳性能。

　　综上所述,从收敛性方面来看,NSGA-Ⅱ、PESA-Ⅱ和 SPEA2 之间不存在显著差异,从分布性方面来看,性能最好的算法是 SPEA2,从收敛性/分布性的综合方面来看,性能最好的算法是 NSGA-Ⅱ。

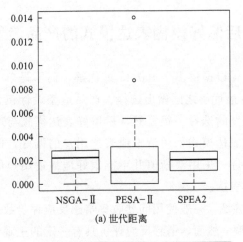

(a) 世代距离

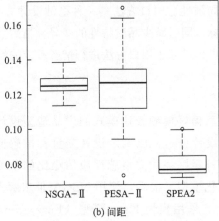

(b) 间距

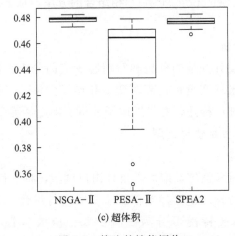

(c) 超体积

图 6-7 算法的性能评价

6.2 基于稳健后偏好模糊表达模式的产品造型设计

后偏好表达模式可以提供多个 Pareto 最优解，而不是单一的最优解，这使得设计者能够在 Pareto 最优解之间做出选择。产品造型设计包含两个过程，分别是创意的产生和最优创意的选择。很显然，后偏好表达模式与产品造型设计过程相一致。传统的后偏好表达模式采用清晰值表达用户的偏好，但用户的偏好具有很强的主观性和不确定性，采用清晰值并不能很好地描述用户的偏好，对此可采用模糊语言进行偏好的表达。

在产品造型设计领域，一般使用问卷收集情感反应评价数据，并在此基础上使用平均值建立优化模型。然而，情感反应评价具有一定的主观性和个体差异性，仅依据平均值具有一定的局限性。田口方法是一种稳健设计方法，其目的是使品质特性的平均值接近预期目标，同时减少品质特性的变异。情感反应是品质的一个方面，在设计过程中应加以考虑，可基于田口方法进行情感反应的稳健设计。

6.2.1 研究方法

本节提出基于稳健后偏好模糊表达模式的产品造型设计方法，方法的架构如图 6-8 所示。首先进行设计分析，以确定设计变量和情感反应。然后，进行田口试验，并利用反向传播神经网络建立情感反应信噪比的预测模型，在预测模型的基础上，建立多目标优化模型。接着，使用 NSGA-Ⅲ 求解多目标优化模型，以获得 Pareto 最优解。最后，采用模糊 Kano 模型（Fuzzy Kano Model）和模糊优选模型（Fuzzy Optimal Selection Model）相结合的方法，从 Pareto 最优解中确定最优设计。

6.2.1.1 设计分析

设计分析包括对设计变量的分析和对情感反应的分析。通过设计变量分析决定产品造型的特征，设计变量包括离散变量和连续变量。消费者对产品造型的情感反应可通过形容词加以描述，并借助因子分析法确定情感反应相关的情感因素。

6.2.1.2 构建多目标优化模型

（1）进行田口试验

在确定了设计变量和情感反应后，设计田口试验，将设计变量作为控制变量，将情感因素作为品质特性。试验样本依据正交表进行设计，针对情感反应的试验数据计算信噪比。品质特性可分为三种类型：望大特性（LTB）、望目特性（NTB）、望小特性（STB）。其信噪比的计算公式分别如式(6-18)～式(6-20)所

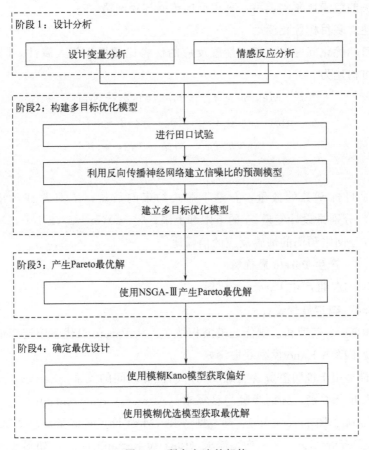

图 6-8 研究方法的架构

示，详细的推导过程见第 4.5 节。

$$\eta_{\text{LTB}} = -10\log_{10}\left(\frac{1}{n}\sum_{i=1}^{n}\frac{1}{y_i^2}\right) \tag{6-18}$$

$$\eta_{\text{NTB}} = -10\log_{10}\left(\frac{s^2}{\overline{y}^2}\right) \tag{6-19}$$

$$\eta_{\text{STB}} = -10\log_{10}\left(\frac{1}{n}\sum_{i=1}^{n}y_i^2\right) \tag{6-20}$$

式中，n 是针对每个试验样本的测试次数；y_i 是情感反应值；$\overline{y}$ 是情感反应的平均值；s 是标准差。

（2）利用反向传播神经网络建立信噪比的预测模型

设计变量与情感反应信噪比之间的关系在本质上是非线性的，为了建立与设计变量相关的信噪比预测模型，采用反向传播神经网络。

（3）建立多目标优化模型

在多目标优化问题中，所有情感反应的信噪比都属于望大属性，因此多目标优化模型可构建为

$$
\left.
\begin{array}{r}
\text{Maximize } f_m(x), m=1,2,\cdots,M \\
\text{subject to } g_j(x) \geqslant 0, j=1,2,\cdots,J \\
h_k(x)=0, k=1,2,\cdots,K \\
x_i^{(\mathrm{L})} \leqslant x_i \leqslant x_i^{(\mathrm{U})}, i=1,2,\cdots,I
\end{array}
\right\}
\tag{6-21}
$$

式中，M 是目标函数的数量；J 是不等式约束的数量；K 是等式约束的数量；$x_i^{(\mathrm{L})}$ 和 $x_i^{(\mathrm{U})}$ 分别是设计变量 x_i 的下限和上限；$f_m(x)(m=1, 2, \cdots, M)$ 是使用反向传播神经网络预测的情感反应的信噪比。

6.2.1.3　产生 Pareto 最优解

使用 NSGA-Ⅲ产生 Pareto 最优解。

6.2.1.4　确定最优设计

将模糊 Kano 模型和模糊优选模型相结合，从 Pareto 最优解中选择最优解。

（1）使用模糊 Kano 模型获取偏好

Kano 模型用于说明消费者满意度与产品性能之间的关系，Kano 模型将产品的需求划分为五个类别，分别是魅力型需求（Attractive Requirements）、一维型需求（One-dimensional Requirements）、基本型需求（Must-be Requirements）、无关型需求（Indifferent Requirements）、逆向型需求（Reverse Requirements），如图 6-9 所示。

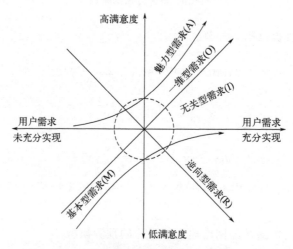

图 6-9　消费者满意度的 Kano 模型

① 魅力型需求：魅力型需求也称兴奋需求，是指用户意想不到的需求。如果设计不能满足这些需求，用户也不会不满意，但当设计提供了这些需求时，用户就会对设计非常满意。

② 一维型需求：一维型需求也称期望需求，是指超出基本需求的特殊需求。这类需求在设计中实现越多，用户就越满意，如产品造型的美观性可归类为一维型需求。

③ 基本型需求：基本型需求也称必备需求，是用户认为在设计中必须满足的需求。如手表的计时功能属于基本型需求，当设计没有满足基本型需求时，用户就会不满意，且当设计已经满足基本型需求时，用户也不会表现出特别满意。

④ 无关型需求：无关型需求也称无差异需求，是指用户认为这些需求的存在并不使用户有任何感觉，即当其不存在时，用户没感觉，当其存在时，用户认为理所当然。

⑤ 逆向型需求：逆向型需求也称反向需求，是指用户认为这类需求的存在使其不满意，即这类需求属于用户不喜欢的需求。

Kano 模型使用由成对问题组成的结构化问卷来描述不同的属性，这些问题包括功能具备问题和功能不具备问题。在使用 Kano 模型时，要求参与者分别针对"功能不具备"和"功能具备"，从"喜欢""理所当然""无所谓""可以忍受"和"不喜欢"中进行选择，然后使用 Kano 评价表对这些回答进行分析，如表 6-17 所示。其中 A 代表魅力型需求、O 代表一维型需求、M 代表基本型需求、I 代表无关型需求、R 代表逆向型需求、Q 表示有问题的结果（Questionable Result）。

表 6-17　Kano 评价表

产品属性		功能不具备				
		喜欢	理所当然	无所谓	可以忍受	不喜欢
功能具备	喜欢	Q	A	A	A	O
	理所当然	R	I	I	I	M
	无所谓	R	I	I	I	M
	可以忍受	R	I	I	I	M
	不喜欢	R	R	R	R	Q

需要注意的是，Kano 模型迫使参与者选择一个反映其对某个属性感受的答案，它不能反映复杂的偏好。模糊 Kano 模型允许参与者填写一份包含多个答案的问卷来表达其感受程度（见表 6-18），这种方法可以反映人类情感反应偏好的复杂性。通过模糊 Kano 模型，评价过程的稳健性和一致性得到了增强。

表 6-18　模糊 Kano 模型情感反应评价

项目	属性	情感反应
功能具备	喜欢	0.90
	理所当然	0.10
	无所谓	
	可以忍受	
	不喜欢	
功能不具备	喜欢	
	理所当然	
	无所谓	
	可以忍受	0.40
	不喜欢	0.60

模糊 Kano 模型的定义如下：设 U 和 V 为功能具备问题和功能不具备问题的论域，U 和 V 的语言变量分别用 $P = \{P_1, P_2, \cdots, P_p\}$ 和 $N = \{N_1, N_2, \cdots, N_n\}$ 表示，据此可形成一个 $p \times n$ 的评价表。设 $\{FS_k, k = 1, 2, \cdots, r\}$ 为 U 和 V 的随机模糊样本序列，对于每个样本 FS_k，使用语言变量 P_i 和 N_j 对 $m(P)_{ki}$（$\sum\limits_{i=1}^{p} m(P)_{ki} = 1$）和 $m(N)_{kj}$（$\sum\limits_{j=1}^{n} m(P)_{kj} = 1$）进行标准化。令 $S_{ij} = \sum\limits_{k=1}^{r} m(P)_{ki} \otimes m(N)_{kj}$，$T_h$ 为 S_{ij} 的总和。根据 $\{T_h\}_\alpha$ 的最大值对该品质属性进行分类，α 为分类的显著性水平。如果存在两个以上的集合其 T_h 值相同，则品质属性将按照以下顺序进行分类：基本型需求＞一维型需求＞魅力型需求＞无关型需求。

在对情感反应分类后，将调整系数值 4、2 和 1 分别分配给魅力型需求、一维型需求和基本型需求，将调整系数值 0 分配给其他类型的需求，则情感反应偏好权重的计算公式为

$$w_i^* = \frac{w_i K_i}{\sum\limits_{i=1}^{n} w_i K_i} \tag{6-22}$$

式中，w_i^* 是第 i 个情感反应的偏好权重；w_i 是按等权重原则确定的原始权重；K_i 是调整系数值。

（2）使用模糊优选模型获取最优解

为了从获得的 Pareto 最优解中选择最优解，使用模糊优选模型。

对于每个 Pareto 最优解，相对度 r_{ij} 计算公式为

$$r_{ij} = \frac{\eta_{ij} - \bigwedge\limits_{j} \eta_{ij}}{\bigvee\limits_{j} \eta_{ij} - \bigwedge\limits_{j} \eta_{ij}} \tag{6-23}$$

式中，η_{ij} 是第 j 个 Pareto 最优解对于第 i 个情感反应的信噪比，$i = 1$，2，$\cdots$，m 和 $j = 1$，2，$\cdots$，n。

根据相对度 r_{ij}，相对度矩阵可表示为

$$\boldsymbol{R} = (r_{ij})_{m \times n} = \begin{bmatrix} r_{11} & r_{12} & \cdots & r_{1n} \\ r_{21} & r_{22} & \cdots & r_{2n} \\ \vdots & \vdots & \vdots & \vdots \\ r_{m1} & r_{m2} & \cdots & r_{mn} \end{bmatrix} \tag{6-24}$$

在所获得的 Pareto 最优解中，"优越" 的相对程度可表示为

$$\boldsymbol{G} = (g_1, g_2, \cdots, g_m)^{\mathrm{T}} \tag{6-25}$$
$$= (r_{11} \vee r_{12} \vee \cdots \vee r_{1n}, r_{21} \vee r_{22} \vee \cdots \vee r_{2n}, \cdots, r_{m1} \vee r_{m2} \vee \cdots \vee r_{mn})^{\mathrm{T}}$$

"劣等" 的相对程度可表示为

$$\boldsymbol{B} = (b_1, b_2, \cdots, b_m)^{\mathrm{T}} \tag{6-26}$$
$$= (r_{11} \wedge r_{12} \wedge \cdots \wedge r_{1n}, r_{21} \wedge r_{22} \wedge \cdots \wedge r_{2n}, \cdots, r_{m1} \wedge r_{m2} \wedge \cdots \wedge r_{mn})^{\mathrm{T}}$$

结合模糊 Kano 模型获得的偏好权重，使用模糊优选模型将所有情感反应的品质特性转化为多品质特性指标，即相对隶属度。模糊优选模型的数学公式为：

$$u_j = \frac{1}{1 + \left\{ \dfrac{\sum\limits_{i=1}^{m} [w_i^* (g_i - r_{ij})]^d}{\sum\limits_{i=1}^{m} [w_i^* (r_{ij} - b_i)]^d} \right\}^{2/d}} \tag{6-27}$$

式中，u_j 是第 j 个 Pareto 最优解的相对隶属度；w_i^* 是第 i 个情感反应的偏好权重；d 是距离参数，通常 $d = 2$，表示欧几里得距离。

6.2.2 案例研究

针对第 6.1.2 节中的汽车造型设计案例进行研究。

6.2.2.1 汽车造型设计分析

（1）设计变量分析

设计变量的分析与第 6.1.2 节相似，即设计变量分为两类：一类与汽车不同部件的造型有关；另一类与不同部件之间的比例有关。第一类变量的分析结果见 6.1.2 节中的表 6-2，该表中的设计变量值为离散型数值，对应于设计变量的水平

值，第二类变量的分析结果见表 6-19，该表中的设计变量值为连续型数值，在一定的范围内取值。

表 6-19　汽车造型的连续型设计变量

连续型设计变量	示意图	设计变量的值
X_6 （汽车高度与汽车长度之比，H_1/L_1）		[0.320, 0.420]
X_7 （汽车顶部与汽车高度之比，H_2/H_1）		[0.270, 0.330]
X_8 （车轮高度与汽车高度之比，H_3/H_1）		[0.400, 0.500]
X_9 （底盘高度与车轮高度之比，H_4/H_3）		[0.200, 0.500]
X_{10} （前部长度与汽车长度之比，L_2/L_1）		[0.180, 0.300]
X_{11} （后部长度与汽车长度之比，L_3/L_1）		[0.090, 0.170]
X_{12} （前悬长度与汽车长度之比，L_4/L_1）		[0.140, 0.220]
X_{13} （后悬长度与汽车长度之比，L_5/L_1）		[0.170, 0.230]

（2）情感反应分析

情感反应分析见第6.1.2节，结果如表6-5所示。

6.2.2.2 构建多目标优化模型

设计变量共有13个，其中前5个是具有3个水平的离散型设计变量，后8个是连续型设计变量。对于连续型设计变量，使用3个典型值：最小值（即区间范围的下界）、最大值（即区间范围的上界）、平均值。因此，13个设计变量中的每一个都有3个值，可能的组合数量为1594323（$3^{13}=1594323$）。为了减少试验样本的数量，采用L_{27}正交表，共有27种设计方案被作为试验样本，各样本的取值见表6-20，试验样本见6.1.2节中的图6-2。

表 6-20　试验样本的设计变量

样本编号	离散型设计变量					连续型设计变量							
	X_1	X_2	X_3	X_4	X_5	X_6	X_7	X_8	X_9	X_{10}	X_{11}	X_{12}	X_{13}
1	1	1	1	1	1	0.320	0.270	0.400	0.200	0.180	0.090	0.140	0.170
2	1	1	1	1	2	0.370	0.300	0.450	0.350	0.240	0.130	0.180	0.200
3	1	1	1	1	3	0.420	0.330	0.500	0.500	0.300	0.170	0.220	0.230
4	1	2	2	2	1	0.320	0.270	0.450	0.350	0.240	0.170	0.220	0.230
5	1	2	2	2	2	0.370	0.300	0.500	0.500	0.300	0.090	0.140	0.170
6	1	2	2	2	3	0.420	0.330	0.400	0.200	0.180	0.130	0.180	0.200
7	1	3	3	3	1	0.320	0.270	0.500	0.500	0.300	0.130	0.180	0.200
8	1	3	3	3	2	0.370	0.300	0.400	0.200	0.180	0.170	0.220	0.230
9	1	3	3	3	3	0.420	0.330	0.450	0.350	0.240	0.090	0.140	0.170
10	2	1	2	3	1	0.370	0.330	0.400	0.350	0.300	0.090	0.180	0.230
11	2	1	2	3	2	0.420	0.270	0.450	0.500	0.180	0.130	0.220	0.170
12	2	1	2	3	3	0.320	0.300	0.500	0.200	0.240	0.170	0.140	0.200
13	2	2	3	1	1	0.370	0.330	0.450	0.500	0.180	0.170	0.140	0.200
14	2	2	3	1	2	0.420	0.270	0.500	0.200	0.240	0.090	0.180	0.230
15	2	2	3	1	3	0.320	0.300	0.400	0.350	0.300	0.130	0.220	0.170
16	2	3	1	2	1	0.370	0.330	0.500	0.500	0.240	0.130	0.220	0.170
17	2	3	1	2	2	0.420	0.270	0.400	0.350	0.300	0.170	0.140	0.200
18	2	3	1	2	3	0.320	0.300	0.450	0.500	0.180	0.090	0.180	0.230
19	3	1	3	2	1	0.420	0.300	0.400	0.500	0.240	0.090	0.220	0.200

样本编号	离散型设计变量					连续型设计变量							
	X_1	X_2	X_3	X_4	X_5	X_6	X_7	X_8	X_9	X_{10}	X_{11}	X_{12}	X_{13}
20	3	1	3	2	2	0.320	0.330	0.450	0.200	0.300	0.130	0.140	0.230
21	3	1	3	2	3	0.370	0.270	0.500	0.350	0.180	0.170	0.180	0.170
22	3	2	1	3	1	0.420	0.300	0.450	0.200	0.300	0.170	0.180	0.170
23	3	2	1	3	2	0.320	0.330	0.500	0.200	0.180	0.090	0.220	0.200
24	3	2	1	3	3	0.370	0.270	0.400	0.500	0.240	0.130	0.140	0.230
25	3	2	3	1	1	0.420	0.300	0.500	0.350	0.180	0.130	0.140	0.230
26	3	3	3	1	2	0.320	0.330	0.400	0.500	0.240	0.170	0.180	0.170
27	3	3	2	1	3	0.370	0.270	0.450	0.200	0.300	0.090	0.220	0.200

通过 7 等级语义差异量表将 27 个试验样本和 4 种情感因素制作成调查问卷，其中 1 表示语义差异量表左侧的情感反应最强烈，7 表示语义差异量表右侧的情感反应最强烈。邀请 60 名参与者对 27 个样本采用随机的顺序进行评价。要求参与者表达他们对这 4 种情感反应的期望，结果表明，参与者需要一辆"现代的""舒适的""圆润的"和"简洁的"汽车，所有这些情感反应都位于语义差异量表的右侧。因此，所有的情感反应都属于望大属性，使用式(6-18)计算信噪比，结果见表 6-21。

表 6-21 试验样本情感反应的信噪比

样本编号	现代的	舒适的	圆润的	简洁的
1	10.008	10.732	4.914	8.198
2	9.901	10.711	7.396	8.221
3	4.905	6.758	5.450	8.557
4	12.009	10.544	9.428	9.736
5	11.719	10.807	11.480	10.145
6	7.200	10.329	13.174	9.278
7	13.497	10.597	10.834	12.883
8	10.536	9.843	14.361	12.209
9	10.756	11.804	14.293	11.956
10	12.089	12.124	11.160	10.615
11	8.083	9.195	10.336	8.560

样本编号	现代的	舒适的	圆润的	简洁的
12	10.842	11.297	11.069	11.298
13	10.868	11.157	12.216	10.045
14	7.645	9.866	13.885	7.182
15	14.293	11.641	11.725	11.985
16	9.359	9.556	3.927	8.269
17	7.359	5.655	5.326	6.419
18	11.403	9.192	8.705	10.821
19	9.935	13.043	13.652	12.380
20	14.155	13.029	13.477	13.430
21	8.824	6.618	8.068	7.232
22	7.437	9.931	6.120	8.643
23	11.295	10.899	8.262	9.493
24	11.219	10.988	10.295	11.900
25	8.892	10.145	11.940	11.253
26	12.014	10.484	8.749	12.749
27	11.328	11.431	11.268	11.105

基于设计变量和信噪比，利用反向传播神经网络建立预测模型。通过使用预测模型，可根据设计变量值 $[x_1, x_2, x_3, \cdots, x_{13}]^{\mathrm{T}}$ 预测情感反应的信噪比 $f_{现代的}(x)$、$f_{舒适的}(x)$、$f_{圆润的}(x)$、$f_{简洁的}(x)$。在研究中，多目标优化问题是指最大化四种情感反应的信噪比，因此所构建的多目标优化模型为

$$\left.\begin{array}{l} \text{Maximize } f_{现代的}(x) \\ \text{Maximize } f_{舒适的}(x) \\ \text{Maximize } f_{圆润的}(x) \\ \text{Maximize } f_{简洁的}(x) \\ \text{Subject to } x_i^{(\mathrm{L})} \leqslant x_i \leqslant x_i^{(\mathrm{U})}, \ i=1, 2, \cdots, 13 \end{array}\right\} \tag{6-28}$$

式中，$x_i^{(\mathrm{L})}$ 和 $x_i^{(\mathrm{U})}$ 分别对应于表 6-2 和表 6-19 中设计变量 x_i 的下限和上限。

6.2.2.3 产生 Pareto 最优解

采用 NSGA-Ⅲ求解多目标优化模型，参数设置如下：运行次数为 25000，种群规模为 100，交叉率为 0.90，变异率为 0.10，共获得 100 个 Pareto 最优解。表 6-22 和表 6-23 分别列出了 Pareto 最优解的设计变量和信噪比，这些解在目标空间

中的 Pareto 最优前沿如图 6-10 所示。

表 6-22　使用 NSGA-Ⅲ获得的 Pareto 最优解

设计方案编号	离散型设计变量					连续型设计变量							
	X_1	X_2	X_3	X_4	X_5	X_6	X_7	X_8	X_9	X_{10}	X_{11}	X_{12}	X_{13}
1	3	1	3	1	3	0.320	0.328	0.401	0.492	0.283	0.090	0.140	0.224
2	1	1	3	2	3	0.322	0.295	0.401	0.499	0.284	0.103	0.140	0.210
3	2	1	3	1	3	0.321	0.328	0.400	0.480	0.195	0.090	0.140	0.229
⋮	⋮	⋮	⋮	⋮	⋮	⋮	⋮	⋮	⋮	⋮	⋮	⋮	⋮
100	3	1	3	1	3	0.321	0.327	0.400	0.396	0.214	0.090	0.141	0.226

表 6-23　Pareto 最优解的情感反应的信噪比

设计方案编号	现代的	舒适的	圆润的	简洁的
1	15.286	13.606	14.289	16.500
2	14.729	12.408	15.073	14.526
3	14.187	13.378	14.805	15.975
⋮	⋮	⋮	⋮	⋮
100	14.100	13.765	14.553	15.890

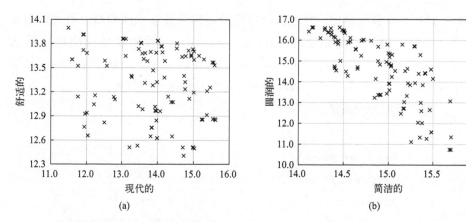

图 6-10　Pareto 最优前沿"现代的"和"舒适的"、"简洁的"和"圆润的"

6.2.2.4　确定最优设计

（1）使用模糊 Kano 模型获取偏好

为了确定情感反应的偏好，使用模糊 Kano 模型。要求 60 名参与者填写模糊 Kano 问卷。对问卷结果进行分析，将 α 截集的阈值设置为 0.4，情感反应的分类见表 6-24。

表 6-24　情感反应的 Kano 分类

情感反应	A	O	M	I	R	Q	等级
现代的	55	5	0	9	0	0	A
舒适的	57	4	0	7	0	0	A
圆润的	0	0	49	34	0	0	M
简洁的	0	27	19	6	0	0	O

根据情感反应的 Kano 分类，使用式(6-23)计算偏好权重，结果见表 6-25。

表 6-25　情感反应的偏好权重

情感反应	现代的	舒适的	圆润的	简洁的
Kano 分类	A	A	M	O
调整系数	4	4	I	2
初始的等权重	0.250	0.250	0.250	0.250
偏好权重	0.364	0.364	0.364	0.182

（2）使用模糊优选模型获取最优解

将 Pareto 最优解的信噪比代入式(6-24)，得到相对度矩阵如下

$$\boldsymbol{R} = \begin{bmatrix} 0.919 & 0.755 & 0.111 & 0.982 \\ 0.785 & 0 & 0.605 & 0.645 \\ 0.653 & 0.611 & 0.436 & 0.892 \\ \vdots & \vdots & \vdots & \vdots \\ 0.632 & 0.855 & 0.277 & 0.878 \end{bmatrix}$$

结合偏好权重，使用式(6-28)计算所有 Pareto 最优解的相对隶属度，结果为

$$U = [u_1 \quad u_2 \quad u_3 \quad \cdots \quad u_{100}]^T = [0.935 \quad 0.406 \quad 0.775 \quad \cdots \quad 0.874]^T$$

根据相对隶属度对 Pareto 最优解进行排序，结果为

设计方案 82 ＞ 设计方案 1 ＞ 设计方案 45 ＞ … ＞ 设计方案 37

Pareto 最优解的排名如图 6-11 所示，设计方案 82 排名第一。因此，设计方案 82 是最优设计方案。

6.2.2.5　结果验证

为了进行结果验证，选择图 6-11 中关键点（如起点、跳跃点和终点）相对应的典型设计方案，这些设计方案情感反应的信噪比、相对隶属度以及设计草图如表 6-26 所示。

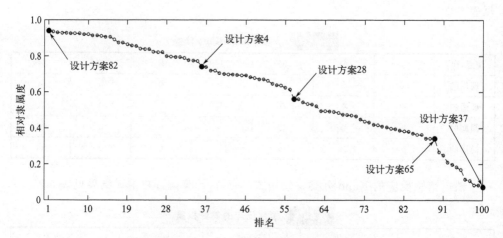

图 6-11 100 个 Pareto 最优解的排名

基于 Pareto 最优解排名中的典型设计方案

排名	设计方案编号	信噪比				相对隶属度	设计草图
		现代的	舒适的	圆润的	简洁的		
1	82	15.148	13.649	14.407	16.122	0.940	
36	4	13.872	13.469	15.003	14.869	0.741	
57	28	13.868	13.283	15.333	12.045	0.562	
89	65	11.589	13.603	15.483	11.578	0.341	
100	37	11.934	12.765	15.701	11.345	0.074	

结合典型设计方案和四种情感反应制作调查问卷，要求参与者填写问卷，根据偏好权重计算相对隶属度，结果如表 6-27 所示。可以发现：设计方案 82>设计方案 4>设计方案 28>设计方案 65>设计方案 37。显然，利用本节提出的方法获得的结果与从实际调查中获得的结果相一致，因此，所提出的方法是正确有效的。

表 6-27 验证试验的结果

设计方案编号	信噪比				相对隶属度
	现代的	舒适的	圆润的	简洁的	
82	15.316	13.814	14.307	16.203	0.973
4	13.877	13.509	14.981	14.978	0.768
28	13.679	13.385	15.120	12.342	0.517
65	11.603	13.628	15.591	11.605	0.355
37	11.863	12.912	15.586	11.285	0.031

6.2.3 结果讨论

本节提出了基于稳健后偏好模糊表达模式的产品造型设计方法，并以汽车造型设计为例展示了该方法的应用。所提出的方法是一种通用方法，既可应用于具有连续型设计变量的产品，如花瓶等，也可应用于具有离散型设计变量的产品，如咖啡机等，还可应用于同时具有连续型设计变量和离散型设计变量的混合型设计变量的产品，如本例中的汽车等。

在所提出的方法中，为了使获得的最优设计具有稳健性，使用信噪比构建预测模型，信噪比同时兼顾情感反应品质特性的均值和方差。此外，为了提高预测模型的准确性，使用了反向传播神经网络，有效地建立设计变量与情感反应信噪比之间的非线性关系。在求解多目标优化模型以获得非支配解时，使用了高维多目标进化算法 NSGA-Ⅲ。为了在 Pareto 最优解中进行决策选择，使用了模糊 Kano 模型和模糊优选模型相结合的方法。本节提出的方法可以同时处理情感反应的多个目标，使优化过程更加实用。需要注意的是，研究过程中仅探讨了产品的造型，后续研究可以整合产品的色彩和材质。

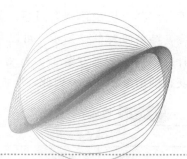

第7章
面向稳健参数设计的产品造型设计

7.1 基于模糊积分的产品造型多目标稳健参数设计

在稳健设计中，品质是指产品满足消费者要求和期望的能力，情感反应是品质的一个方面。与工程领域的品质特性相比，消费者情感反应相关的品质特性是主观的，甚至是潜意识的。田口方法提供了将产品和工艺的品质变异最小化以提高品质的方法，在对情感反应品质特性的主观性进行充分考虑的基础上，可采用田口方法进行稳健优化设计。

为了表述情感反应，最常用的方式是语义描述，它采用一组形容词描述消费者对产品的反应。在评价产品时，语义描述之间会存在一定的交互作用。具体而言，评价指标的情感反应不是相互独立的，一个情感反应指标对产品评价的贡献取决于其他指标的条件。例如，要评价汽车的造型设计，指标可以是"现代的""简洁的""圆润的"和"舒适的"。"现代的和简洁的"的贡献可能不等于"现代的"和"简洁的"的贡献之和。同样，"现代的、简洁的、圆润的和舒适的"的贡献可能并不等于"现代的、简洁的和圆润的"和"舒适的"的贡献之和。

消费者对情感反应有不同的偏好，假设消费者希望购买一辆非常"舒适的"但并不非常"现代的"汽车。在这种情况下，指标并不同等重要，消费者认为"舒适的"指标更重要，"现代的"指标不那么重要。因此，有必要采用权重来反映消费者的偏好。有几种方法已被广泛用于确定偏好权重，如层次分析法、模糊层次分析法、有序加权平均等。然而，这些方法认为指标集是相互独立的，忽略或低估了指标之间的相互作用。相比之下，模糊积分，尤其是 Choquet 积分能够考虑指标权重和交互作用，已被成功应用于多项研究，特别是与语义描述和用户偏好相关的研究。

为了获得同时满足多种情感反应的最优产品造型设计，本节提出基于模糊积分的产品造型多目标稳健参数设计方法，以探索设计变量与品质性能之间的关系，并获得设计变量的最优组合。该方法可以有效处理多种情感反应之间的相互作用。

7.1.1　研究方法

本节提出一种将田口方法与模糊积分相结合的方法来优化与多种情感反应相关的产品造型设计，其思想是通过模糊积分将多种情感反应的多个信噪比转化为单个性能指标，根据该指标识别各个设计变量的最优水平，以得到最优设计。所提出的方法由四个阶段组成，如图 7-1 所示。

7.1.1.1　设计分析

第一个阶段是设计分析，包括产品造型分析和情感反应分析。产品造型分析的目的在于明确造型特征，以确定设计变量。在情感反应分析中，首先用形容词描述消费者对产品的情感反应，然后使用因子分析法识别这些形容词所隐含的情感因素。

7.1.1.2　田口试验

在确定设计变量和情感反应后，进行田口试验设计，将设计变量作为控制因素，将情感反应作为品质特性。根据设计变量及其水平，计算总自由度，然后据此选择合适的正交表，确保正交表的自由度大于或等于设计变量的总自由度。

根据正交表确定设计变量的布局，构建试验样本，进行试验。然后，由试验数据计算每种情感反应的信噪比，即可得到单一情感反应（Single Affective Response）的信噪比。品质特性可分为三种类型：望大特性（LTB）、望目特性（NTB）、望小特性（STB）。其信噪比的计算公式分别如第 6.2.1 节中的式(6-18)～式(6-20) 所示。

7.1.1.3　信噪比转换

单一情感反应的信噪比不适合优化多种情感反应的造型设计，这是因为一个情感反应的信噪比越高，可能会导致另一个情感反应的信噪比越低，反之亦然。因此，需要将多个信噪比转换为单个值，在此采用模糊积分法进行信噪比的转换。

（1）使用模糊数表达情感反应偏好

模糊数有多种类型，如三角形、梯形、钟形等，其中梯形模糊数具有相对简单的结构，易于被人们所接受。因此，使用梯形模糊数表示多种情感反应偏好的

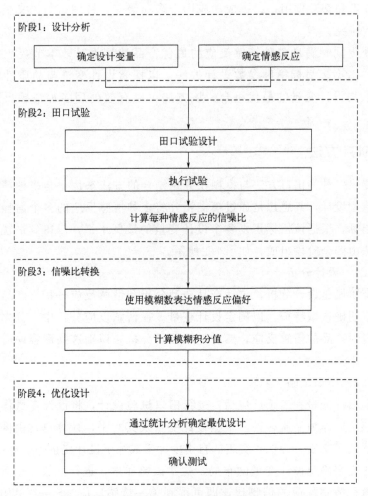

图 7-1　研究方法的架构

评价值，梯形模糊数的隶属函数见式(7-1)，可表示为 $\widetilde{M}=(a，b，c，d)$。

$$
\mu_{\widetilde{M}}(x)=\begin{cases}
0, & x<a \\
\dfrac{x-a}{b-a}, & a\leqslant x<b \\
1, & b\leqslant x<c \\
\dfrac{x-d}{c-d}, & c\leqslant x\leqslant d \\
0, & x>n_4
\end{cases}
\tag{7-1}
$$

研究过程使用语言变量度量情感反应偏好，表 7-1 列出了语言变量和相应的模糊数。

表 7-1　语言变量与相应的模糊数

语言变量	模糊数
极其不重要（Extremely Unimportant，EU）	$(0，0，0，0.1)$
非常不重要（Very Unimportant，VU）	$(0，0，0.1，0.2)$
中等不重要（Moderately Unimportant，MU）	$(0.1，0.2，0.2，0.3)$
有些不重要（Somewhat Unimportant，SU）	$(0.2，0.3，0.4，0.5)$
中性（Neutral，N）	$(0.4，0.5，0.5，0.6)$
有些重要（Somewhat Important，SI）	$(0.5，0.6，0.7，0.8)$
中等重要（Moderately Important，MI）	$(0.7，0.8，0.8，0.9)$
非常重要（Very Important，VI）	$(0.8，0.9，1.0，1.0)$
极其重要（Extremely Important，EI）	$(0.9，1.0，1.0，1.0)$

模糊数计算的结果需要转化为清晰值，即需要进行解模糊。解模糊的方法包括重心法、面积平分法、最大隶属度法等。重心法具有明确的几何含义，是使用非常广泛的解模糊方法，因此，研究中使用重心法进行模糊化。对于梯形模糊数 $\widetilde{M}_i = (a_i，b_i，c_i，d_i)$，解模糊化公式为：

$$F(\widetilde{M}_i) = \begin{cases} a_i, & a_i = b_i = c_i = d_i \\ \dfrac{c_i^2 + d_i^2 - a_i^2 - b_i^2 + c_i d_i - a_i b_i}{3 \times (c_i + d_i - a_i - b_i)}, & \text{其他} \end{cases} \tag{7-2}$$

（2）计算模糊积分值（Fuzzy Integral Value）

令 $X = \{x_1，x_2，\cdots，x_n\}$ 为一个有限集合，且各变量 x_i 的 λ 测度为 g_i，可通过下式计算 λ 值

$$\lambda + 1 = \prod_{i=1}^{n} (1 + \lambda g_i) \tag{7-3}$$

设 A 和 B 为两种情感反应，则可根据下式计算模糊测度：

$$g(A \bigcup B) = g(A) + g(B) + \lambda g(A) g(B) \tag{7-4}$$

设 g 为模糊测度，$h(x_i)$ 代表在 x_i 上的绩效值，令 $h(x_i)$：$X \rightarrow [0，1]$，$i = 1，2，\cdots，n$，假设 $h(x_1) \geqslant h(x_2) \geqslant \cdots \geqslant h(x_n)$，利用式(7-5)计算所有试验样本的模糊积分值。根据模糊积分值，可以进行优化设计。

$$\begin{aligned} \int h \mathrm{d}g &= h(x_n)g(H_n) + [h(x_{n-1}) - h(x_n)]g(H_{n-1}) + \cdots + [h(x_1) - h(x_2)]g(H_1) \\ &= h(x_n)[g(H_n) - g(H_{n-1})] + h(x_{n-1})[g(H_{n-1}) - g(H_{n-2})] + \cdots + h(x_1)g(H_1) \end{aligned} \tag{7-5}$$

式中，$H_1 = \{x_1\}$，$H_2 = \{x_1, x_2\}$，$\cdots$，$H_n = \{x_1, x_2, \cdots, x_n\} = X$。

7.1.1.4 优化设计

田口方法的目的在于将由噪声因素引起的品质特性变异最小化，同时最大化地提高平均品质特性，进而使信噪比最大化。当将多个信噪比转化为一个模糊积分值时，同样的理念可以推广到模糊积分值。

在模糊积分值的基础上，进行方差分析。方差分析表由自由度、平方和、均方、f 值、p 值以及贡献率等组成。在方差分析中，p 值被称为显著性概率，如果设计变量的 p 值小于 0.05，表明设计变量对品质特性的影响显著。因此，方差分析的结果可以很清楚地表明每个设计变量对模糊积分值的影响。

为了确定最优的产品造型设计，需要计算各设计变量的水平值，即各设计变量中相同水平试验结果的均值，公式为

$$R_i = \frac{\sum\limits_{i=1}^{m} FIV_i}{m} \tag{7-6}$$

式中，R_i 为设计变量水平值；FIV_i 为具有相同水平的设计变量的模糊积分值；m 为相同水平设计变量的试验样本数。根据 R_i 可得到反应表和反应图，然后在所有可能的设计变量组合中选择模糊积分值最大的组合，从而获得最优的产品造型设计。

最后是验证所得到的最优产品造型设计的性能，可采用包含初始设计和优化设计的确认试验，以得到多种情感反应的评价值，根据这些值，计算信噪比和模糊积分值，进而通过品质性能的对比来验证所得到的最优设计。

7.1.2 案例研究

本节继续针对第 6 章的汽车造型设计案例进行研究。

7.1.2.1 设计分析

（1）确定设计变量

设计变量的分析见第 6.1.2 节，设计变量共分为两类：一类与造型有关，如表7-2 所示；另一类与比例有关，如表 7-3 所示。这两类变量均是离散型设计变量。

表 7-2　有关造型的设计变量

设计变量	水平 1	水平 2	水平 3
A （前保险杠）			

设计变量	水平 1	水平 2	水平 3
B （前部）			
C （顶部）			
D （后部）			
E （后保险杠）			

表 7-3　有关比例的设计变量

设计变量	示意图	水平 1	水平 2	水平 3
F （汽车高度与汽车 长度之比，H_1/L_1）		0.32	0.37	0.42
G （汽车顶部与汽车 高度之比，H_2/H_1）		0.27	0.30	0.33
H （车轮高度与汽车 高度之比，H_3/H_1）		0.40	0.45	0.50

设计变量	示意图	水平1	水平2	水平3
I （底盘高度与车轮 高度之比，H_4/H_3）	H_4 H_3	0.20	0.35	0.50
J （前部长度与汽车 长度之比，L_2/L_1）	L_2 L_1	0.18	0.24	0.30
K （后部长度与汽车 长度之比，L_3/L_1）	L_3 L_1	0.09	0.13	0.17
L （前悬长度与汽车 长度之比，L_4/L_1）	L_4 L_1	0.14	0.18	0.22
M （后悬长度与汽车 长度之比，L_5/L_1）	L_5 L_1	0.17	0.20	0.23

（2）确定情感反应

情感反应的分析见第 6.1.2 节，结果如表 6-5 所示，共确定了四个因素，分别为"传统的-现代的""不舒适的-舒适的""方正的-圆润的"和"复杂的-简洁的"，将这些因素作为情感反应的品质特性。

7.1.2.2 田口试验

（1）田口试验设计

共有 13 个设计变量，每个设计变量有 3 个水平，可能的组合数为 1594323（$3^{13}=1594323$）。为了减少试验样本的数量，使用正交表。在本节中，只考虑主效应，不考虑相互作用。每个设计变量的自由度为 2（水平数减 1，即 $3-1=2$），因此，总自由度为 $13\times2=26$。选择 L_{27} 正交表，该正交表的自由度为 26，共确定了

27 种组合，根据这些组合设计试验样本，结果见第 6.1.2 节中的表 6-4 和图 6-2。

（2）执行试验

通过问卷调查的方式进行试验，问卷将 27 个试验样本与 4 个情感因素相结合，采用 7 等级语义差异量表（1～7），其中 1 表示左侧的情感反应最强烈，7 表示右侧的情感反应最强烈。例如，对于"传统的-现代的"情感反应因子，1 表示最传统的，7 表示最现代的。要求试验参与者按照随机的顺序评价 27 个样本，问卷调查的统计结果见表 7-4。

表 7-4 田口试验中情感反应的评价结果

试验样本编号	传统的-现代的		不舒适的-舒适的		方正的-圆润的		复杂的-简洁的	
	平均值	标准差	平均值	标准差	平均值	标准差	平均值	标准差
1	4.20	1.62	4.52	1.56	2.28	0.92	3.33	1.24
2	3.88	1.53	4.07	1.23	2.87	0.87	3.40	1.36
3	2.27	0.88	2.83	1.04	2.37	0.78	3.93	1.53
4	4.57	1.24	4.20	1.22	3.53	1.16	3.67	1.08
5	4.52	1.35	4.37	1.31	4.07	0.90	3.98	1.16
6	2.95	1.23	4.12	1.50	4.93	0.99	3.87	1.27
7	5.50	1.27	4.17	1.33	4.37	1.26	4.93	1.07
8	4.62	1.64	3.97	1.31	5.62	1.03	4.90	1.42
9	4.20	1.45	4.45	1.11	5.55	0.96	4.70	1.33
10	4.85	1.53	4.68	1.23	3.93	0.92	4.17	1.36
11	3.35	1.42	3.97	1.63	4.03	1.22	3.57	1.16
12	4.45	1.66	4.37	1.28	3.97	0.99	4.28	1.17
13	4.17	1.37	4.20	1.22	4.50	1.03	3.82	1.26
14	3.07	1.30	4.03	1.57	5.22	0.87	3.28	1.49
15	5.50	0.95	4.63	1.30	4.28	0.99	4.45	0.98
16	3.65	1.40	3.77	1.18	2.22	1.04	3.37	1.33
17	2.77	0.89	2.80	1.16	2.58	1.09	2.83	1.11
18	4.53	1.44	3.78	1.26	3.17	0.92	4.15	1.25
19	3.90	1.30	4.83	0.94	5.17	0.94	4.70	1.12
20	5.88	1.19	5.00	1.10	5.12	0.92	4.92	0.83
21	3.30	1.21	3.03	1.46	3.80	1.34	3.97	1.78
22	2.95	1.03	3.58	1.14	2.85	1.22	3.93	1.51
23	4.43	1.39	4.18	1.28	3.18	1.03	3.68	1.33

试验样本编号	传统的-现代的		不舒适的-舒适的		方正的-圆润的		复杂的-简洁的	
	平均值	标准差	平均值	标准差	平均值	标准差	平均值	标准差
24	4.45	1.41	4.15	1.27	3.67	1.02	4.73	1.51
25	3.25	1.20	3.97	1.40	4.38	1.04	4.17	1.09
26	5.10	1.56	4.07	1.22	3.55	1.38	4.77	0.93
27	4.45	1.42	4.48	1.27	4.22	1.14	4.68	1.43

（3）计算每种情感反应的信噪比

在语义差异量表中，获得具有右侧情感反应的设计属于望大型，获得具有左侧情感反应的设计属于望小型，获得具有一定程度情感反应的设计属于望目型。根据调查，试验参与者希望购买一辆看起来最现代的、最舒适的、最圆润的、最简洁的汽车，所有这些品质特性都在语义差异量表的右侧，因此它们都属于望大型，使用第 6.2.1 节的式(6-18)计算信噪比，结果见表 7-5。

表 7-5　情感反应的信噪比和相应的模糊积分值

试验样本编号	信噪比/dB				模糊积分值	排名
	现代的 (0.81, 0.91, 0.99, 0.99)	舒适的 (0.40, 0.50, 0.51, 0.61)	圆润的 (0.21, 0.31, 0.40, 0.50)	简洁的 (0.70, 0.80, 0.80, 0.89)		
1	10.01	10.73	4.91	8.20	10.30	20
2	9.90	10.71	7.40	8.22	10.25	21
3	4.91	6.76	5.45	8.56	8.03	26
4	12.01	10.54	9.43	9.74	11.86	9
5	11.72	10.81	11.48	10.14	11.65	11
6	7.20	10.33	13.17	9.28	10.88	18
7	13.50	10.60	10.83	12.88	13.42	3
8	10.54	9.84	14.36	12.21	12.75	5
9	10.76	11.80	14.29	11.96	12.70	6
10	12.09	12.12	11.16	10.62	12.06	8
11	8.08	9.19	10.34	8.56	9.37	23
12	10.84	11.30	11.07	11.30	11.26	16
13	10.87	11.16	12.22	10.04	11.42	12

试验样本编号	信噪比/dB				模糊积分值	排名
	现代的	舒适的	圆润的	简洁的		
	(0.81，0.91，0.99，0.99)	(0.40，0.50，0.51，0.61)	(0.21，0.31，0.40，0.50)	(0.70，0.80，0.80，0.89)		
14	7.65	9.87	13.89	7.18	10.58	19
15	14.29	11.64	11.73	11.99	14.11	1
16	9.36	9.56	3.93	8.27	9.41	22
17	7.36	5.66	5.33	6.42	7.28	27
18	11.40	9.19	8.71	10.82	11.34	14
19	9.93	13.04	13.65	12.38	12.90	4
20	14.15	13.03	13.48	13.43	14.10	2
21	8.82	6.62	8.07	7.23	8.72	25
22	7.44	9.93	6.12	8.64	9.17	24
23	11.29	10.90	8.26	9.49	11.21	17
24	11.22	10.99	10.30	11.90	11.76	10
25	8.89	10.14	11.94	11.25	11.28	15
26	12.01	10.48	8.75	12.75	12.58	7
27	11.33	11.43	11.27	11.11	11.37	13

7.1.2.3 信噪比转换

将四种情感反应品质特性的信噪比转换为模糊积分值。为了获得模糊积分值，邀请试验参与者表达他们对四种情感反应的偏好。在调查过程中采用梯形模糊数，如表7-1所示，将所有参与者的偏好加以整合，然后根据式(7-2)，通过解模糊计算出四种情感反应的权重，结果如表7-6所示。

表 7-6　整合后的情感反应偏好模糊数和其相应的解模糊值

情感反应	整合后的模糊数	解模糊值
现代的	(0.81，0.91，0.99，0.99)	0.9218
舒适的	(0.40，0.50，0.51，0.61)	0.5050
圆润的	(0.21，0.31，0.40，0.50)	0.3550
简洁的	(0.70，0.80，0.80，0.89)	0.7967

将四种情感反应偏好的解模糊值代入式(7-3)，计算 λ：

$$\lambda + 1 = (1 + 0.9218\lambda) \times (1 + 0.5050\lambda) \times (1 + 0.3550\lambda) \times (1 + 0.7967\lambda)$$

可得 λ 为 -0.9944，该值小于零，表明这四种情感反应具有相抵作用，即劣加法性。

根据式(7-4)，可以得到一部分模糊测度，如表 7-7 所示。

表 7-7　4 个指标的模糊测度

评价指标的子集合	模糊测度（g_λ）
舒适的	0.5050
现代的	0.9218
简洁的	0.7967
圆润的	0.3550
舒适的，现代的	0.9639
舒适的，现代的，简洁的	0.9970
舒适的，现代的，简洁的，圆润的	1.0000

模糊积分值可使用式(7-5)计算。例如，对于试验样本 1（见表 7-5），模糊积分值的计算过程为：

$$\int h(x) \cdot \mathrm{d}g = (10.73 - 10.01) \times 0.5050 + (10.01 - 8.20) \times 0.9639$$
$$+ (8.20 - 4.91) \times 0.9970 + 4.91 \times 1.0000$$
$$= 10.30$$

重复这些步骤，可得所有试验样本的模糊积分值，结果见表 7-5。最高模糊积分值的试验样本组合排名第 1，最低模糊积分值的试验样本组合排名第 27。很明显，在 27 个样本中，试验样本 15 的模糊积分值最大，因此该样本具有最好的多种情感反应品质特性。

7.1.2.4　优化设计

（1）通过统计分析确定最优设计

方差分析用于确定重要的设计变量，并确定每个设计变量对模糊积分值的贡献率。模糊积分值的方差分析结果如表 7-8 所示，其中加 "*" 的设计变量表示该设计变量的误差已经被合并，误差的合并采用田口方法所推荐的方式，即合并设计变量的误差直到误差自由度约为试验总自由度的一半。可以发现，设计变量 C、F、G、H、K 对模糊积分值有显著影响，设计变量 C 所占的百分比最高，为 33.70%，因此设计变量 C 是最重要的设计变量。

表 7-8　针对模糊积分值的方差分析结果

设计变量	自由度	平方和	均方	F 值	P 值	贡献率/%
A	2	2.44	1.22	2.06	0.170	1.62
B	2	2.18	1.09	1.83	0.202	1.27
C	2	27.32	13.66	23.02	0.000	33.70
D*	2	1.80	0.90			
E*	2	0.27	0.13			
F	2	18.25	9.12	15.38	0.000	22.00
G	2	6.15	3.07	5.18	0.024	6.40
H	2	4.72	2.36	3.97	0.047	4.55
I*	2	0.60	0.30			
J*	2	2.08	1.04			
K	2	9.41	4.70	7.93	0.006	10.60
L*	2	0.45	0.23			
M*	2	1.89	0.95			
误差（合并）	12	7.12	0.59	1.00	0.500	19.89
总计	26	77.54				100

　　方差分析得到的设计变量之间的相对效应，可通过反应表和反应图进行验证。方差分析、反应表和反应图都是设计分析的重要工具。每个设计变量各水平的值可通过式(7-6)进行计算，结果如表 7-9 所示，其中加粗的数字表示每个设计变量的最优水平。极差表示水平值的最大值和最小值之间的差异，根据极差的大小对设计变量的重要性进行排序，极差越大表示设计变量越重要，极差最大的设计变量为最重要的设计变量，排名第 1。

表 7-9　针对模糊积分值的反应表

水平	A	B	C	D	E	F	G	H	I	J	K	L	M
1	11.32	10.78	9.86	11.10	**11.31**	**12.24**	10.52	**11.62**	11.09	10.81	11.57	**11.30**	10.89
2	10.76	**11.40**	11.37	10.90	11.08	11.04	**11.63**	11.29	11.05	**11.48**	**11.62**	11.00	11.11
3	**11.45**	11.35	**12.30**	**11.52**	11.13	10.24	11.38	10.62	**11.39**	11.24	10.34	11.22	**11.53**
极差	0.69	0.62	2.44	0.62	0.23	2.00	1.11	1.00	0.33	0.67	1.28	0.30	0.64
排名	6	9	1	10	13	2	4	5	11	7	3	12	8

　　针对模糊积分值的反应图见图 7-2，图中虚线表示 27 个试验样本模糊积分值的平均值（11.18）。从图中可以发现，设计变量 C 对模糊积分值的影响最大，其

次是设计变量 F、K、G 和 H。此外，设计变量 E 对模糊积分值的影响最小。

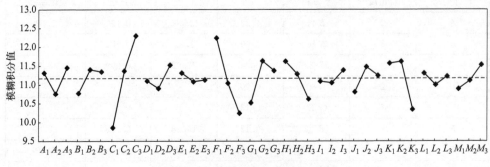

图 7-2 针对模糊积分值的反应图

所有设计变量最优水平的组合对应的模糊积分值最大，根据反应表或反应图，最优水平组合为 $A_3B_2C_3D_3E_1F_1G_2H_1I_3J_2K_2L_1M_3$。

（2）确认测试

根据反应表或反应图确定最优设计组合，但该组合并未在 L_{27} 正交表的组合中，因此需要进行确认测试以验证其有效性。要求参与者采用 7 等级语义差异量表，评价所获得的最优水平组合、正交表中最优水平组合以及正交表中初始水平组合，表 7-10 列出了这三种汽车造型设计的比较结果，可以发现所获得的最优设计组合是正确有效的。

表 7-10　确认测试的结果

项目	正交表中初始的设计组合 （样本 1）	正交表中最优的设计组合 （样本 15）	最优设计组合
水平组合	$A_1B_1C_1D_1E_1F_1G_1$ $H_1I_1J_1K_1L_1M_1$	$A_2B_2C_3D_1E_3F_1G_2$ $H_1I_2J_3K_2L_3M_1$	$A_3B_2C_3D_3E_1F_1G_2$ $H_1I_3J_2K_2L_1M_3$
设计草图			
现代的	4.20	5.50	5.95
舒适的	4.52	4.63	4.65
圆润的	2.28	4.28	4.57
简洁的	3.33	4.45	4.91
模糊积分值	10.30	14.11	15.38
模糊积分值的提升值		3.81	5.08

7.1.3 结果讨论

本节提出了一种面向稳健参数设计的产品造型设计方法，以解决与多种情感反应相关的产品造型优化设计问题，并通过汽车造型设计案例，展示了所提出的方法。

表 7-11 给出了基于单一情感反应的优化设计和多种情感反应的优化设计比较。显然，"现代的""舒适的""圆润的"和"简洁的"四种单一情感反应的优化设计各不相同，这表明这四种单一情感反应之间存在冲突。研究的目的是获得一个能够平衡这些单一情感反应的最优设计。可以看出，单一情感反应"现代的"模糊积分值与多种情感反应的模糊积分值差异最小，相比之下，单一情感反应"圆润的"模糊积分值与多种情感反应的模糊积分值差异最大。这是因为试验参与者对"现代的"偏好权重相对较大，其解模糊值高达 0.9218，而对"圆润的"偏好权重相对较小，其解模糊值仅为 0.3550。

表 7-11　优化结果的比较

项目	单一情感反应"现代的"	单一情感反应"舒适的"	单一情感反应"圆润的"	单一情感反应"简洁的"	多种情感反应
最优设计组合	$A_3B_3C_3D_3E_1$ $F_1G_2H_2I_2J_3$ $K_2L_1M_3$	$A_3B_2C_3D_3E_1$ $F_1G_2H_2I_1J_2$ $K_2L_1M_2$	$A_3B_2C_3D_3E_3$ $F_3G_2H_1I_1J_2$ $K_1L_1M_3$	$A_3B_3C_3D_3E_3$ $F_1G_2H_1I_3J_3$ $K_2L_1M_3$	$A_3B_2C_3D_3E_1$ $F_1G_2H_1I_3J_2$ $K_2L_1M_3$
设计草图					
现代的	5.97	5.39	4.72	5.63	5.95
舒适的	4.41	5.54	4.07	4.22	4.65
圆润的	4.48	4.60	5.89	4.63	4.57
简洁的	4.83	4.86	5.15	5.26	4.91
模糊积分值	15.35	14.72	14.54	14.95	15.38

为了将多个品质特性整合到一个性能指标中，常采用的方法是 TOPSIS、VIKOR、灰色关联分析等，这些方法认为品质特性具有可加性和独立性。从可加性的角度来看，情感反应的评价属于主观评价，评价过程并不完全符合线性模式，因此，这些方法具有一定的局限性。然而，模糊积分不需要满足线性模式，只需要满足单调性，这意味着限制条件较为宽松。从独立性的角度来看，指标之间或

多或少存在交互作用，尤其是对于主观指标而言更是如此，但逐一确定这种交互作用非常困难。因此，对于主观性较强的指标，使用不需要满足加法性质的模糊积分是非常合适的。

在这项研究中，使用 λ 模糊测度探讨与多种情感反应相关的信噪比之间的交互作用。然而，λ 模糊测度有一个缺点：它只代表评价指标之间的一种交互效应。换句话说，所有指标中只存在相乘作用、相抵作用或无相互作用三种情况中的一种，λ 模糊测度不能表示所有指标之间的多重交互效应，表示非可加性的能力较低。为了克服这一缺点，后续研究可采用 k 序可加测度、p 对称非可加测度、k 宽容与 k 不宽容非可加测度等。

本节所提出的方法是一种稳健设计方法，可以将多个品质特性转化为单个品质特性，从而简化优化问题。此外，该方法可以解释与多种情感反应相关的品质特性之间的交互作用。总之，所提出的方法具有以下优势：

① 传统的造型设计研究方法，如感性工学方法，一般采用平均值，本节所提出的方法使用信噪比，能同时兼顾平均值和变异。因此，它使得到的最优产品造型设计更加稳健。

② 所提出的方法将所有目标整合为一个综合绩效指数（模糊积分值），基于该指数，可以进行方差分析，并得出反应表和反应图，进而获得最优设计。

③ 在研究中为了表达多种情感反应偏好，使用了模糊语言变量，与常用的层次分析法相比，该方法使用更方便，也更容易理解。

④ 在研究中使用模糊积分作为多准则决策方法，模糊积分可以有效探讨情感反应品质特性之间的交互作用。

7.2　基于模糊度量的产品造型多目标稳健参数设计

人对产品的情感反应具有一定的不精确性或模糊性，在对情感反应进行度量时，传统的方法如语义差异量表、李克特量表等所采用的清晰值难以准确地度量情感反应。相比之下，模糊数可有效表示人情感反应的不精确性或模糊性。

人对产品的情感反应往往是多方面的，为了获得参与者对多重情感反应的偏好，许多研究使用了单答案问卷。模糊统计认为，人的思维不能用单一的选项来衡量或描述，多答案的模糊问卷可以反映人的思维的多变性和复杂性，降低评价者的主观性程度，增强评价过程的稳健性和一致性。通过模糊问卷，可以从模糊数据中了解参与者的选择和模糊思维，也就是说，模糊问卷更能准确地反映参与者的偏好。

根据偏好权重将多种情感反应的品质特性整合为一个指标时，通常需要采用多准则决策方法。多准则妥协解排序法（VlseKriterijumska Optimizacija I Kompromisno Resenje，VIKOR）是一种用于复杂系统多准则决策的方法，该方法由Opricovic提出，是一种基于理想点法的决策方法。VIKOR为大多数人提供了最大的群体效用，同时为反对意见提供了最小的个人遗憾，因此得到的折中解是非常令人满意的。近年来，VIKOR已被许多研究者用于解决决策问题。

本节提出一种基于模糊度量的产品造型多目标稳健参数设计方法，使用模糊集合度量消费者对产品的情感反应，使用模糊问卷获取消费者对多种情感反应的偏好权重，使用VIKOR将多种情感反应的信噪比转换为单一指标，即多品质特性指数（Multi-performance Characteristic Index，MPCI），以MPCI为基础，对产品造型设计进行优化。

7.2.1 研究方法

本节提出一种将田口方法、模糊理论、VIKOR相结合的结构化方法来优化产品造型设计，该方法包括四个阶段：①设计分析、②田口试验、③信噪比转换、④优化设计。方法的架构如图7-3所示。

7.2.1.1 设计分析

第一阶段是设计分析，包括设计变量分析和情感反应分析。设计变量分析旨在明确造型特征，确定设计变量及其水平。在情感反应的分析中，通常用形容词描述人对产品的情感反应，然后使用因子分析法识别这些形容词所隐含的情感因素。

7.2.1.2 田口试验

以设计变量为控制因素，以情感因素为品质特性，设计田口试验。根据设计变量及其水平，计算总自由度，然后选择一个合适的正交表，正交表的自由度应不小于设计变量的总自由度。

品质特性可分为三种类型，即望大特性（LTB）、望目特性（NTB）、望小特性（STB），其信噪比的计算公式分别见第6.2.1节中的式(6-18)～式(6-20)。

为了度量情感反应的品质表现，使用模糊语言，采用三角形模糊数 $\widetilde{A} = (a_1, a_2, a_3)$，其定义如下：

$$\mu_{\widetilde{A}}(x) = \begin{cases} 0, & x < a_1 \\ (x - a_1)/(a_2 - a_1), & a_1 \leqslant x \leqslant a_2 \\ (a_3 - x)/(a_3 - a_2), & a_2 \leqslant x \leqslant a_3 \\ 0, & x > a_3 \end{cases} \tag{7-7}$$

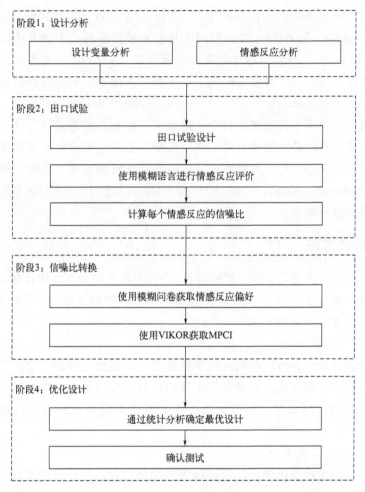

图 7-3　研究方法的架构

式中，$\mu_{\widetilde{A}}(x)$ 为隶属函数，x 为变量，a_1、a_2 和 a_3 为参数。使用三角形模糊数计算信噪比涉及三角形模糊数的算术运算，三角形模糊数的加法、减法运算结果仍然是三角形模糊数，而三角形模糊数的乘法和除法运算结果并不是三角形模糊数。本节使用 α 截集计算不同 α 水平的信噪比，三角形模糊数的 α 截集为

$$\widetilde{A}_a = [a_1 + (a_2 - a_1)\alpha, \ a_3 - (a_3 - a_2)\alpha] \tag{7-8}$$

信噪比的计算需进行解模糊，在此采用重心法进行解模糊，其计算公式为

$$SN = \frac{\sum SN_i \times [\mu(SN_i)]}{\sum [\mu(SN_i)]} \tag{7-9}$$

式中，SN 是解模糊后的信噪比值，$\mu(SN_i)$ 是第 i 个 α 水平的隶属函数，SN_i 是第 i 个 α 水平的信噪比。

7.2.1.3 信噪比转换

将模糊情感反应问卷与 VIKOR 相结合，把多目标优化问题转换为等效的单目标优化问题。

（1）使用模糊问卷获取情感反应偏好

为了帮助消费者准确表达情感反应偏好，使用带有多个答案的模糊问卷。在分析模糊问卷时，需要用到模糊样本平均数，其定义如下：

设 U 为一个论域，令 $L=\{L_1, L_2, \cdots, L_k\}$ 为论域 U 上的 k 个语言变量，$\left\{x_i=\dfrac{m_{i1}}{L_1}+\dfrac{m_{i2}}{L_2}+\cdots+\dfrac{m_{ik}}{L_k}, \ i=1, 2, \cdots, n\right\}$ 为一组模糊样本，m_{ij} 为第 i 个样本相对于语言变量 L_j 的隶属度，$\sum\limits_{j=1}^{k} m_{ij}=1$，则模糊样本均值可表示为

$$F\bar{x}=\frac{\dfrac{1}{n}\sum\limits_{i=1}^{n} m_{i1}}{L_1}+\frac{\dfrac{1}{n}\sum\limits_{i=1}^{n} m_{i2}}{L_2}+\cdots+\frac{\dfrac{1}{n}\sum\limits_{i=1}^{n} m_{ik}}{L_k} \tag{7-10}$$

为了获取消费者对多种情感反应的偏好权重，使用模糊相对权重（Fuzzy Relative Weight，FRW），其定义如下：

设论域集合 $S=\{S_1, S_2, \cdots, S_k\}$，偏好效用序列 $r=\{r_1, r_2, \cdots, r_f\}$，$\mu_{S_i l}$ 为 $S_i(i=1, 2, \cdots, k)$ 在 $r_l(l=1, 2, \cdots, f)$ 的隶属度，则模糊相对权重 $FRW=(FRW_{S_1}, FRW_{S_2}, \cdots, FRW_{S_k})$ 的计算公式为

$$FRW_{S_i}=\frac{\sum\limits_{l=1}^{f} l \cdot \mu_{S_i l}}{\sum\limits_{i=1}^{k}\sum\limits_{l=1}^{f} l \cdot \mu_{S_i l}} \tag{7-11}$$

式中，$r_1 < r_2 < \cdots < r_f$，并且 $i=1, 2, \cdots, k$。

（2）使用 VIKOR 获取 MPCI

VIKOR 根据各种可能相互矛盾的指标对一组备选方案进行排序，针对每个备选方案的每个指标，通过比较其与理想备选方案的接近程度对备选方案进行排序。VIKOR 的聚合函数是从 L_p 度量发展而来的，令 f_{ij} 为第 i 个方案的第 j 个指标的评价值，则 L_p 度量可定义为：

$$L_{p,i}=\left\{\sum\limits_{j=1}^{n}\left[w_j(f_j^* - f_{ij})/(f_j^* - f_j^-)\right]^p\right\}^{1/p} \tag{7-12}$$

式中，$1 \leqslant p \leqslant \infty$，$i=1, 2, \cdots, m$。

在 VIKOR 中，效用函数为 $L_{1,i}$ 和 $L_{\infty,i}$ 的集成，$L_{1,i}$ 是指"一致性"，它可为决策者提供有关最大群体效用（Group Utility）的信息，$L_{\infty,i}$ 是指"不一致"，它可为决策者提供有关反对意见的最小个体遗憾（Individual Regret）的信息。VIKOR 通过最大化群体效用和最小化个体遗憾对备选方案进行折中排序。

VIKOR 具有以下特征：①用 VIKOR 确定的最优方案是离正理想解最近和离负理想解最远的方案；②从决策者的角度来看，使用 VIKOR 确定的最优方案保证了群体效用的最大化和个体遗憾的最小化；③VIKOR 考虑了 $L_{1,i}$ 和 $L_{\infty,i}$ 两个距离测量，分别提供群体效用和遗憾信息的度量；④VIKOR 在决策中考虑两个权重，一个与指标有关，另一个与决策机制有关。由于这些特点，VIKOR 可以有效地进行多准则决策。

采用 VIKOR 将信噪比转换为 MPCI 的步骤如下：

步骤 1：对信噪比矩阵进行标准化

对试验样本的信噪比进行标准化处理，公式为

$$f_{ij} = \frac{x_{ij}}{\sqrt{\sum_{i=1}^{m} x_{ij}^2}} \tag{7-13}$$

式中，x_{ij} 是试验样本 A_i 的第 j 个指标特性的信噪比，f_{ij} 是标准化后的信噪比，$i=1, 2, \cdots, m$，$j=1, 2, \cdots, n$。标准化后的决策矩阵可表示为

$$\boldsymbol{F} = [f_{ij}]_{m \times n} \tag{7-14}$$

步骤 2：确定正理想解和负理想解

正理想解 A^* 和负理想解 A^- 的计算公式为

$$A^* = \{(\max f_{ij} \mid j \in J) \text{ 或} (\min f_{ij} \mid j \in J') \mid i=1, 2, \cdots, m\} \tag{7-15}$$
$$= \{f_1^*, f_2^*, \cdots, f_n^*\}$$

$$A^- = \{(\min f_{ij} \mid j \in J) \text{ 或} (\max f_{ij} \mid j \in J') \mid i=1, 2, \cdots, m\} \tag{7-16}$$
$$= \{f_1^-, f_2^-, \cdots, f_n^-\}$$

式中，$J = \{j=1, 2, \cdots, n \mid f_{ij} \text{ 为望大型}\}$，$J' = \{j=1, 2, \cdots, n \mid f_{ij} \text{ 为望小型}\}$。

步骤 3：计算群体效用和个体遗憾

每个备选方案的群体效用和个体遗憾的计算公式为

$$S_i = \sum_{j=1}^{n} w_j (f_j^* - f_{ij})/(f_j^* - f_j^-) \tag{7-17}$$

$$R_i = \max_j [w_j (f_j^* - f_{ij})/(f_j^* - f_j^-)] \tag{7-18}$$

式中，S_i 和 R_i 分别代表群体效用和个体遗憾，w_j 是第 j 个情感反应品质特性的偏

好权重。

步骤 4：计算 MPCI 值

将 VIKOR 指数即折中决策指标值，作为 MPCI 值，其计算公式为

$$Q_i = v\left[\frac{S_i - S^*}{S^- - S^*}\right] + (1-v)\left[\frac{R_i - R^*}{R^- - R^*}\right] \tag{7-19}$$

式中，Q_i 代表第 i 个备选方案的 MPCI 值；$i=1$，2，$\cdots$，m；$S^* = \min_i S_i$，$S^- = \max_i S_i$，$R^* = \min_i R_i$，$R^- = \max_i R_i$；v 为决策机制系数，通常取 0.5，表示采用兼顾大多数群体利益和少数反对意见的决策机制进行决策。

步骤 5：对试验样本进行排序

根据 MPCI 值对试验样本进行排序，设计变量水平组合的 MPCI 值越小越好，MPCI 值最小的样本排名第 1。

7.2.1.4 优化设计

令 η_i 为具有相同水平的设计变量的 MPCI 值，则设计变量每个水平的均值的计算公式为：

$$R_i = \frac{\sum\limits_{i=1}^{m} \eta_i}{m} \tag{7-20}$$

式中，R_i 是设计变量水平值，m 是具有相同设计变量水平的试验样本数。根据设计变量水平值可制作反应表和反应图，通过反应表和反应图可进行优化设计。在 VIKOR 中，MPCI 越小，多重品质特性越好。因此，在所有可能的设计变量组合中，最小的 MPCI 值对应的设计组合为最优设计。

最后还需要对所获得的最优设计进行验证，进行包含初始设计和最优设计的确认试验，以获得多种情感反应的评价值。根据评价值，计算信噪比和 MPCI 值，据此对品质性能进行比较，以验证所得到的最优设计的性能。

7.2.2 案例研究

本节以第 7.1 节中的汽车造型设计为例进行研究。

7.2.2.1 设计分析

（1）设计变量分析

汽车造型的设计变量分析与第 7.1.2 节相同，即设计变量共分为两类：一类与造型有关，如表 7-2 所示；另一类与比例有关，如表 7-3 所示。

（2）情感反应分析

情感反应的分析见第 6.1.2 节，结果如表 6-5 所示，共确定了四个因素，即

"传统的-现代的""不舒适的-舒适的""方正的-圆润的"和"复杂的-简洁的",根据调查结果,选择每个因素右侧的情感反应作为品质特性,进行产品造型的多目标稳健优化设计。

7.2.2.2 田口汽车造型设计试验

(1) 田口试验设计

田口试验设计见第 6.1.2 节,共有 27 种组合被用作试验样本,如表 6-4 和图 6-2 所示。

(2) 使用模糊语言进行情感反应评价

共招募 60 名试验参与者(30 名女性和 30 名男性,22～30 岁),通过问卷进行试验。问卷由 27 个试验样本和 4 种情感因素组成,这些因素使用 5 等级的模糊语言进行评分,即非常低(Very Low,VL)、低(Low,L)、中(Medium,M)、高(High,H)、非常高(Very High,VH)。采用三角形模糊数表示这 5 个等级,相应的隶属函数如图 7-4 所示。

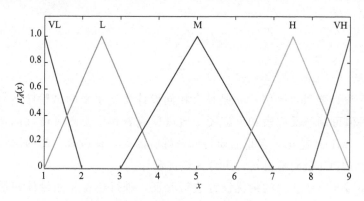

图 7-4　情感反应评价所使用的模糊语言

(3) 计算每个情感反应的信噪比

采用模糊语言度量情感反应,模糊语言的等级越高,情感反应的品质越好,所有情感反应的品质特性都属于望大型。因此,使用望大型的信噪比计算公式计算信噪比,如第 6.2.1 节中的式(6-18)所示。

由于计算信噪比涉及三角形模糊数的乘法和除法运算,因此使用 α 截集计算信噪比。对于不同的 α 水平,计算了 α 截集平方的倒数。将所有试验参与者的评价结果加以整合,根据整合后的结果,计算信噪比。例如,对于模糊语言等级"中"(Medium,M),将 α 水平 0,0.100,0.200,…,1.000 分别代入式(7-8),计算 α 截集,接着计算 α 截集平方的倒数,如表 7-12 所示。

表 7-12　不同 α 水平下模糊数"中等"的计算

α 水平	α 截集		平方		倒数	
	左（Left）	右（Right）	左（Left）	右（Right）	左（Left）	右（Right）
0	3.000	7.000	9.000	49.000	0.020	0.111
0.100	3.200	6.800	10.240	46.240	0.022	0.098
0.200	3.400	6.600	11.560	43.560	0.023	0.087
0.300	3.600	6.400	12.960	40.960	0.024	0.077
0.400	3.800	6.200	14.440	38.440	0.026	0.069
0.500	4.000	6.000	16.000	36.000	0.028	0.063
0.600	4.200	5.800	17.640	33.640	0.030	0.057
0.700	4.400	5.600	19.360	31.360	0.032	0.052
0.800	4.600	5.400	21.160	29.160	0.034	0.047
0.900	4.800	5.200	23.040	27.040	0.037	0.043
1.000	5.000	5.000	25.000	25.000	0.040	0.040

对试验样本 1，通过整合 60 名试验参与者对"现代的"情感反应的评价，计算不同 α 水平的信噪比，如表 7-13 和图 7-5 所示。接着，通过使用式（7-9）进行解模糊，得到信噪比的值为 11.774。

表 7-13　不同 α 水平下信噪比的计算

α 水平	倒数的合成		信噪比/dB	
	左（Left）	右（Right）	左（Left）	右（Right）
0	1.306	9.729	15.450	5.116
0.100	1.383	7.968	15.169	6.188
0.200	1.468	6.694	14.878	7.120
0.300	1.562	5.734	14.574	7.945
0.400	1.667	4.986	14.257	8.683
0.500	1.782	4.389	13.926	9.353
0.600	1.912	3.902	13.579	9.965
0.700	2.057	3.499	13.214	10.529
0.800	2.222	3.159	12.830	11.052

α 水平	倒数的合成		信噪比/dB	
	左（Left）	右（Right）	左（Left）	右（Right）
0.900	2.409	2.871	12.425	11.539
1.000	2.623	2.623	11.996	11.996

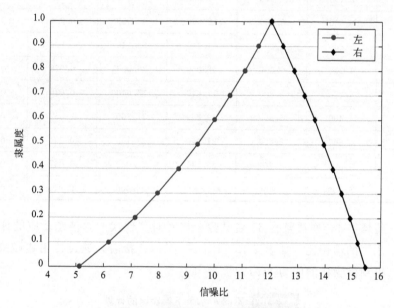

图 7-5　模糊数"中"的信噪比

同理，可计算所有试验样本关于"现代的""舒适的""圆润的""简洁的"等四种情感反应的信噪比值，结果见表 7-14 的第 2～5 列。

表 7-14　情感反应的信噪比和相应的 MPCI

试验样本编号	信噪比/dB				MPCI	排名
	现代的	舒适的	圆润的	简洁的		
	0.313	0.254	0.156	0.277		
1	11.774	12.809	6.400	10.068	0.592	19
2	12.402	12.633	9.447	10.136	0.550	18
3	6.393	8.662	7.083	10.064	0.978	27
4	14.076	12.403	11.469	12.131	0.307	13
5	14.118	12.089	13.723	11.979	0.308	14

试验样本编号	信噪比/dB				MPCI	排名
	现代的	舒适的	圆润的	简洁的		
	0.313	0.254	0.156	0.277		
6	9.082	12.402	14.631	10.993	0.611	22
7	15.079	12.403	12.724	14.085	0.186	3
8	12.353	11.765	15.734	13.799	0.295	12
9	13.169	13.450	15.794	13.641	0.204	4
10	14.415	13.769	13.684	12.415	0.226	6
11	10.047	10.951	12.518	10.390	0.600	20
12	13.342	13.186	13.468	13.111	0.229	7
13	13.263	13.380	13.973	12.113	0.284	11
14	9.681	11.816	14.942	8.685	0.715	24
15	15.395	13.196	13.580	13.341	0.130	2
16	11.500	11.376	5.277	10.352	0.607	21
17	9.434	7.215	6.837	8.083	0.941	26
18	13.457	11.093	11.227	12.742	0.366	15
19	12.247	14.478	14.890	14.025	0.251	9
20	15.806	14.691	14.547	14.488	0.000	1
21	11.038	8.256	9.542	8.553	0.819	25
22	9.462	12.795	7.636	10.244	0.654	23
23	13.278	12.988	10.468	11.477	0.385	16
24	13.204	13.416	13.034	14.033	0.216	5
25	11.418	12.327	13.923	13.238	0.385	17
26	13.926	12.081	10.633	13.781	0.259	10
27	13.421	13.028	13.238	12.740	0.238	8

7.2.2.3 信噪比转换

（1）使用模糊问卷获取情感反应偏好

采用模糊问卷对 60 名参与者进行调查，以获取他们对四种情感的反应偏好。问卷中有五个语言选项，分别为非常不重要（Very Unimportant，VU）、不重要（Not Important，NI）、中性（Neutral，N）、重要（Important，I）和非常重要（Very Important，VI），如表 7-15 所示。通过使用模糊问卷，参与者可以准确地表达他们的情感反应偏好。

表 7-15　针对模糊情感反应的多个选项

情感反应	非常不重要（VU）	不重要（NI）	中性（N）	重要（I）	非常重要（VI）
现代的				0.50	0.50
舒适的			0.40	0.40	0.20
圆润的	0.40	0.50	0.10		
简洁的			0.20	0.50	0.30

对模糊问卷的调查结果进行分析，使用式(7-10)确定模糊样本平均数，结果见表 7-16。接着，使用式(7-11)计算模糊相对权重，可得"现代的""舒适的""圆润的""简洁的"四种情感反应偏好的权重分别为 0.313、0.254、0.156 和 0.277。

表 7-16　多情感反应偏好的平均数

情感反应	非常不重要（VU）	不重要（NI）	中性（N）	重要（I）	非常重要（VI）
现代的	0.000	0.000	0.015	0.287	0.699
舒适的	0.000	0.000	0.311	0.585	0.104
圆润的	0.069	0.571	0.320	0.040	0.000
简洁的	0.000	0.000	0.104	0.640	0.256

（2）使用 VIKOR 获取 MPCI

使用 VIKOR 将多情感反应的信噪比转换为 MPCI 值。首先，将信噪比代入式(7-13)进行标准化；然后，结合式(7-14)～式(7-16)，得到正理想解和负理想解；随后，根据式(7-17)和式(7-18)，计算群体效用和个体遗憾，再根据式(7-19)，计算 MPCI 值，即 VIKOR 指数；最后，利用 MPCI 值对试验样本进行排序，结果见表 7-14 的第 6 列和第 7 列。

7.2.2.4　优化设计

（1）通过统计分析确定最优设计

使用方差分析对设计变量的重要性进行分析，并确定每个设计变量对 MPCI 的贡献率。在合并设计变量的误差时，使误差的自由度约为试验总自由度的一半。方差分析的结果见表 7-17，其中加"＊"的设计变量表示该设计变量的误差已经被合并。可以发现，设计变量 C、F 和 K 对 MPCI 有显著影响，设计变量 F 的贡献率最高，因此设计变量 F 最为重要。

表 7-17 针对 MPCI 的方差分析

设计变量	自由度	平方和	均方	F 值	P 值	纯平方和	贡献率/%
A^*	2	0.055	0.027				
B^*	2	0.037	0.019				
C	2	0.384	0.192	10.787	0.002	0.348	20.923
D	2	0.103	0.051	2.884	0.095	0.067	4.027
E^*	2	0.017	0.009				
F	2	0.472	0.236	13.273	0.001	0.437	26.237
G	2	0.124	0.062	3.495	0.064	0.089	5.333
H	2	0.121	0.061	3.412	0.067	0.086	5.156
I^*	2	0.018	0.009				
J^*	2	0.058	0.029				
K	2	0.163	0.081	4.570	0.033	0.127	7.632
L	2	0.084	0.042	2.357	0.137	0.048	2.901
M^*	2	0.028	0.014				
误差（合并后）	12	0.213	0.018			0.462	27.791
总和	26	1.664				1.664	100.000

　　通过方差分析所确定的设计变量之间的相对效应可通过反应表和反应图进行验证。使用式(7-20)计算每个设计变量各水平的值，结果见表 7-18。其中加粗的字体表示各变量的最优水平，极差表示最大水平值与最小水平值之间的差异，根据极差大小对设计变量的重要性进行排序，例如极差最大的设计变量是 F，该设计变量的重要性排名第 1。图 7-6 显示了反应图，图中虚线表示 27 个试验样本 MPCI 的平均值（0.420）。显然，设计变量 F 对 MPCI 的影响最大，其次是设计变量 C、K 和 G，设计变量 I 对 MPCI 的影响最小。

表 7-18 针对 MPCI 的反应表

水平	A	B	C	D	E	F	G	H	I	J	K	L	M
1	0.448	0.472	0.588	0.459	**0.388**	**0.273**	0.513	0.391	0.438	0.482	**0.364**	**0.351**	0.464
2	0.455	0.401	0.352	0.468	0.450	0.394	**0.352**	**0.356**	0.439	**0.371**	0.365	0.487	0.408
3	**0.356**	**0.387**	**0.320**	**0.333**	0.421	0.593	0.395	0.512	**0.383**	0.407	0.530	0.421	**0.388**
极差	0.099	0.085	0.268	0.135	0.062	0.320	0.161	0.156	0.056	0.111	0.166	0.136	0.076
排名	9	10	2	7	12	1	4	5	13	8	3	6	11

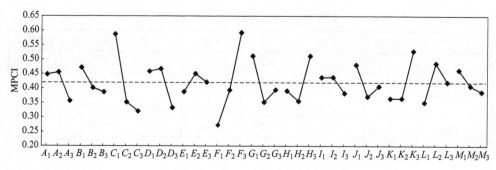

图 7-6　针对 MPCI 的反应图

设计变量的最优水平根据最小的 VIKOR 值确定，根据反应表和反应图，得出最优设计组合为 $A_3B_3C_3D_3E_1F_1G_2H_2I_3J_2K_1L_1M_3$。

（2）确认测试

由于所得到的最优设计组合不在 L_{27} 正交表中，因此需要通过确认测试加以验证。邀请试验参与者对所得到的最优设计、竞争对手的设计以及正交表中的初始设计进行评价，结果见表 7-19。四种情感反应的总信噪比从初始设计的 41.051 变为最优设计的 62.651，提高了 21.600；总信噪比从竞争对手设计的 59.532 变为最优设计的 62.651，提高了 3.119。此外，最优设计的四种情感反应的信噪比都大于竞争对手设计的四种情感反应的信噪比。由此可见，所得到的最优设计是正确有效的。

表 7-19　确认测试的结果

项目	正交表中的初始设计 （正交表中的第 1 个样本）	竞争对手的设计	最优设计
水平组合	$A_1B_1C_1D_1E_1F_1G_1$ $H_1I_1J_1K_1L_1M_1$	$A_3B_1C_3D_2E_2F_1G_3$ $H_2I_1J_3K_2L_1M_3$	$A_3B_3C_3D_3E_1F_1G_2$ $H_2I_3J_2K_1L_1M_3$
设计草图			
现代的	11.774	15.806	16.115
舒适的	12.809	14.691	15.526
圆润的	6.400	14.547	15.136
简洁的	10.068	14.488	15.874
总和	41.051	59.532	62.651
提升值	21.600	3.119	—

7.2.3 结果讨论

在本节中，为了获得与多种情感反应相关的最优产品造型设计，提出了一种基于模糊度量的产品造型多目标稳健参数设计方法。首先，进行设计分析，确定设计变量和情感反应。然后，以设计变量为控制因素，以情感反应为品质特性，设计田口试验，使用模糊语言度量情感反应，并计算信噪比。接着，使用模糊问卷收集消费者对多种情感反应的偏好权重，通过 VIKOR 将信噪比转化为 MPCI。最后，在 MPCI 的基础上进行优化设计。

在研究过程中，只分析了设计变量的主要影响，没有分析设计变量之间的交互作用。如果需要考虑设计变量之间的交互作用，则需要根据具体的设计问题选择合适的正交表。此外，在研究过程中只关注了产品造型设计，后续研究可以将产品造型与色彩和材质相结合。

本节所提出的方法是一种稳健设计方法，可以将与情感反应相关的多种品质特性转化为单个指标，从而对优化设计问题进行简化，所提出的方法具有以下优点：

① 与传统的感性工学研究相比，所提出的方法使用信噪比，能同时考虑平均值和变异，因此得到的最优产品造型设计具有稳健性。

② 所提出的方法使用模糊语言度量情感反应，与常见的语义差异量表或李克特量表相比，该方法可以充分考虑情感反应评价过程中的不精确性和模糊性。

③ 所提出的方法采用了允许提供多个答案的模糊问卷，与只允许提供单一答案的传统问卷相比，所提出的方法能更准确地反映消费者的偏好。

④ 所提出的方法使用 VIKOR 作为多准则决策方法，将多个品质特性的信噪比整合成为 MPCI，根据 MPCI，可以实现优化设计。

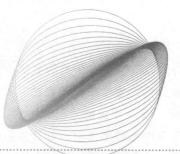

第8章
面向稳健参数设计的用户体验设计

8.1 基于模糊网络层次分析法的用户体验多目标稳健参数设计

随着移动互联网的普及和发展，移动应用（Mobile Application，APP）的设计受到了越来越多的关注。移动应用是指在移动设备（如平板电脑或智能手机）上运行的软件程序。用户体验已经成为移动应用设计的核心，用户体验包括用户对产品、系统或服务的使用或预期使用所产生的感知和反应，通过用户体验的优化设计可以有效增强移动应用的市场竞争力。

田口方法旨在减少变异并使平均值尽可能达到预定目标，并能够显著缩短设计时间，降低设计成本，提高设计品质。用户体验是品质特性的一个重要方面，必须加以考虑。与工程领域的品质特性不同，与用户体验相关的品质特性具有高度的主观性和不确定性。因此，常用的以清晰值为主的评价并不适用于对用户体验的品质特性进行评价。模糊集理论可以处理与用户体验品质特性度量相关的不精确性和模糊性，因此可以与田口方法相结合来优化用户体验。

用户体验品质特性可以分为多个维度，如情感、可用性、用户价值。这些维度可以用 Norman（2005）提出的三个层次来解释，即本能层次、行为层次和反思层次。最低层次是本能层次，它由产品的外观设计所驱动；中间层次是行为层次，它涉及与可用性相关的学习技能；最高层次是反思层次，包括与用户价值相关的有意识的认知。这三个层次相互协作，较高的级别可以影响较低的级别，反之亦然。因此，用户体验的三个维度是相互依赖的。在优化用户体验时，应该考虑用户体验品质特性之间的相互依赖关系。

本节将模糊网络层次分析法（Fuzzy Analytic Network Process，FANP）用于用户体验的多目标稳健参数设计中，其目的在于对用户体验进行稳健优化时，能够有效应对用户体验品质特性的模糊性和不精确性，并能处理用户体验品质特性之间的相互依赖关系。

8.1.1 研究方法

本节提出基于模糊网络层次分析法的用户体验多目标稳健参数设计方法，图 8-1 为研究方法的架构图。先用模糊网络层次分析法获得用户体验品质特性的偏好权重，再利用 TOPSIS 将多个用户体验品质特性的信噪比转化为多品质特性指标（MPCI），从而实现将与用户体验相关的多目标优化问题转化为单目标优化问题。

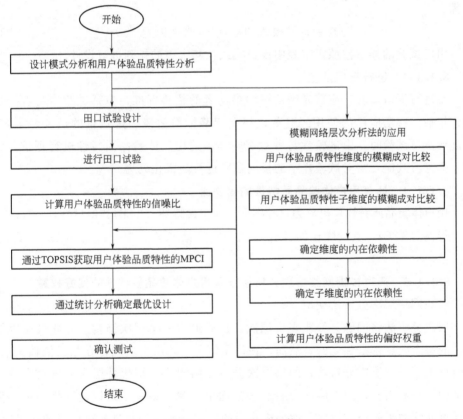

图 8-1 研究方法的架构

8.1.1.1　设计模式分析和用户体验品质特性分析

设计模式分析的目的是确定影响用户体验的设计模式及其对应的类型。用户体验品质特性分析的目的是建立用户体验的评价体系，用户体验的评价指标包括多种类型，如性能指标、基于问题的指标、自我报告式指标等。在大多数情况下，自我报告式指标可以解决用户最关心的问题。因此，采用自我报告式指标对用户体验进行度量。

8.1.1.2　田口试验设计

在确定了设计模式和用户体验品质特性之后，将设计模式作为控制因素，将用户体验的评价指标作为品质特性，采用田口试验将它们关联起来以进行优化设计。根据设计模式及其类型，选择合适的正交表。正交表的自由度（DOF）应大于或等于设计模式的自由度，正交表的自由度为正交表中试验次数减1。当不考虑设计模式之间的相互作用时，设计模式的自由度可采用下面的公式进行计算：

$$DOF＝设计模式的数量×（水平数量－1） \tag{8-1}$$

田口试验的样本按照正交表中设计模式及其水平的排列进行设计。

8.1.1.3　进行田口试验

要进行田口试验，应首先确定试验参与者的招募标准，包括试验参与者的性别、年龄、移动应用的使用经验等，根据招募标准邀请一定数量的试验参与者。在进行田口试验时，由试验参与者对试验样本的用户体验品质特性进行评价。为了平衡练习效应，需对试验样本的呈现顺序进行随机化处理。

8.1.1.4　计算用户体验品质特性的信噪比

用户体验品质特性可以分为三种类型，即望大特性（LTB）、望目特性（NTB）、望小特性（STB），其信噪比的计算公式分别见第 6.2.1 节中的式(6-18)～式(6-20)。

8.1.1.5　通过模糊网络层次分析法获取用户体验品质特性的偏好权重

（1）网络层次分析法模型

层次分析法将问题分解成多个层次，进而形成一个层次结构，并假设层次结构中的每个元素都是独立的。然而，在许多情况下，层次之间存在相互依赖关系，此时可采用网络层次分析法，网络层次分析法用网络结构代替层次分析法中的层次结构。一般而言，网络层次分析法包括两个步骤：第一步是构建网络，第二步是计算元素的优先级。网络层次分析法中的所有关系都是通过成对比较加以确定，所有元素之间的关系形成一个超矩阵，超矩阵的形式如下：

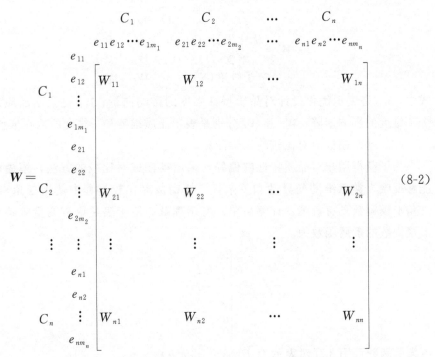

$$W = \begin{array}{c} \\ C_1 \\ \\ C_2 \\ \\ \vdots \\ \\ C_n \end{array} \begin{bmatrix} W_{11} & W_{12} & \cdots & W_{1n} \\ W_{21} & W_{22} & \cdots & W_{2n} \\ \vdots & \vdots & \vdots & \vdots \\ W_{n1} & W_{n2} & \cdots & W_{nn} \end{bmatrix} \tag{8-2}$$

式中，$C_h (h = 1, 2, \cdots, n)$ 表示系统的组件，共有 m_n 个元素，记为 e_{h1}，e_{h2}，$\cdots$，e_{hm_n}。通过使用成对比较，属于一个组件的一组元素对来自另一个组件的任何元素的影响可以表示为优先级向量，这些优先级向量被分组并放置于超矩阵的相应位置。

网络层次分析法允许考虑用户体验品质特性之间的相互依赖程度，用户体验品质特性的网络层次分析法模型如图 8-2 所示，可以看出维度和子维度的自身均存在内在依赖关系。

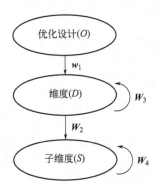

图 8-2　网络层次分析法模型的结构

根据图 8-2 中模型的结构，网络层次分析法模型的超矩阵表示如下：

$$W = \begin{matrix} \text{优化设计}(O) \\ \text{维度}(D) \\ \text{子维度}(S) \end{matrix} \begin{matrix} O & D & S \\ \begin{bmatrix} 0 & 0 & 0 \\ w_1 & W_3 & 0 \\ 0 & W_2 & W_4 \end{bmatrix} \end{matrix} \tag{8-3}$$

式中，w_1 是表示优化设计对品质特性维度的影响向量；W_2 是表示品质维度对每个子维度的影响矩阵；W_3 和 W_4 分别是表示品质维度和子维度的内在依赖性矩阵。

（2）基于模糊成对比较的权重计算

为了获得用户对品质特性的偏好，采用模糊成对比较的方法，模糊成对比较能够反映人类思维的变异性和复杂性。模糊成对比较过程中使用三角形模糊数，三角形模糊数具有直观、计算简单、易于理解、便于表达语言变量等特点。三角形模糊数的隶属函数为

$$\mu_{\widetilde{T}}(x) = \begin{cases} 0, & x < l \\ \dfrac{x-l}{m-l}, & l \leqslant x \leqslant m \\ \dfrac{u-x}{u-m}, & m \leqslant x \leqslant u \\ 0, & x > u \end{cases} \tag{8-4}$$

该隶属函数可用 3 项对表示为 $\widetilde{T} = (l, m, u)$。

研究中所采用的模糊语言及其相应的模糊数和隶属函数如表 8-1 所示。

表 8-1　模糊语言及其相应的模糊数和隶属函数

模糊语言	模糊数	隶属函数
极为重要（Extremely Important，EXI）	$\widetilde{9}$	(8, 9, 10)
VSI 和 EXI 之间的中间值	$\widetilde{8}$	(7, 8, 9)
非常重要（Very Strongly Important，VSI）	$\widetilde{7}$	(6, 7, 8)
SI 和 VSI 之间的中间值	$\widetilde{6}$	(5, 6, 7)
很重要（Strongly Important，SI）	$\widetilde{5}$	(4, 5, 6)
MI 和 SI 之间的中间值	$\widetilde{4}$	(3, 4, 5)
中度重要（Moderately Important，MI）	$\widetilde{3}$	(2, 3, 4)
EQI 和 MI 之间的中间值	$\widetilde{2}$	(1, 2, 3)
同等重要（Equally Important，EQI）	$\widetilde{1}$	(1, 1, 1)
MU 和 EQI 之间的中间值	$1/\widetilde{2}$	(1/3, 1/2, 1)
中度不重要（Moderately Unimportant，MU）	$1/\widetilde{3}$	(1/4, 1/3, 1/2)
SU 和 MU 之间的中间值	$1/\widetilde{4}$	(1/5, 1/4, 1/3)
不重要（Strongly Unimportant，SU）	$1/\widetilde{5}$	(1/6, 1/5, 1/4)
VSU 和 SU 之间的中间值	$1/\widetilde{6}$	(1/7, 1/6, 1/5)
非常不重要（Very Strongly Unimportant，VSU）	$1/\widetilde{7}$	(1/8, 1/7, 1/6)
EXU 和 VSU 之间的中间值	$1/\widetilde{8}$	(1/9, 1/8, 1/7)
极其不重要（Extremely Unimportant，EXU）	$1/\widetilde{9}$	(1/10, 1/9, 1/8)

模糊数计算的结果仍为模糊集，但是研究过程需要清晰值。因此，必须进行解模糊。研究中采用了重心法进行解模糊，其公式为

$$DF = \frac{\sum_{i=1}^{n} \mu_{\widetilde{T}}(x_i) x_i}{\sum_{i=1}^{n} \mu_{\widetilde{T}}(x_i)} \tag{8-5}$$

对于三角形模糊数，重心法解模糊的公式为

$$DF = \frac{l_i + m_i + u_i}{3}, \quad \forall i \tag{8-6}$$

α 截集是模糊集合的重要概念，模糊数 $\widetilde{T}$ 的 α 截集为经典集合 $\widetilde{T}^{\alpha}$，通过定义置信水平 α，三角形模糊数的 α 截集可表示为

$$\widetilde{T}^{\alpha} = [l^{\alpha}, \ u^{\alpha}] = [l + (m-l)\alpha, \ u - (u-m)\alpha], \ \forall \alpha \in [0, 1] \tag{8-7}$$

基于模糊成对比较，使用 Csutora 和 Buckley（2001）提出的 Lambda-Max 方法计算用户体验品质特性的模糊权重，该方法的优点是能够获得合理的模糊权重区间。在 Lambda-Max 方法中，模糊正倒数矩阵可表示为

$$\widetilde{T}^k = [\widetilde{T}_{ij}^k]_{n \times n} \tag{8-8}$$

式中，$\widetilde{T}^k$ 为参与者 k 的模糊正倒数矩阵，$\widetilde{T}_{ij}^k$ 为参与者 k 对第 i 个品质特性相对于第 j 个品质特性的重要性比较值，$\widetilde{T}_{ij}^k = 1$，$\forall i = j$，$\widetilde{T}_{ji}^k = \dfrac{1}{\widetilde{T}_{ij}^k}$，$\forall i, j = 1, 2, \cdots, n$。

令 $\alpha = 1$，可得参与者 k 的正倒数矩阵 $\boldsymbol{T}_m^k = [t_{ijm}^k]_{n \times n}$。利用层次分析法计算权重矩阵 $\boldsymbol{W}_m^k$。

$$\boldsymbol{W}_m^k = [w_{im}^k], \ i = 1, 2, \cdots, n \tag{8-9}$$

令 $\alpha = 0$，可得参与者 k 的正倒数矩阵的下限 $\boldsymbol{T}_l^k = [t_{ijl}^m]_{n \times n}$ 和上限 $\boldsymbol{T}_u^k = [t_{iju}^k]_{n \times n}$。利用层次分析法计算权重矩阵 $\boldsymbol{W}_l^k$ 和 $\boldsymbol{W}_u^k$：

$$\boldsymbol{W}_l^k = [w_{il}^k], \ i = 1, 2, \cdots, n \tag{8-10}$$

$$\boldsymbol{W}_u^k = [w_{iu}^k], \ i = 1, 2, \cdots, n \tag{8-11}$$

为了确保获得的权重是一个模糊数，定义常数 Q_l^k 和 Q_u^k 如下：

$$Q_l^k = \min\left\{\frac{w_{im}^k}{w_{il}^k} \,\middle|\, 1 \leqslant i \leqslant n\right\} \tag{8-12}$$

$$Q_u^k = \min\left\{\frac{w_{im}^k}{w_{iu}^k} \,\middle|\, 1 \leqslant i \leqslant n\right\} \tag{8-13}$$

则权重矩阵的下限 $\boldsymbol{W}_l^{k*}$ 和上限 $\boldsymbol{W}_u^{k*}$ 分别为

$$\boldsymbol{W}_l^{k*} = [w_{il}^{k*}] = [Q_l^k w_{il}^k], \ i = 1, 2, \cdots, n \tag{8-14}$$

$$W_u^{k*} = [w_{iu}^{k*}] = [Q_u^k w_{iu}^k], \quad i = 1, 2, \cdots, n \tag{8-15}$$

参与者 k 的模糊偏好权重可以表示为

$$\widetilde{W}_i^k = (w_{il}^{k*}, \ w_{im}^k, \ w_{iu}^{k*}), \quad i = 1, 2, \cdots, n \tag{8-16}$$

采用算术平均数汇总 K 位参与者的偏好，公式为

$$\overline{\widetilde{W}}_i = \frac{1}{K}(\widetilde{W}_i^1 \oplus \widetilde{W}_i^2 \oplus \cdots \oplus \widetilde{W}_i^K) \tag{8-17}$$

利用式(8-6) 对汇总后的偏好进行解模糊，得到权重。

（3）用户体验品质特性偏好权重的计算

用户体验品质特性偏好权重的计算步骤如下：

步骤 1：假设用户体验各维度之间不存在依赖关系，进行各维度之间模糊成对比较，计算 W_1。

步骤 2：假定子维度之间不存在依赖关系，进行每个维度的子维度模糊成对比较，计算 W_2。

步骤 3：确定维度之间的内在依赖关系，根据内在相关性，进行模糊成对比较，计算 W_3。

步骤 4：确定子维度之间的内在依赖关系，根据内在相关性，进行模糊成对比较，计算 W_4。

步骤 5：计算用户体验品质特性的偏好权重 W^{FANP}，公式为

$$W^{\mathrm{FANP}} = (W_4 \times W_2) \times (W_3 \times w_1) \tag{8-18}$$

式中，$W_3 \times w_1$ 是各维度的相互依赖权重，$W_4 \times W_2$ 是子维度的相互依赖权重，W^{FANP} 是通过模糊网络层次分析法获得的用户体验品质特性的偏好权重。

8.1.1.6 通过 TOPSIS 获取用户体验品质特性的 MPCI

TOPSIS 是一种简单易懂的多准则决策方法，可以客观地处理多准则决策问题。因此，采用 TOPSIS 获得 MPCI，计算过程如下。

步骤 1：建立 TOPSIS 的决策矩阵（$\boldsymbol{D}$），如下所示：

$$\boldsymbol{D} = (\eta_{ij})_{m \times n} = \begin{bmatrix} \eta_{11} & \eta_{12} & \cdots & \eta_{1n} \\ \eta_{21} & \eta_{22} & \cdots & \eta_{2n} \\ \vdots & \vdots & \vdots & \vdots \\ \eta_{m1} & \eta_{m2} & \cdots & \eta_{mn} \end{bmatrix} \tag{8-19}$$

式中，η_{ij} 是第 i 个试验样本的第 j 个用户体验品质特性的信噪比。

步骤 2：对数据进行标准化，如下所示：

$$r_{ij} = \frac{\eta_{ij}}{\sqrt{\sum_{i=1}^{m} \eta_{ij}^2}}, \quad i = 1, 2, \cdots, m; \ j = 1, 2, \cdots, n \tag{8-20}$$

式中，r_{ij} 是标准化后的值。

步骤 3：计算加权标准化值，如下所示：

$$v_{ij} = w_j^{\text{FANP}} \times r_{ij}, \quad i = 1, 2, \cdots, m; \quad j = 1, 2, \cdots, n \qquad (8\text{-}21)$$

式中，v_{ij} 是加权标准化值，$\boldsymbol{V} = [v_{ij}]_{m \times n}$ 是加权标准化矩阵，w_j^{FANP} 是使用模糊网络层次分析法获得的第 j 个品质特性的权重，且 $\sum_{j=1}^{n} w_j^{\text{FANP}} = 1$。

步骤 4：确定正理想解（V^+）和负理想解（V^-），如下所示：

$$V^+ = \{v_1^+, \ v_2^+, \ \cdots v_j^+, \ \cdots, \ v_n^+\} = \{(\max_i v_{ij} \mid i = 1, 2, \cdots, m)\} \qquad (8\text{-}22)$$

$$V^- = \{v_1^-, \ v_2^-, \ \cdots v_j^-, \ \cdots, \ v_n^-\} = \{(\min_i v_{ij} \mid i = 1, 2, \cdots, m)\} \qquad (8\text{-}23)$$

步骤 5：计算分离度。每个试验样本与正理想解的分离度定义如下：

$$S_i^+ = \sqrt{\sum_{j=1}^{n} (v_{ij} - v_j^+)^2}, \quad i = 1, 2, \cdots, m \qquad (8\text{-}24)$$

每个试验样本与负理想解的分离度定义如下：

$$S_i^- = \sqrt{\sum_{j=1}^{n} (v_{ij} - v_j^-)^2}, \quad i = 1, 2, \cdots, m \qquad (8\text{-}25)$$

步骤 6：计算每个试验样本的 MPCI 值，如下所示：

$$C_i = \frac{S_i^-}{S_i^+ + S_i^-}, \quad i = 1, 2, \cdots, m \qquad (8\text{-}26)$$

式中，C_i 是 MPCI 值。

8.1.1.7　通过统计分析确定最优设计

田口方法用于最大化信噪比，当通过 TOPSIS 将多个信噪比转变为 MPCI 时，则通过最大化 MPCI 进行优化设计。在 MPCI 的基础上，采用方差分析对设计模式的显著性进行识别，并通过反应表和反应图实现优化设计。

8.1.1.8　确认测试

为了验证优化设计，需要进行确认测试。首先收集试验数据，然后计算 MP-CI 值，并采用加法模式预测 MPCI 值。加法模式是指设计模式的效应具有可加性，并且每个设计模式都是独立的。加法模式预测 MPCI 值的公式如下：

$$C_{\text{optimal}} = \overline{C} + \sum_{k=1}^{q} (C_k - \overline{C}) \qquad (8\text{-}27)$$

式中，C_{optimal} 是最优设计的 MPCI 预测值；$\overline{C}$ 是 MPCI 的总平均值；C_k 是第 k 个设计模式的最优水平的 MPCI 值；q 是设计模式的个数。

8.1.2　案例研究

近年来，移动医疗应用（Mobile Health Application，mHealth APP）发展迅

速，展现出广阔的应用前景和重要的研究价值，本节以移动医疗应用的用户体验优化设计为例来说明所提出的方法。

8.1.2.1 确定设计模式和用户体验品质特性

（1）确定设计模式

由 7 名移动应用设计领域的专家组成焦点小组，选择并分析了 10 款移动医疗应用，最终确定了 7 个对用户体验有影响的设计模式，如表 8-2 所示。其中设计模式 A 有 2 个水平（也称类型），其余设计模式均有 3 个水平。

表 8-2 移动医疗应用的设计模式

设计模式	水平		
	1	2	3
A（视觉风格）	扁平化	拟物化	
B（字体类型）	微软雅黑	宋体	楷体
C（字体大小）	50 px	55 px	60 px
D（主页导航）	 标签式	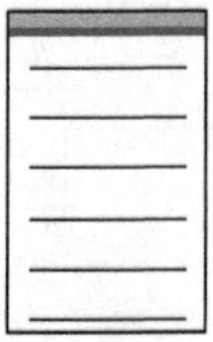 列表式	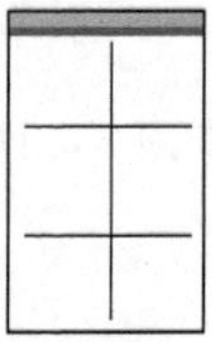 仪表盘
E（内容布局）	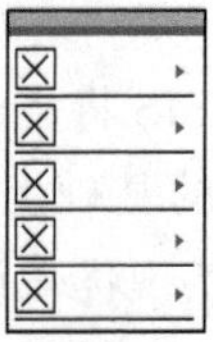 竖型	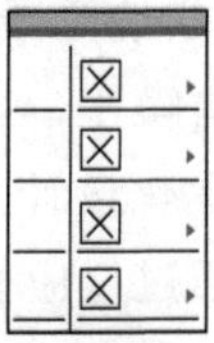 多面板	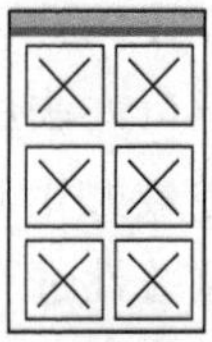 九宫格
F（配色）	暖色调	中间色调	冷色调
G（诊断指南）	科室选择	文本对话	人体解剖

（2）确定用户体验品质特性

共确定了 17 项用户体验品质特性，这些品质特性改编自 Park 等人（2013）提出的用户体验层次结构模型。表 8-3 给出了用户体验品质特性的定义，品质特性被分为三个维度，即可用性、情感和用户价值。可用性与用户对移动应用性能的感觉有关；情感与用户对移动应用外观的感受有关；用户价值是指用户附加在移动应用上的主观价值或意义。17 项用户体验品质特性及其三个维度构成一个系统，如图 8-3 所示。可用性、情感和用户价值三个维度的 Cronbach's α 值分别为

0.936、0.927 和 0.928，整个系统的 Cronbach's α 值是 0.931。因此，所确定的用户体验品质特性在信度方面是满足要求的。

表 8-3　移动医疗应用用户体验品质特性的定义

品质特性	定义
易用性	移动医疗应用容易使用
直接性	用户认为可以直接控制移动医疗应用的程度
效率	移动医疗应用在不浪费时间和精力的情况下完成任务的程度
信息性	移动医疗应用以适当方式向用户提供必要信息的程度
灵活性	移动医疗应用适应超出最初设定的任务或环境的变化的程度
可学习性	用户学习如何使用移动医疗应用所需的时间和精力
用户支持	用户在移动医疗应用的整个生命周期中轻松使用的能力
色彩	移动医疗应用的色彩受欢迎程度
精致性	移动医疗应用的精致程度
豪华性	移动医疗应用的豪华程度
吸引力	用户对移动医疗应用吸引力的感知
简单性	移动医疗应用简单、直接和不复杂的程度
自我满足	移动医疗应用为用户提供自我满意度的程度
愉悦性	用户在与移动医疗应用交互时体验乐趣的程度
用户需求	移动医疗应用满足用户需求的程度
社交性	移动医疗应用满足用户社交欲望的程度
附加值	用户将主观价值附加到移动医疗应用的能力

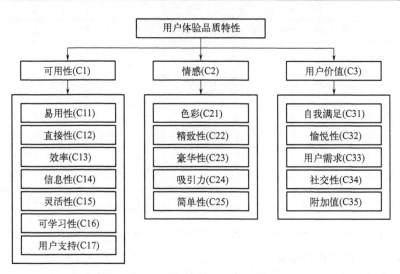

图 8-3　用户体验品质特性系统

8.1.2.2 田口试验设计

通过设计模式分析，共确定了 1 个 2 水平的设计模式和 6 个 3 水平的设计模式，因此，共有 1458（$2^1 \times 3^6 = 1458$）种设计组合，该数量对于用户体验测试来讲是非常大的。为了减少试验样本的数量，采用正交表。根据式(8-1)，设计模式的自由度为 13，即 $(2-1) \times 1 + (3-1) \times 6 = 13$，因此需要至少具有 13 个自由度的正交表。$L_{18}$ 正交表具有 17 个自由度，是适合本研究的最小正交表，因此使用 L_{18} 正交表进行样本设计。L_{18} 正交表见表 4-2，试验样本的布局见表 8-4，其中设计模式 A 到 G 分别配置在第 2 列到第 8 列，第 9 列为误差 e。通过 L_{18} 正交表共确定了 18 个试验样本，针对每个试验样本，制作能够运行于 5.5 英寸（1 英寸 = 2.54cm）屏幕的 Android 智能手机的高保真原型。

表 8-4　使用 L_{18} 正交表进行试验布局

试验样本的序号	设计模式的类型							
	A	B	C	D	E	F	G	e
1	1	1	1	1	1	1	1	1
2	1	1	2	2	2	2	2	2
3	1	1	3	3	3	3	3	3
4	1	2	1	1	2	2	3	3
5	1	2	2	2	3	3	1	1
6	1	2	3	3	1	1	2	2
7	1	3	1	2	1	3	2	3
8	1	3	2	3	2	1	3	1
9	1	3	3	1	3	2	1	2
10	2	1	1	3	3	2	2	1
11	2	1	2	1	1	3	3	2
12	2	1	3	2	2	1	1	3
13	2	2	1	2	3	1	3	2
14	2	2	2	3	1	2	1	3
15	2	2	3	1	2	3	2	1
16	2	3	1	3	2	3	1	2
17	2	3	2	1	3	1	2	3
18	2	3	3	2	1	2	3	1

8.1.2.3 进行田口试验

用户体验品质特性的度量采用由 17 个自我报告式问题组成的问卷，这些问题采用李克特量表的形式，评分范围从 1 分（强烈反对）到 7 分（强烈赞同）。共邀请了 42 名试验参与者（21 名女性和 21 名男性，年龄 40～60 岁），这些参与者都有使用智能手机应用的能力，并且至少有 3 年使用移动医疗应用的经验。

要求试验参与者以随机顺序对 18 个试验样本进行评价，对于每个试验样本，要求参与者在 5.5 英寸的 Android 智能手机上使用高保真原型依次执行四项具有代表性的任务，分别是预约挂号、症状自我检查、用药提醒、快速查询。在完成四项任务后，要求参与者填写问卷。18 个试验样本的 17 项用户体验品质特性评价的平均值和标准差见表 8-5。

8.1.2.4 计算用户体验品质特性的信噪比

采用李克特量表对品质特性进行度量，分数越高，表示用户体验品质越高。因此，所有品质特性均属于望大型，使用第 6.2.1 节中的式 (6-18) 计算信噪比，结果见表 8-6。

8.1.2.5 通过模糊网络层次分析法获取用户体验品质特性的偏好权重

用户体验品质特性的偏好权重计算如下：

步骤 1：假设用户体验品质特性的维度之间不存在相互依赖，邀请试验参与者使用表 8-1 中的模糊语言对可用性、感性和用户价值进行模糊成对比较。如对于第 1 位试验参与者，模糊成对比较的结果如下：

$$\widetilde{\boldsymbol{T}}_C^1 = \begin{bmatrix} (1,\ 1,\ 1) & (5,\ 6,\ 7) & (2,\ 3,\ 4) \\ (1/7,\ 1/6,\ 1/5) & (1,\ 1,\ 1) & (1/3,\ 1/2,\ 1) \\ (1/4,\ 1/3,\ 1/2) & (1,\ 2,\ 3) & (1,\ 1,\ 1) \end{bmatrix}$$

根据式 (8-9)～式 (8-16) 计算模糊权重，结果如下：

$$\widetilde{\boldsymbol{W}}_C^1 = \begin{bmatrix} (0.660,\ 0.667,\ 0.667) \\ (0.111,\ 0.111,\ 0.128) \\ (0.193,\ 0.222,\ 0.251) \end{bmatrix}$$

同理可计算其余试验参与者的模糊权重，根据式 (8-17) 整合所有的模糊权重，结果如下：

$$\widetilde{\widetilde{\boldsymbol{W}}}_C = \begin{bmatrix} (0.663,\ 0.673,\ 0.673) \\ (0.103,\ 0.104,\ 0.110) \\ (0.223,\ 0.223,\ 0.226) \end{bmatrix}$$

对整合后的模糊权重进行解模糊，可得到 w_1：

$$w_1 = \begin{bmatrix} 0.669 \\ 0.106 \\ 0.224 \end{bmatrix}$$

表 8-5 田口试验中用户体验品质特性的评价结果

序号	平均值/标准差	C11	C12	C13	C14	C15	C16	C17	C21	C22	C23	C24	C25	C31	C32	C33	C34	C35
1	平均值	3.429	3.429	3.333	3.667	3.429	4.286	3.357	5.191	3.762	2.905	4.048	3.619	3.667	3.976	4.595	4.357	3.691
	标准差	0.547	0.547	0.526	0.570	0.501	0.673	0.618	0.634	0.790	0.850	0.825	0.623	0.754	0.841	1.149	1.186	0.643
2	平均值	4.476	4.286	4.452	4.810	4.595	4.476	4.476	4.714	5.238	2.071	4.548	4.167	4.762	4.976	4.857	4.691	4.405
	标准差	0.594	0.673	0.550	0.594	0.497	0.594	0.594	0.742	0.759	0.745	1.109	0.762	0.878	0.749	0.751	1.024	0.665
3	平均值	3.429	3.476	3.429	2.405	3.310	3.429	3.333	4.095	4.119	2.310	2.833	4.929	3.476	3.691	3.810	3.691	2.976
	标准差	0.547	0.505	0.501	1.149	0.604	0.501	0.721	0.878	0.832	1.115	0.824	0.778	0.594	1.024	0.890	1.093	0.781
4	平均值	2.191	2.119	2.071	1.905	1.810	3.310	2.548	4.571	2.357	1.952	4.238	3.929	2.810	2.833	2.952	3.548	2.619
	标准差	0.917	0.705	0.677	0.790	0.634	0.604	0.504	0.966	1.078	0.854	0.692	0.778	0.773	0.730	0.795	0.633	0.661
5	平均值	5.167	4.714	4.905	5.095	5.310	5.143	4.952	4.119	4.810	2.667	3.905	4.381	4.095	4.357	5.143	4.667	5.071
	标准差	1.103	0.636	0.692	0.576	0.604	0.683	0.582	0.832	0.773	1.028	0.726	0.731	0.850	1.078	0.814	1.243	0.838
6	平均值	5.643	5.643	5.762	5.691	5.643	5.310	4.905	5.238	4.643	3.095	5.595	5.191	4.905	5.191	5.238	5.095	5.500
	标准差	0.850	0.656	0.692	0.680	0.727	0.604	0.759	0.726	1.100	0.759	1.149	0.707	0.692	0.862	0.850	0.906	0.969
7	平均值	5.333	5.238	5.381	5.548	5.119	5.429	5.167	4.357	5.071	2.714	3.048	4.048	4.857	5.119	5.048	4.762	5.524
	标准差	0.846	0.726	0.764	0.670	0.705	0.991	0.660	0.791	0.894	0.742	0.854	0.825	0.751	0.705	0.764	1.078	1.153
8	平均值	2.786	2.667	2.714	2.643	3.119	3.952	3.167	5.381	3.976	3.119	3.786	4.857	3.214	3.143	3.595	4.000	3.357
	标准差	1.072	0.902	0.970	0.656	0.739	0.731	0.696	0.697	0.811	0.772	0.782	0.718	0.782	0.843	0.767	0.796	0.692
9	平均值	3.357	3.191	3.310	3.119	3.262	4.214	3.310	4.405	2.810	2.095	2.071	3.786	3.810	3.857	4.405	4.333	3.381
	标准差	0.577	0.594	0.604	0.832	0.497	0.682	0.563	1.061	0.890	0.790	0.808	0.842	0.804	0.899	1.083	1.203	0.582
10	平均值	5.452	5.429	5.691	5.357	5.786	4.929	5.238	3.810	3.857	3.214	5.381	3.238	5.071	5.286	5.191	5.119	5.286
	标准差	0.861	0.668	0.749	1.078	0.682	0.867	0.759	0.773	0.843	0.813	1.125	0.790	0.838	0.673	0.833	0.861	1.111

序号	平均值/标准差	C11	C12	C13	C14	C15	C16	C17	C21	C22	C23	C24	C25	C31	C32	C33	C34	C35
11	平均值	2.095	1.833	1.786	2.452	3.571	3.071	2.191	2.976	2.095	3.976	1.976	2.095	2.786	2.310	3.024	3.548	3.143
	标准差	1.031	0.621	0.645	0.593	0.501	0.838	0.505	0.811	0.878	0.749	0.749	0.850	0.645	0.680	0.869	0.670	0.608
12	平均值	4.333	4.214	4.381	4.643	2.714	4.071	3.762	3.191	2.691	4.976	3.810	3.024	4.238	4.476	4.191	4.048	3.976
	标准差	0.650	0.682	0.661	0.485	0.835	0.808	0.484	0.833	0.781	0.897	0.804	0.869	1.031	1.174	0.804	1.035	0.811
13	平均值	3.310	3.214	3.095	2.881	4.571	3.214	2.810	3.714	2.952	4.214	3.833	3.095	3.095	2.929	3.167	3.143	2.905
	标准差	0.841	0.682	0.759	0.803	0.501	0.842	0.552	0.864	0.825	0.717	0.794	0.759	0.850	0.745	0.853	0.783	0.656
14	平均值	4.643	4.548	4.691	4.143	2.691	4.405	4.405	4.048	2.262	3.357	4.310	3.357	4.452	4.786	4.429	4.595	4.119
	标准差	0.656	0.504	0.604	0.783	0.897	0.665	0.665	0.854	1.083	0.821	1.070	0.821	1.087	0.976	0.966	1.037	0.705
15	平均值	2.286	2.262	2.143	3.405	2.095	3.262	2.524	3.095	1.976	3.762	2.571	1.929	3.929	4.191	3.357	2.810	2.167
	标准差	1.066	0.627	0.843	0.497	0.617	0.497	0.634	0.790	0.841	0.821	1.039	0.808	0.808	0.833	1.032	0.943	0.621
16	平均值	3.476	3.524	3.476	3.857	4.405	4.024	3.524	2.857	3.810	5.048	2.976	3.143	4.381	4.738	3.905	4.500	4.429
	标准差	0.552	0.505	0.505	0.814	0.587	0.749	0.671	0.783	0.740	0.825	0.869	0.751	1.081	1.083	0.821	1.174	0.630
17	平均值	3.714	3.833	3.595	3.714	3.476	4.905	3.810	3.214	2.071	4.071	1.762	1.976	3.571	3.738	4.881	4.476	4.452
	标准差	0.673	0.660	0.587	0.970	0.505	0.759	0.505	0.871	1.113	0.808	0.790	0.680	0.668	0.798	0.889	1.065	0.593
18	平均值	2.452	2.571	2.548	2.262	2.191	3.405	2.762	3.976	3.643	3.595	4.119	2.976	2.929	2.905	3.214	4.048	3.048
	标准差	0.993	0.630	0.739	0.798	0.740	1.231	0.484	0.811	1.055	0.587	0.739	0.841	0.745	0.821	1.138	0.882	0.623

表 8-6 用户体验品质特性的信噪比和 MPCI 值

品质特性	偏好权重	C11	C12	C13	C14	C15	C16	C17	C21	C22	C23	C24	C25	C31	C32	C33	C34	C35	MPCI
		0.154	0.051	0.084	0.026	0.028	0.144	0.036	0.027	0.023	0.011	0.064	0.102	0.059	0.023	0.133	0.015	0.018	
1		10.342	10.342	10.130	10.972	10.444	12.306	9.991	14.101	10.987	8.174	11.579	10.815	10.806	11.405	12.346	11.830	10.885	0.635
2		12.817	12.306	12.793	13.442	13.089	12.755	12.755	13.175	14.084	4.139	12.303	11.915	13.161	13.642	13.428	12.695	12.527	0.811
3		10.342	10.557	10.444	4.091	9.892	10.444	9.862	11.608	11.721	3.969	8.016	13.536	10.496	10.188	10.895	9.921	8.532	0.596
4		4.586	4.561	4.480	3.174	3.320	9.892	7.596	12.570	4.229	3.103	12.156	11.378	8.043	8.241	8.431	10.656	7.328	0.336
5		13.735	13.242	13.556	13.973	14.339	13.983	13.712	11.721	13.327	5.713	11.383	12.391	11.647	11.989	13.878	12.319	13.697	0.863
6		14.677	14.867	15.033	14.930	14.836	14.339	13.508	14.111	12.522	8.929	14.355	14.047	13.556	13.928	14.003	13.639	14.388	0.973
7		14.219	14.155	14.372	14.715	13.925	14.241	14.042	12.259	13.686	7.803	8.573	11.579	13.428	13.925	13.756	12.829	14.253	0.835
8		5.676	6.330	6.108	7.713	9.042	11.485	9.279	14.369	11.442	8.968	11.051	13.451	9.376	8.862	10.552	11.513	9.809	0.441
9		10.086	9.568	9.892	8.823	9.977	12.118	10.051	12.080	7.812	4.014	3.823	10.982	11.080	11.071	12.089	11.754	10.137	0.555
10		14.083	14.500	14.899	14.076	15.074	13.465	14.084	11.115	11.140	9.130	14.054	9.249	13.749	14.190	13.940	13.796	13.913	0.818
11		4.052	3.490	3.156	6.906	10.792	8.678	5.975	8.466	3.561	11.518	3.686	3.707	8.192	5.729	8.471	10.549	9.396	0.095
12		12.404	12.118	12.486	13.184	6.788	11.652	11.267	9.014	7.663	13.521	11.080	8.471	11.800	12.080	11.935	11.391	11.261	0.670
13		9.354	9.447	8.929	8.202	13.041	9.054	8.416	10.797	8.366	12.074	11.145	8.929	8.715	8.461	8.901	9.061	8.558	0.467
14		13.063	12.995	13.215	11.837	7.309	12.586	12.586	11.541	3.663	9.466	11.916	9.466	12.138	12.891	12.297	12.525	11.885	0.733
15		3.980	5.657	4.203	10.389	4.894	9.977	6.809	8.856	3.265	10.953	5.317	3.204	11.341	11.867	9.279	7.870	5.235	0.148
16		10.452	10.673	10.557	11.176	12.625	11.624	10.567	8.169	11.150	13.706	8.337	9.083	12.026	12.692	11.273	12.145	12.618	0.581
17		10.996	11.288	10.787	10.228	10.557	13.508	11.277	8.980	2.780	11.652	2.522	3.992	10.587	10.924	13.327	12.249	12.711	0.511
18		4.988	7.518	6.744	4.627	4.847	8.895	8.347	11.442	9.925	10.787	11.843	8.401	8.461	8.235	8.604	11.502	9.071	0.311

步骤 2：假设各维度之间不存在相互依赖，采用步骤 1 中的方法，对各子维度的用户体验品质特性进行比较，得到了 W_2，结果如表 8-7 所示。

表 8-7　每个用户体验维度品质特性的权重

项目	C1：可用性	C2：情感	C3：用户价值
C11：易用性	0.310	0	0
C12：直接性	0.088	0	0
C13：效率	0.168	0	0
C14：信息性	0.083	0	0
C15：灵活性	0.064	0	0
C16：可学习性	0.213	0	0
C17：用户支持	0.070	0	0
C21：色彩	0	0.146	0
C22：精致性	0	0.098	0
C23：豪华性	0	0.075	0
C24：吸引力	0	0.287	0
C25：简单性	0	0.398	0
C31：自我满足	0	0	0.190
C32：愉悦性	0	0	0.140
C33：用户需求	0	0	0.471
C34：社交性	0	0	0.105
C35：附加值	0	0	0.090

步骤 3：确定用户体验三个维度之间的关系，如图 8-4 所示。

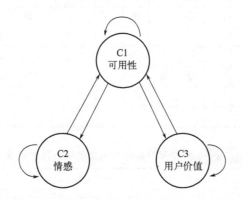

图 8-4　用户体验品质特性三个维度之间的关系

邀请试验参与者对上述关系进行模糊评价，可得到 W_3：

$$W_3 = \begin{bmatrix} 0.769 & 0.146 & 0.176 \\ 0.151 & 0.854 & 0 \\ 0.079 & 0 & 0.823 \end{bmatrix}$$

步骤 4：对于各子维度之间的内在依赖关系，为了减少两两比较，要求焦点小组的 7 位专家就一个品质特性是否受到另一个品质特性的影响发表意见。依赖关系的确立采用"过半数"规则，即当至少有一半数量的专家（4 位专家）认为一个特性受到另一个特性的影响，则各子维度之间的内在依赖关系成立，最终得到的内在依赖关系如表 8-8 所示。结合该依赖关系，邀请试验参与者进行调查，得到 W_4，如表 8-9 所示。

表 8-8　用户体验维度品质特性之间的依赖关系

项目	C11	C12	C13	C14	C15	C16	C17	C21	C22	C23	C24	C25	C31	C32	C33	C34	C35
C11	●	●	●					●				●			●		
C12	●	●	●														
C13	●	●	●					●				●			●		
C14				●													
C15						●		●									
C16	●	●	●	●	●	●	●					●	●		●		
C17				●	●		●										
C21								●		●	●						
C22								●	●		●						
C23								●		●							
C24						●		●			●						
C25	●	●	●			●		●				●					
C31													●	●			
C32													●	●			
C33	●		●			●	●						●	●	●	●	●
C34															●		
C35															●		●

表 8-9　每个用户体验子维度品质特性的权重

项目	C11	C12	C13	C14	C15	C16	C17	C21	C22	C23	C24	C25	C31	C32	C33	C34	C35
C11	0.504	0.195	0.183	0	0	0	0	0.096	0	0	0	0.289	0	0	0.119	0	0
C12	0.105	0.381	0.137	0	0	0	0	0	0	0	0	0	0	0	0	0	0
C13	0.089	0.117	0.384	0	0	0	0	0.065	0	0	0	0.184	0	0	0.090	0	0

项目	C11	C12	C13	C14	C15	C16	C17	C21	C22	C23	C24	C25	C31	C32	C33	C34	C35
C14	0	0	0	0.549	0	0	0	0	0	0	0	0	0	0	0	0	0
C15	0	0	0	0	0.686	0	0.071	0	0	0	0	0	0	0	0	0	0
C16	0.074	0.104	0.108	0.195	0.176	0.539	0.156	0.063	0	0	0	0.109	0.080	0	0.132	0	0
C17	0	0	0	0.265	0.139	0	0.463	0	0	0	0	0	0	0	0	0	0
C21	0	0	0	0	0	0	0	0.414	0	0.189	0.223	0	0	0	0	0	0
C22	0	0	0	0	0	0	0	0.091	0.634	0	0.155	0	0	0	0	0	0
C23	0	0	0	0	0	0	0	0.064	0	0.652	·0	0	0	0	0	0	0
C24	0	0	0	0	0	0.146	0	0.102	0.363	0.158	0.626	0	0	0	0	0	0
C25	0.197	0.111	0.144	0	0	0.103	0	0.105	0	0	0	0.420	0	0	0	0	0
C31	0	0	0	0	0	0	0	0	0	0	0	0	0.525	0.296	0.224	0	0
C32	0	0	0	0	0	0	0	0	0	0	0	0	0.150	0.488	0	0	0
C33	0.032	0.090	0.048	0	0	0.215	0.297	0	0	0	0	0	0.247	0.216	0.437	0.208	0.381
C34	0	0	0	0	0	0	0	0	0	0	0	0	0	0	0	0.608	0
C35	0	0	0	0	0	0	0	0	0	0	0	0	0	0	0	0.181	0.620

步骤 5：根据式（8-18），计算反映用户体验品质特性相互关系的偏好权重（W^{FANP}），结果如下，该结果列于表 8-6 第 2 行：

$$W^{\text{FANP}} = (W_4 \times W_2) \times (W_3 \times w_1) = \begin{bmatrix} 0.154 \\ 0.051 \\ 0.084 \\ \vdots \\ 0.018 \end{bmatrix}$$

8.1.2.6 通过 TOPSIS 获取用户体验品质特性的 MPCI

为了获取 MPCI，使用 TOPSIS。根据式（8-20），对用户体验品质特性的信噪比进行标准化处理，然后根据式（8-21），结合偏好权重（W^{FANP}），计算加权标准化矩阵（V），结果如下：

$$V = \begin{bmatrix} 0.035 & 0.012 & 0.019 & \cdots & 0.004 \\ 0.044 & 0.014 & 0.024 & \cdots & 0.005 \\ 0.035 & 0.012 & 0.019 & \cdots & 0.003 \\ \vdots & \vdots & \vdots & \vdots & \vdots \\ 0.017 & 0.008 & 0.012 & \cdots & 0.003 \end{bmatrix}$$

根据式（8-22）和式（8-23），计算正理想解（V^+）和负理想解（V^-），结果如下：

$$V^+ = \{0.050 \quad 0.017 \quad 0.028 \quad \cdots \quad 0.005\}$$
$$V^- = \{0.014 \quad 0.004 \quad 0.006 \quad \cdots \quad 0.002\}$$

根据式(8-24)～式(8-26)，计算试验样本的 MPCI 值，结果见表 8-6 的最后一列。

8.1.2.7 通过统计分析确定最优设计

使用方差分析识别对 MPCI 有显著影响的设计模式，方差分析的结果见表 8-10。其中加"*"的设计模式表示该设计模式的误差已经被合并，可以发现设计模式 A（视觉风格）、D（主页导航）和 G（诊断指南）对 MPCI 有显著影响（$P <$ 0.05），三种设计模式的总贡献率高达 80.639%。

表 8-10　针对 MPCI 的方差分析结果

设计模式	自由度	平方和	均方	F 值	P 值	纯平方和	贡献率/%
A（视觉风格）	1	0.162	0.162	17.384	0.002	0.153	14.777
B（字体类型）*	2	0.014	0.007				
C（字体大小）*	2	0.015	0.007				
D（主页导航）	2	0.351	0.175	18.771	0.000	0.332	32.054
E（内容布局）	2	0.060	0.030	3.234	0.083	0.042	4.029
F（配色）*	2	0.031	0.015				
G（诊断指南）	2	0.369	0.184	19.743	0.000	0.350	33.808
误差（合并后）	10	0.093	0.009	1.000	0.500	0.159	15.332
总计	17	1.036					100.000

针对 MPCI 的反应表如表 8-11 所示，其中加粗的字体表示各变量的最优水平，极差表示最大值和最小值之间的差值。针对 MPCI 的反应图如图 8-5 所示，图中虚线表示 MPCI 的平均值（0.577）。研究过程通过模糊网络层次分析法获得 MPCI，最优设计是指具有最大 MPCI 值的设计组合，即 $A_1 B_1 C_1 D_3 E_3 F_1 G_2$。

表 8-11　针对 MPCI 的反应表

设计模式	水平			极差
	1	2	3	
A（视觉风格）	**0.671**	0.482		0.190
B（字体类型）	**0.604**	0.586	0.539	0.065
C（字体大小）	**0.612**	0.576	0.542	0.070
D（主页导航）	0.380	0.659	**0.690**	0.310
E（内容布局）	0.597	0.498	**0.635**	0.137
F（配色）	**0.616**	0.594	0.520	0.097
G（诊断指南）	0.673	**0.683**	0.374	0.308

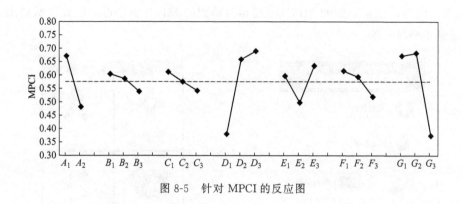

图 8-5　针对 MPCI 的反应图

8.1.2.8　确认测试

由于初始设计和最优设计均不在 L_{18} 正交表中，因此需要进行确认试验。图 8-6 和图 8-7 分别展示了初始设计和最优设计的界面。邀请试验参与者对两款设计进行评价，为了平衡练习效应，采用 ABBA 抵消平衡法。就各项品质特性而言，最优设计的平均值显著高于初始设计的平均值（$P < 0.05$）。计算用户体验品质特性的信噪比，然后将其转换为 MPCI 值，其结果如表 8-12 所示。初始设计的 MPCI 值为 0.127，最优设计的 MPCI 值为 0.991，最优设计的 MPCI 值比初始设计的 MPCI 值提高了 0.864。

表 8-12　初始设计和最优设计的比较结果

项目	初始设计	最优设计	
	试验	试验	预测
水平组合	$A_2B_1C_3D_1E_2F_3G_3$	$A_1B_1C_1D_3E_3F_1G_2$	$A_1B_1C_1D_3E_3F_1G_2$
MPCI	0.127	0.991	1.049
MPCI 的提升值		0.864	0.922

根据式(8-27)，对最优设计的 MPCI 进行预测：

$$C_{\text{optimal}} = \overline{C} + \sum_{k=1}^{7}(C_k - \overline{C})$$

$$= 0.577 + (0.671 - 0.577) + (0.604 - 0.577) + (0.612 - 0.577)$$

$$+ (0.690 - 0.577) + (0.635 - 0.577) + (0.616 - 0.577)$$

$$+ (0.683 - 0.577)$$

$$= 1.049$$

预测的 MPCI 值为 1.049，与初始设计的 MPCI 值 0.127 相比，增加了

0.922。此外，试验得到的 MPCI 值与预测得到的 MPCI 值接近。因此，所提出的方法是正确可行的。

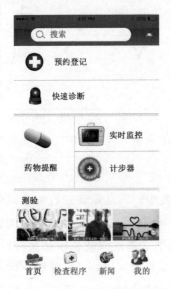

图 8-6　初始移动医疗应用设计的界面

图 8-7　最优移动医疗应用设计的界面

8.1.3　结果讨论

　　为了优化移动应用设计的用户体验，本节提出了基于模糊网络层次分析法的用户体验多目标稳健参数设计方法，并以移动医疗应用的设计为例来展示所提出的方法。研究的目的是提出一种方法，案例的某些方面可能显得不完整，例如安全性和隐私性等品质特性未能涉及，这在后续研究中可加以考虑。

　　所提出的方法将田口方法与以用户为中心的设计过程相结合。通过田口方法，使以用户为中心的设计过程的周期变短；利用正交表大大减少了试验样本的数量，降低了设计成本；利用信噪比可以同时考虑品质特性的均值和方差。此外，根据MPCI 确定的品质特性与设计模式之间的关系，可以为移动应用的设计提供重要的依据。

　　用户体验品质特性偏好权重的确定是品质设计中的一个重要问题，以往研究常采用层次分析法。然而，层次分析法有两个不足之处。第一，层次分析法使用的是从 1 到 9 的离散尺度，没有考虑用户体验品质特性评价中固有的不确定性和模糊性；第二，层次分析法中的各个维度具有独立性，但在用户体验品质特性系统中，维度和子维度之间存在着相互依赖的关系。模糊网络层次分析法可以有效解决这些不足，其中通过模糊方法，可以应对主观甚至潜意识的评价，通过网络层次分析法可以解决用户体验品质特性之间的相互依赖关系。但需要指出的是模糊网络层次分析法存在一定的缺陷，即考虑相互依赖关系会增加模糊成对比较的次数，进而使计算过程较为复杂。

本节以移动医疗应用为例进行研究，所提出的方法可以作为通用的稳健设计方法，用于优化其他移动应用的用户体验设计。研究过程仅采用了自我报告式的用户体验度量指标，后续研究可以将自我报告式的用户体验度量指标与基于问题的度量指标、绩效度量指标、行为和生理度量指标等结合起来，以优化移动应用的用户体验。

8.2 基于模糊逻辑的用户体验多目标稳健参数设计

用户体验包括人机交互的所有方面，用户体验的品质特性可能会相互冲突。例如，"使用这个系统很有趣"和"使用这个系统很简单"，这两个品质特性在某种程度上可能存在一定矛盾。为了设计一个移动应用，设计师必须在多个品质特性上进行权衡，以达到对用户体验品质特性的多目标优化设计。

传统的田口方法只针对一个品质特性进行优化，不能优化多个品质特性，因此需要将多种方法加以结合以解决用户体验品质特性的多目标优化设计问题。灰色关联分析针对少样本、贫信息进行研究，可用于分析多种品质特性之间的复杂关系。模糊逻辑适用于分析主观和模糊信息，可用于探讨用户体验品质特性之间的非线性关系。本节提出一种基于模糊逻辑的用户体验多目标稳健参数设计方法，该方法将灰色关联分析、模糊逻辑、田口方法加以整合，采用灰色模糊分析将用户体验品质特性指标整合为 MPCI，然后基于 MPCI 进行优化设计。通过所提出的方法，用户体验品质特性的主观性和不确定性在稳健优化过程中得到了有效处理。

8.2.1 研究方法

本节提出一种基于模糊逻辑的用户体验多目标稳健参数设计方法，该方法共包括四个步骤：①设计分析、②田口试验、③灰色模糊分析、④统计分析。方法的架构如图 8-8 所示。

8.2.1.1 设计分析

设计分析包括设计模式分析和用户体验品质特性分析。设计模式分析旨在确定影响用户体验的移动设计模式。用户体验品质特性分析旨在建立衡量用户体验

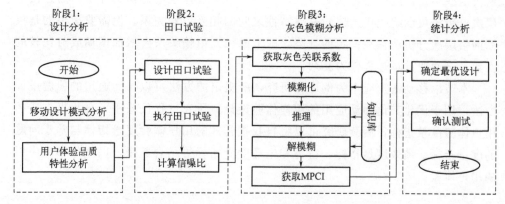

图 8-8 研究方法的架构

品质特性的评价体系，用户体验品质特性指标包括自我报告式指标、基于问题的指标、绩效指标、行为和生理指标等。在许多情况下，自我报告式指标可以反映用户最关心的问题。因此，研究中采用自我报告式指标度量用户体验的品质特性。

8.2.1.2 田口试验

田口试验寻求在噪声因素下能够产生一致性的稳健优化设计，它是一种非常重要的试验设计方法，包括两个主要工具：正交表、信噪比。正交表是田口试验的基础，通过正交表可用少量的试验样本来探索整个设计空间。信噪比是一种结合均值和方差的度量，信噪比越高，设计的稳健性越强。

使用田口试验优化移动应用设计时，正交表的行数表示试验样本的个数，正交表的列数表示移动设计模式的最大个数。根据正交表的布局进行田口试验，计算品质特性的信噪比。品质特性有三种类型：望大特性（LTB）、望目特性（NTB）、望小特性（STB）。其信噪比的计算公式分别见第 6.2.1 节中式(6-18)~式(6-20)。

8.2.1.3 灰色模糊分析

由于用户体验的品质特性具有主观性和不确定性，而且各品质特性具有一定的相互关系，因此，采用灰色模糊的分析方法，先利用灰色关联分析将用户体验品质特性的信噪比转换为灰色关联系数（Grey Relational Coefficient），然后通过模糊逻辑将灰色关联系数整合为 MPCI，从而将与用户体验相关的多目标优化问题转化为等效的单目标优化问题。

（1）通过灰色关联分析得到灰色关联系数

灰色关联分析是一种使用较少数据研究复杂因素之间相互关系的方法，在研究过程中，采用灰色关联分析探讨多个用户体验品质特性之间的相互关系。

在进行灰色关联分析时，先将试验数据标准化到 [0，1]，公式如下：

$$\eta_i^*(k) = \frac{\eta_i(k) - \min\eta_i(k)}{\max\eta_i(k) - \min\eta_i(k)} \qquad (8\text{-}28)$$

式中，$\eta_i(k)$ 为第 i 个试验样本的第 k 个用户体验品质特性的信噪比；$\min\eta_i(k)$ 为 $\eta_i(k)$ 的最小值；$\max\eta_i(k)$ 为 $\eta_i(k)$ 的最大值；$\eta_i^*(k)$ 为标准化后的数据。

为了探讨标准化后数据的理想值和实际值之间的关系，采用灰色关联系数，其计算公式如下：

$$\xi_i(k) = \frac{\Delta_{\min} + \zeta\Delta_{\max}}{\Delta_{oi}(k) + \zeta\Delta_{\max}} \qquad (8\text{-}29)$$

式中，$\xi_i(k)$ 为第 i 个试验样本的第 k 个用户体验品质特性的灰色关联系数；$\Delta_{oi}(k) = |\eta_o^*(k) - \eta_i^*(k)|$，$\eta_o^*(k)$ 是理想序列；$\Delta_{\min}$ 是 $\Delta_{oi}(k)$ 的最小值；$\Delta_{\max}$ 是 $\Delta_{oi}(k)$ 的最大值；ζ 是分辨系数，ζ 通常取 0.5。

（2）通过模糊逻辑得到 MPCI

模糊逻辑是一种用于不精确推理的数学方法，非常适合构建输入与输出之间的关系，采用模糊逻辑将灰色关联系数转换为 MPCI，如图 8-8 中的阶段 3（灰色模糊分析）所示。首先，通过模糊化将用户体验品质特性的灰色关联系数转换为模糊值；然后，根据知识库进行模糊推理，推理结果为模糊值；最后，利用解模糊将模糊值转换为清晰值。

在构建模糊逻辑系统时，使用 Mamdani 模糊推理方法，选择三角形隶属函数，采用 If-then 模糊规则描述输入和输出之间的关系，典型模糊规则的形式如下：

规则 i：If x_1 is A_{i1}，x_2 is A_{i2}，…，and x_r is A_{ir}，then y_i is C_i

式中，$i = 1$，2，…，M（M 为模糊规则的数量），x_j（$j = 1$，2，…，r）是输入变量，y_i 是输出变量，A_{ij} 和 C_i 分别是输入变量和输出变量在其论域上的语言变量值。在进行模糊合成时，采用最大-最小合成法，即：

$$\mu_{c_i}(y_i) = \max\{\min[\mu_{A_{i1}}(x_1)，\mu_{A_{i2}}(x_2)，…，\mu_{A_{ir}}(x_r)]\} \qquad (8\text{-}30)$$

式中，$\mu_{A_{ij}}(x_j)$ 和 $\mu_{c_i}(y_i)$ 分别是输入变量和输出变量对应的隶属函数。

图 8-9 通过 2 个模糊规则 R_1 和 R_2，展示了 Mamdani 模糊推理过程，模糊推理的结果是一个模糊值。通过重心法进行解模糊，将该模糊值转化为清晰值。

8.2.1.4 统计分析

根据灰色模糊分析得到 MPCI 值，采用方差分析来确定对用户体验重要的移动设计模式，并利用反应表和反应图获得最优设计。

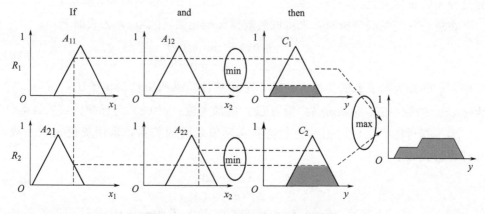

图 8-9　Mamdani 模糊推理方法示意图

8.2.2　案例研究

以第 8.1 节中的移动医疗应用的用户体验优化设计为例进行研究。

8.2.2.1　设计分析

（1）设计模式分析

设计模式分析见第 8.1.2 节，共确定了 7 种主要设计模式，见表 8-2。

（2）用户体验品质特性分析

根据有效性、满意度和易用性（Usefulness，Satisfaction，and Ease of Use，USE）问卷建立用户体验品质特性评价体系，USE 问卷由 Lund 于 2001 年创立，已被许多企业所采用。USE 问卷共包含 30 个项目，包括有效性（Usefulness）、易用性（Ease of Use）、易学性（Ease of Learning）和满意度（Satisfaction）四个维度。研究中结合移动医疗应用的具体情况对 USE 问卷进行了修改，以确保每个项目的描述与移动医疗应用相关联，修改后的项目如表 8-13 所示，修改后问卷的整体 Cronbach's α 系数为 0.938，维度 1（有效性）、维度 2（易用性）、维度 3（易学性）、维度 4（满意度）的 Cronbach's α 系数分别为 0.938、0.939、0.936、0.937。因此，用户体验品质特性的评价体系满足信度要求。

8.2.2.2　田口试验

（1）设计田口试验

田口试验的设计与第 8.1.2 节相同，即采用 L_{18} 正交表，共设计了 18 个试验样本，针对每个试验样本制作高保真原型。

表 8-13 修改后的 USE 问卷的维度

维度	项目
维度 1：有效性	这款移动医疗应用能帮助我更有效
	这款移动医疗应用能帮助我提高效率
	我认为这款移动医疗应用是有用的
	这款移动医疗应用让我对生活中的活动有了更多的控制
	这款移动医疗应用使我能够更加容易地完成要做的事情
	使用这款移动医疗应用能够节省我的时间
	我认为这款移动医疗应用能够满足我的需求
	这款移动医疗应用能够执行我期望它做的所有事情
维度 2：易用性	我认为这款移动医疗应用容易使用
	我认为这款移动医疗应用操作简单
	我认为这款移动医疗应用是用户友好的
	这款移动医疗应用需要尽可能少的步骤以完成任务
	我认为这款移动医疗应用是灵活的
	我感觉使用这款移动医疗应用不费力气
	没有书面说明，我能使用这款移动医疗应用
	在使用这款移动医疗应用的过程中，我没有发现任何不一致
	偶然使用的和经常使用的用户都会喜欢这款移动医疗应用
	出错时我能容易且迅速地恢复
	每次我都能成功地使用这款移动医疗应用
维度 3：易学性	我可以快速地学会使用这款移动医疗应用
	我容易记住如何使用这款移动医疗应用
	学会使用这款移动医疗应用是容易的
	我很快就可以熟练使用这款移动医疗应用
维度 4：满意度	我对这款移动医疗应用满意
	我会把这款移动医疗应用推荐给朋友
	使用这款移动医疗应用是有趣的
	这款移动医疗应用以我所期望的方式工作
	我感觉这款移动医疗应用很好
	我感觉我需要拥有这款移动医疗应用
	使用这款移动医疗应用令人愉快

（2）执行田口试验

修改后的 USE 问卷由 30 个自我报告式问题组成，使用 7 等级李克特量表进行测量，评分范围从 1 分（强烈反对）到 7 分（强烈赞同）。共招募了 42 名用户作为试验参与者（21 名女性和 21 名男性，年龄 40～60 岁，拥有至少 3 年使用移动医疗应用的经验）。为了平衡练习效应，要求 42 名参与者按照随机顺序评价 18 个试验样本。对于每个试验样本，要求参与者执行四个典型的任务，包括预约挂号、症状自我检查、用药提醒、快速查询。随后，要求试验参与者完成问卷，问卷包括有效性、易用性、易学性和满意度等四个维度，每个维度由多个项目组成，将每个维度中所有项目的平均值作为该维度用户体验品质特性的性能值。18 个试验样本在 4 个品质特性维度上性能值的统计结果如表 8-14 所示。

表 8-14　田口试验中用户体验品质特性的评价结果

样本编号	有效性			易用性			易学性			满意度		
	平均值	标准差	信噪比	平均值	标准差	信噪比	平均值	标准差	信噪比	平均值	标准差	信噪比
1	3.381	0.410	10.394	3.492	0.355	10.733	3.976	0.468	11.812	4.079	0.545	11.980
2	4.369	0.367	12.717	4.413	0.336	12.817	4.643	0.417	13.225	4.865	0.483	13.614
3	3.452	0.309	10.659	3.889	0.335	11.696	2.917	0.643	8.677	3.659	0.518	11.003
4	2.095	0.458	5.698	2.643	0.432	8.134	2.607	0.475	7.901	2.865	0.442	8.830
5	4.810	0.455	13.527	4.952	0.497	13.766	5.119	0.504	14.060	4.532	0.483	12.968
6	5.702	0.495	15.027	5.492	0.424	14.719	5.500	0.455	14.724	5.111	0.464	14.060
7	5.310	0.552	14.362	4.833	0.377	13.607	5.488	0.629	14.623	5.008	0.497	13.866
8	2.690	0.698	7.658	3.587	0.493	10.853	3.298	0.507	10.047	3.317	0.441	10.178
9	3.250	0.445	9.993	3.468	0.410	10.634	3.667	0.477	11.057	4.024	0.558	11.842
10	5.560	0.508	14.792	4.825	0.455	13.534	5.143	0.692	13.984	5.183	0.461	14.188
11	1.810	0.441	4.180	2.587	0.482	7.855	2.762	0.497	8.334	2.706	0.449	8.293
12	4.298	0.456	12.512	3.357	0.444	10.267	4.357	0.485	12.622	4.302	0.545	12.455
13	3.155	0.558	9.587	3.659	0.379	11.110	3.308	0.603	9.144	3.063	0.501	9.350
14	4.619	0.425	13.184	3.563	0.407	10.877	4.274	0.576	12.388	4.556	0.564	12.965
15	2.202	0.507	6.157	2.103	0.558	5.239	3.333	0.343	10.330	3.825	0.532	11.398
16	3.500	0.366	10.740	3.675	0.341	11.192	3.940	0.576	11.627	4.341	0.548	12.543
17	3.714	0.385	11.264	3.056	0.360	9.521	4.310	0.614	12.430	4.063	0.437	12.031
18	2.560	0.431	7.789	2.540	0.488	7.600	2.833	0.601	8.363	3.016	0.556	9.173

（3）计算信噪比

用户体验品质特性是通过修改后的 USE 问卷进行度量的，这些特性都属于望大型，利用第 6.2.1 节中的式（6-18）计算信噪比，结果如表 8-14 所示。

8.2.2.3　灰色模糊分析

（1）通过灰色关联分析获取灰色关联系数

利用式（8-28）对信噪比进行标准化处理，然后利用式（8-29）计算灰色关联系数，结果见表 8-15 第 2～5 列。

表 8-15　用户体验品质特性的灰色关联系数和相应的 MPCI

试验样本	灰色关联系数				MPCI
	有效性	易用性	易学性	满意度	
1	0.539	0.543	0.539	0.572	0.548
2	0.701	0.714	0.695	0.837	0.678
3	0.554	0.611	0.361	0.481	0.487
4	0.368	0.419	0.333	0.355	0.397
5	0.783	0.833	0.837	0.707	0.688
6	1.000	1.000	1.000	0.958	0.919
7	0.891	0.810	0.971	0.902	0.789
8	0.424	0.551	0.422	0.424	0.479
9	0.519	0.537	0.482	0.557	0.525
10	0.958	0.800	0.822	1.000	0.801
11	0.333	0.408	0.348	0.333	0.393
12	0.683	0.516	0.619	0.630	0.608
13	0.499	0.568	0.379	0.379	0.473
14	0.746	0.552	0.594	0.707	0.630
15	0.379	0.333	0.437	0.514	0.416
16	0.558	0.573	0.524	0.642	0.583
17	0.590	0.477	0.598	0.577	0.549
18	0.428	0.400	0.349	0.370	0.408

（2）通过模糊逻辑获取 MPCI

建立包含四个输入（"有效性"的灰色关联系数、"易用性"的灰色关联系数、"易学性"的灰色关联系数、"满意度"的灰色关联系数）和一个输出（MPCI）的模糊逻辑系统。输入变量和输出变量均采用三角形隶属函数，每个输入变量有三

个模糊子集：小（Small，S）、中（Medium，M）、大（Large，L）；输出变量有
5个模糊子集：非常小（Very Small，VS）、小（Small，S）、中（Medium，M）、
大（Large，L）和非常大（Very Large，VL）。输入变量和输出变量对应的隶属
函数如图 8-10 所示。

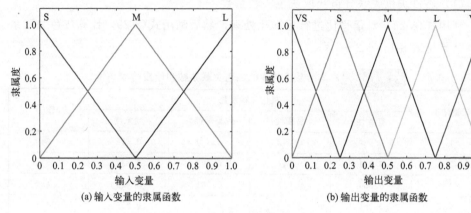

(a) 输入变量的隶属函数　　　　　(b) 输出变量的隶属函数

图 8-10　隶属函数

采用焦点小组法通过讨论确定模糊规则，基本原则是较高的灰色关联系数具
有较高的 MPCI，共确定 81（$3^4 = 81$）条模糊规则，如表 8-16 所示。

表 8-16　模糊规则

| 规则 | If（前件） | | | | Then（后件） | 规则 | If（前件） | | | | Then（后件） |
	有效性	易用性	易学性	满意度	MPCI		有效性	易用性	易学性	满意度	MPCI
1	S	S	S	S	VS	12	S	M	S	L	S
2	S	S	S	M	VS	13	S	M	M	S	S
3	S	S	S	L	S	14	S	M	M	M	S
4	S	S	M	S	VS	15	S	M	M	L	M
5	S	S	M	M	S	16	S	M	L	S	S
6	S	S	M	L	S	17	S	M	L	M	M
7	S	S	L	S	S	18	S	M	L	L	L
8	S	S	L	M	S	19	S	L	S	S	S
9	S	S	L	L	M	20	S	L	S	M	S
10	S	M	S	S	VS	21	S	L	S	L	M
11	S	M	S	M	S	22	S	L	M	S	S

规则	If （前件）				Then （后件）	规则	If （前件）				Then （后件）
	有效性	易用性	易学性	满意度	MPCI		有效性	易用性	易学性	满意度	MPCI
23	S	L	M	M	M	53	M	L	L	M	L
24	S	L	M	L	L	54	M	L	L	L	VL
25	S	L	L	S	M	55	L	S	S	S	S
26	S	L	L	M	L	56	L	S	S	M	S
27	S	L	L	L	L	57	L	S	S	L	M
28	M	S	S	S	VS	58	L	S	M	S	S
29	M	S	S	M	S	59	L	S	M	M	M
30	M	S	S	L	S	60	L	S	M	L	L
31	M	S	M	S	S	61	L	S	L	S	M
32	M	S	M	M	S	62	L	S	L	M	L
33	M	S	M	L	M	63	L	S	L	L	L
34	M	S	L	S	S	64	L	M	S	S	S
35	M	S	L	M	M	65	L	M	S	M	M
36	M	S	L	L	L	66	L	M	S	L	L
37	M	M	S	S	S	67	L	M	M	S	M
38	M	M	S	M	S	68	L	M	M	M	L
39	M	M	S	L	M	69	L	M	M	L	L
40	M	M	M	S	S	70	L	M	L	S	L
41	M	M	M	M	M	71	L	M	L	M	L
42	M	M	M	L	L	72	L	M	L	L	VL
43	M	M	L	S	M	73	L	L	S	S	M
44	M	M	L	M	L	74	L	L	S	M	L
45	M	M	L	L	L	75	L	L	S	L	L
46	M	L	S	S	S	76	L	L	M	S	L
47	M	L	S	M	M	77	L	L	M	M	L
48	M	L	S	L	M	78	L	L	M	L	VL
49	M	L	M	S	L	79	L	L	L	S	L
50	M	L	M	M	L	80	L	L	L	M	VL
51	M	L	M	L	L	81	L	L	L	L	VL
52	M	L	L	S	L						

采用 MATLAB 软件建立模糊逻辑系统，系统的示意图如图 8-11 所示，该系统采用 Mamdani 模糊推理方法进行推理。

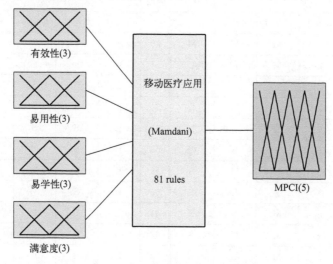

图 8-11　建立的模糊逻辑系统示意图

图 8-12 展示了所建立的模糊逻辑系统的模糊规则查看器，其输入为 4 个维度用户体验品质特性所对应的灰色关联系数值，输出为 MPCI 值，根据所建立的模

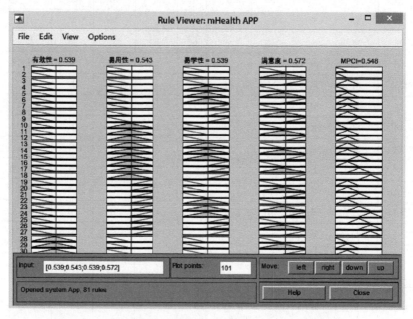

图 8-12　所构建的模糊逻辑系统的模糊规则查看器

糊逻辑系统可获得所有试验样本的 MPCI 值。例如,针对试验样本 1,其有效性的灰色关联系数为 0.539,易用性的灰色关联系数为 0.543,易学性的灰色关联系数为 0.539,满意度的灰色关联系数是 0.572,根据模糊推理系统可得其 MPCI 值为 0.548。通过所构建的模糊逻辑系统,可以获得所有试验样本的 MPCI 值,结果见表 8-15 的最后一列。

图 8-13 显示了与所建立的模糊逻辑系统的模糊规则相对应的输入输出特性曲面,通过输入输出特性曲面探讨输入变量的不同组合对 MPCI 的影响。可以看出,这些输入输出特性曲面满足单调性,因此可以产生有效且可比较的结果。

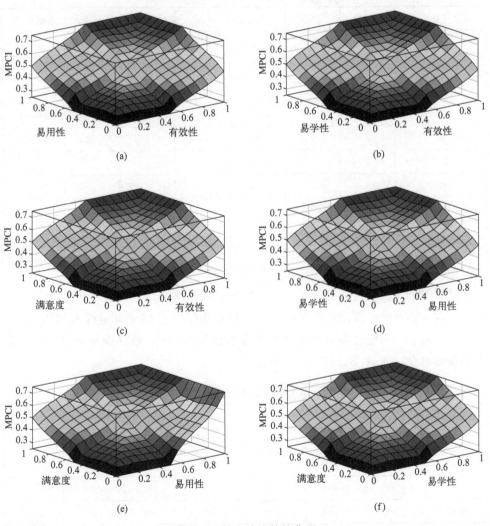

图 8-13 输入输出特性曲面

8.2.2.4 统计分析

（1）确定最优设计

为了确定与 MPCI 相关的移动设计模式的显著性，使用方差分析，其结果见表 8-17，其中加"＊"的设计模式表示该设计模式的误差已经被合并。可以发现，移动设计模式 A（视觉风格，$P = 0.046$）、D（主页导航，$P = 0.002$）、G（诊断指南，$P < 0.001$）对 MPCI 有显著影响；其中，移动设计模式 G 的影响最为显著。

表 8-17　针对 MPCI 的方差分析结果

移动设计模式	自由度	平方和	均方	F 值	P 值	纯平方和	贡献率/%
A	1	0.023	0.023	5.186	0.046	0.019	4.804
B^*	2	0.004	0.002				
C^*	2	0.005	0.002				
D	2	0.105	0.052	11.636	0.002	0.096	24.413
E	2	0.024	0.012	2.692	0.116	0.015	3.883
F^*	2	0.004	0.002				
G	2	0.195	0.097	21.646	＜0.001	0.186	47.389
误差	4	0.032					
误差（合并后）	(10)	(0.045)	(0.005)			0.077	19.511
总计	17	0.392				0.392	100.000

针对 MPCI 的反应表见表 8-18，其中加粗的数字表示移动设计模式的最优水平。针对 MPCI 的反应图如图 8-14 所示，图中虚线代表 18 个试验样本 MPCI 的平均值（0.576）。研究过程通过灰色模糊分析得到 MPCI，最优设计对应 MPCI 最大的设计组合，即 $A_1B_2C_1D_3E_1F_1G_2$。

表 8-18　针对 MPCI 的反应表

水平	A	B	C	D	E	F	G
1	**0.612**	0.586	**0.599**	0.471	**0.614**	**0.596**	0.597
2	0.540	**0.587**	0.569	0.607	0.527	0.573	**0.692**
3		0.556	0.561	**0.650**	0.587	0.559	0.440
极差	0.072	0.031	0.038	0.179	0.087	0.037	0.252

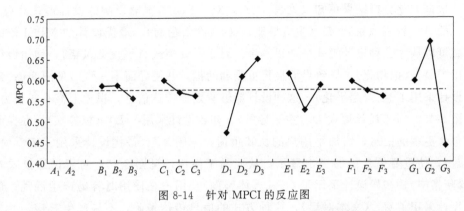

图 8-14 针对 MPCI 的反应图

（2）确认测试

最优设计如图 8-15 所示，将其与初始设计（见第 8.1 节中的图 8-6）一起进行测试。确认测试采用重复测量设计，要求试验参与者评价两种设计，为了平衡练习效应，使用 ABBA 抵消平衡法，测试结果如表 8-19 所示。可以发现，在 4 个维度的用户体验品质特性中，最优设计的均值都显著高于初始设计（$P<0.05$）。计算信噪比，并利用灰色模糊分析将其转换为 MPCI，则初始设计的 MPCI 值为 0.301，优化设计的 MPCI 值为 0.972，即优化设计的 MPCI 值提高了 0.671。显然，得到的最优设计是正确有效的。

图 8-15 最优设计的界面

表 8-19 确认测试的结果

项目	初始设计	最优设计
水平组合	$A_2B_1C_3D_1E_2F_3G_3$	$A_1B_2C_1D_3E_1F_1G_2$
有效性	1.784	5.613
易用性	2.578	5.532
易学性	2.763	5.504
满意度	2.669	5.190
MPCI	0.301	0.972
MPCI 的提升值		0.671

根据方差分析结果可知（见表 8-17），对 MPCI 有显著影响的设计模式共有 3 个，即 A（视觉风格）、D（主页导航）、G（诊断指南）。最优设计的 MPCI 值的提高可以从这三种设计模式中加以解释。对于设计模式 A（视觉风格），初始设计采用了 A_2（拟物化），导致界面显得可爱和幼稚，并使界面不一致，见图 8-6；最优设计采用了 A_1（扁平化），这种设计能够有效地传达信息，视觉上富有吸引力，见图 8-15。对于设计模式 D（主页导航），初始设计采用了 D_1（标签式），在界面中包含更多的信息，增加了用户的认知负荷，见图 8-6；最优设计采用了 D_3（仪表盘），使重要信息能够突出显示，从而易于使用，见图 8-15。对于设计模式 G（诊断指南），初始设计采用了 G_3（人体解剖），用户在使用时容易产生混乱；最优设计采用了 G_2（文本对话），这种方式的信息传达精确，不易产生差错。综上所述，A_1（扁平化）、D_3（仪表盘）和 G_2（文本对话）可以为移动医疗应用提供更好的用户体验。

8.2.3 结果讨论

为了获得最优用户体验设计，通常采用以用户为中心的设计方法。然而，以用户为中心的设计方法必须克服两个缺陷。首先，以用户为中心的设计方法要求设计师制作原型，并进行测试以识别原型中的用户体验问题，这一过程通常需要多次迭代才能获得最优设计，耗费大量时间和金钱。其次，在以用户为中心的设计方法中，设计和评估通常是两个独立的阶段，很少有机制将它们有机地整合起来。

本节提出了基于模糊逻辑的用户体验多目标稳健参数设计方法，将以用户为中心的设计方法与田口方法相结合来获取最优移动应用设计。图 8-16 描述了传统的以用户为中心的设计过程与所提出的设计过程之间的比较，可以发现，在所提出的设计过程中，虽然田口试验阶段较晚，但迭代设计过程要短得多，因此可以缩短设计开发时间。此外，在所提出的设计过程中，通过采用正交表设计试验样本，在很大程度上压缩了试验样本的数量，从而使用户体验测试的成本大大降低。

与工程领域的品质特性相比，用户体验的品质特性并不完全符合线性加法模型，本节所提出的方法能够很好地处理用户体验的主观性和不确定性，能够解决多品质特性信噪比的非线性集成问题，从而将多目标优化问题转化为等价的单目标优化问题。需要指出的是，本研究的目的是提出一种用户体验优化设计方法，并没有尝试将所提出的方法与其他方法进行比较，后续研究可以对不同方法加以比较。

最优设计

迭代设计

并行设计

初始设计

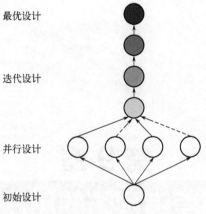

(a) 传统的以用户为中心的设计过程

最优设计

确认测试

田口试验

设计分析

初始设计

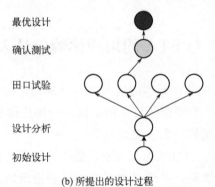

(b) 所提出的设计过程

图 8-16　两种设计过程的比较

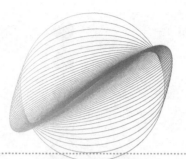

第9章
面向人因差错预防的用户体验设计

9.1 基于 FMEA 与 FTA 的用户体验设计人因差错分析

　　人因差错通常是指在没有干预的情况下，计划的活动未能达到预期的效果。在交互设计中，一个主要的预期效果是提供优良的用户体验，人因差错及其影响分析是改善用户体验的基础。失效模式与效应分析（FMEA）是一种识别人因差错风险的有效方法，通过 FMEA 可以评价系统中的潜在失效模式，并明确各失效模式的风险优先指数。然而，FMEA 并不能提供差错识别的机制，因此，需要一种差错识别方法与 FMEA 相结合。系统性人因差错减少和预测方法（SHERPA）是识别人因差错的一种广泛使用的方法，提供了良好的差错分类模式，有利于识别人机交互过程中的差错。故障树分析（FTA）用图形表达的方式建立失效模式发生原因之间的层次关系，可以帮助设计师找到失效的最终原因。基于此，本节以 FMEA 为基础，结合 SHERPA 识别人因差错，并通过 FTA 探讨差错产生的原因，进而采取针对性的改良措施，得到合理的解决方案。

9.1.1 研究方法

　　本节提出基于 FMEA 与 FTA 的用户体验设计人因差错分析方法，其主要步骤包括 SHERPA、FMEA、FTA、设计改良以及结果验证，方法的架构如图 9-1 所示。

9.1.1.1 SHERPA

　　采用 SHERPA 分析任务中的潜在差错，包括层次任务分析和差错分类两个步骤。

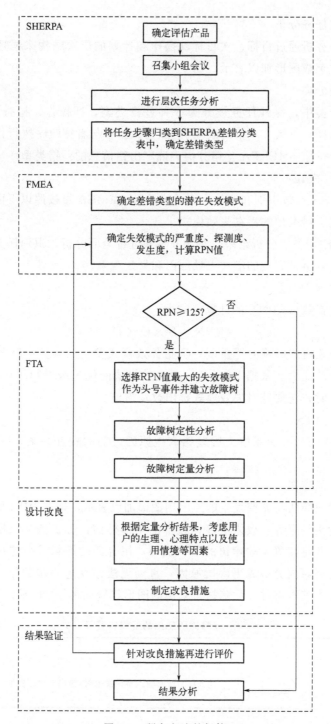

图 9-1 研究方法的架构

（1）层次任务分析

层次任务分析通过目标、次目标、操作和计划的层次结构来描述所分析的活动，通常用文字或图形加以表示。

（2）差错分类

在差错分类中，每种任务被分为5种差错类型，即操作、检查、信息沟通、信息检索、选择，见第5.6节的表5-6。邀请试验参与者按顺序执行指定任务，记录出错信息，按照SHERPA差错分类表确定出错信息的差错类型。

9.1.1.2　FMEA

通过FMEA有效识别和评估人因差错风险，FMEA可按照以下两步进行。

（1）确定差错类型的潜在失效模式

根据SHERPA的分析结果，对任务步骤进行全面分析，识别任务中的失效事件，确定与失效事件有关的潜在失效原因和失效后果。

（2）确定RPN值

风险优先指数（RPN）的计算公式为

$$RPN = S \times O \times D \tag{9-1}$$

式中，S 指失效模式影响的严重度；O 指失效模式发生的频率；D 指用户侦测到失效模式发生的能力。根据RPN值，对失效模式的优先级进行排序，当RPN值大于等于125时，需要针对失效模式提出改良措施。

9.1.1.3　FTA

通过FTA可以充分了解人因差错产生原因之间的相互关系，FTA可按照以下三步进行。

（1）建立故障树

采用逻辑演绎法将差错发生的原因用图形加以表示，选取RPN值最大的潜在失效模式作为头号事件，放入故障树顶部的矩形框内，分析该失效模式发生的各种原因事件，并将其置于故障树的下一层级，用合适的逻辑符号连接头号事件和原因事件，再将原因分解成更底层原因，直到无法建立进一步的原因为止。故障树末端的事件为基本事件，故障树常采用的图形符号如表9-1所示。

表9-1　故障树所使用的逻辑符号及意义

名称	符号	意义
与门（AND门）		代表仅当所有输入事件发生时，输出事件才发生

名称	符号	意义
或门 （OR 门）		代表至少一个输入事件发生时,输出事件就发生
事件		代表在系统中一个已经很明确的事情。常用"与门"或"或门"输入或输出,进一步分析可能的事件
基本事件		代表系统中某一基本事件,无须进行进一步分析
未展开事件	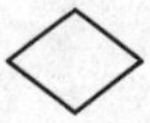	代表一件发展未完全或无须展开说明的事件

（2）故障树定性分析

故障树定性分析的目的是寻找故障树的最小割集,最小割集是导致头号事件发生的最小组合方式,如果这个组合中的部件都失效,故障事件就会发生,以此来分析人因差错产生的各种原因。

（3）故障树定量分析

故障树定量分析的主要任务是计算每个基本事件发生的概率,对人因差错的原因进行定量评价。通过调研,获得基本事件发生的次数,即可计算基本事件发生的概率,计算公式如式(9-2)所示。

$$基本事件发生概率 = \frac{基本事件错误发生次数}{总人数} \tag{9-2}$$

9.1.1.4 设计改良

根据 FMEA 和 FTA 的分析结果,采用观察、访谈等方式进行调查,深入了解用户使用系统的体验,并结合用户的生理、心理特点以及使用情境等因素,进行设计改良。

9.1.1.5 结果验证

针对改良后的系统,让用户对其失效模式的严重度、发生度、侦测度进行评分,计算改良后系统的 RPN 值,如果 RPN 值大于 125,则一般还需要进行进一步的改良。

9.1.2 案例研究

汽车中越来越多的信息和娱乐功能以及机械部件正被车载信息系统（In-vehicle Information Systems）所取代,车载信息系统将多个功能（如通信控制、信息娱乐、导航等）集成到一个系统中，是一种典型的交互式系统。车载信息系统的用户体验与驾驶安全密切相关，因此得到学术界和业界的密切关注。本节针对车载信息系统的用户体验设计进行研究，其中部分试验界面如图 9-2 所示。

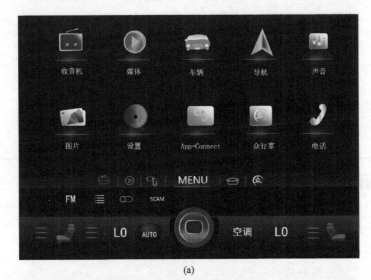

(a)

(b)

图 9-2　车载信息系统的部分试验界面

9.1.2.1　SHERPA

由 9 位成员组成焦点小组（6 名试验参与者、1 名交互设计师、1 名汽车教练、1 名交警），针对现有的车载信息系统界面进行层次任务分析，主要任务有音乐、导航、电话、收音机、空调等，如图 9-3(a) 所示。由于电话功能使用频率较高，因此研究主要针对电话功能，其层次任务分析如图 9-3(b) 所示。

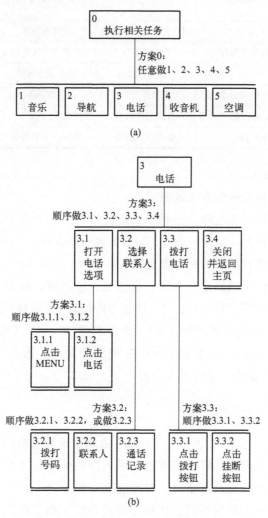

图 9-3　车载信息系统的层次任务分析

　　邀请用户完成打电话任务，根据层次任务分析图，记录用户在执行任务过程中发生的差错，根据 SHERPA 差错分类表对差错进行分类，结果见表 9-2 的第 2 列，共确定了 6 种差错类型，分别是 I2（错误的信息交流）、R1（信息未获取）、C3（检查正确，对象错误）、A8（遗漏操作）、A9（操作不完整）、A2（操作时机不当）。

表 9-2　车载信息系统电话功能的差错类型与失效模式分析

任务 步骤	差错 类型	潜在失效模式	潜在失效后果	潜在失效原因	严重 度	发生 度	探测 度	RPN
3.2.2	R1	找不到电话簿	用户查找联系人困难	设计不合理	7	8	3	168
3.2.1	A2	不明白英文缩写	导致误操作	未考虑用户教育程度	7	7	3	147
3.2.1	A9	老年输入差错电话号码	影响后续操作	缺乏适当说明	7	5	4	140
3.1.2	I2	找不到电话功能通道	无法操作下一步	页面布局不当	6	3	3	54
3.4.1	A8	未挂断电话就返回主界面	造成用户困惑	缺乏提示	2	6	4	48
3.2.3	C3	找不到通话记录	造成用户急躁	图标语义不明确	3	3	4	36

9.1.2.2　FMEA

（1）确定差错类型的潜在失效模式

通过对用户执行任务过程的分析，确定差错类型的潜在失效模式、潜在失效后果以及潜在失效原因，结果见表 9-2 的第 3 列～第 5 列。

（2）确定失效模式的严重度、发生度、侦测度，计算 RPN 值

采用问卷调查的方式确定严重度、发生度、侦测度，根据式（9-1）计算 RPN 值，结果见表 9-2 的第 6 列～第 9 列。依据 RPN 值对失效模式进行排序，可以发现，RPN 值大于 125 的差错类型有 R1（信息未获取）、A2（操作时机不当）、A9（操作不完整），其中 R1（信息未获取）的 RPN 值最大，因此需要对差错类型 R1（信息未获取）的失效模式进行深入分析。

9.1.2.3　FTA

（1）建立故障树

RPN 值最大的失效模式是用户找不到电话簿，该失效模式产生的潜在失效后果是用户查找联系人困难，将用户查找联系人困难作为故障树的头号事件，分析该头号事件发生的原因以及各原因之间的相互关系。

用户查找联系人困难的原因包括视觉样式设计不当、信息架构设计不当以及认知因素影响，视觉样式设计不当的原因又可分为文字使用不合理和图标设计不合理，然后对其再进行分析，逐级查找，直到无法找到更深层次的原因为止，将相关事件用逻辑符号相连，建立车载信息系统电话功能的故障树，结果如图 9-4 所示。

（2）故障树定性分析

从图 9-4 的故障树可知，任何一个基本事件的发生均会导致头号事件发生，因此，20 种基本事件均属于最小割集。

在设计中应充分考虑认知因素影响下的基本事件，改善与视觉样式设计不当

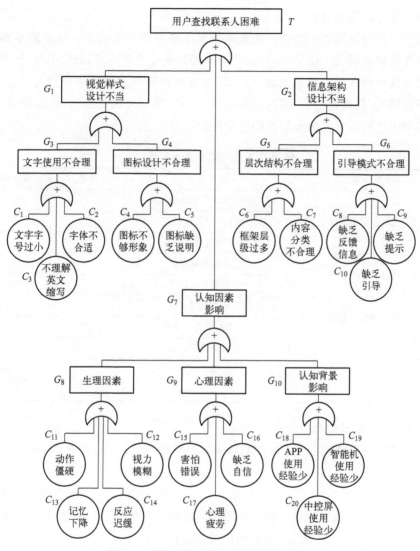

图 9-4　车载信息系统电话功能的故障树

和信息架构设计不当相关的基本事件，避免失效模式发生。从用户生理角度考虑，针对"C_{12} 视力模糊""C_{14} 反应迟缓"，主要体现在"C_1 文字字号过小""C_2 字体不合适""C_7 内容分类不合理"。从用户心理角度考虑，针对"C_{13} 记忆下降""C_{15} 害怕错误""C_{17} 心理疲劳"，主要体现在"C_3 不理解英文缩写""C_4 图标不够形象""C_5 图标缺乏说明""C_6 框架层级过多""C_8 缺乏反馈信息""C_9 缺乏提示"。从用户认知背景角度上考虑，针对"C_{20} 中控屏使用经验少"，主要体现在"C_{10} 缺乏引导"。

（3）故障树定量分析

故障树定量分析的主要任务是获取各基本事件的发生概率，计算基本事件对头号事件的影响程度。邀请50名试验参与者，通过试验，根据式(9-2)计算各个基本事件发生的概率，结果见表9-3，其中发生概率最大的基本事件是"C_7内容分类不合理"，其次是"C_4图标不够形象""C_6框架层级过多"。在设计界面时，应着重考虑这些因素，提高界面的易学性和使用效率。

表 9-3　基本事件发生的概率

主要因素	基本事件	次数	发生概率
G_3 文字使用不合理	C_1 文字字号过小	3	0.06
	C_2 字体不合适	3	0.06
	C_3 不理解英文缩写	4	0.08
G_4 图标设计不合理	C_4 图标不够形象	9	0.18
	C_5 图标缺乏说明	3	0.06
G_5 层次结构不合理	C_6 框架层级过多	8	0.16
	C_7 内容分类不合理	12	0.24
G_6 引导模式不合理	C_8 缺乏反馈信息	4	0.08
	C_9 缺乏提示	2	0.04
	C_{10} 缺乏引导	2	0.04

9.1.2.4　设计改良

结合图9-4故障树和表9-3中基本事件发生的概率，设计改良主要针对基本事件 C_1～C_{10}。

针对失效原因"C_1文字字号过小""C_2字体不合适"：界面中文以较大的字号呈现，字体采用微软雅黑，微软雅黑字体笔画有所加粗，与宋体相比更加清晰，文字色彩与背景色形成对比，提高用户的易读性。

针对失效原因"C_3不理解英文缩写"：删除原有英文缩写表示方式，增加文字说明。

针对失效原因"C_4图标不够形象""C_5图标缺乏说明"：在页面中对图标进行形象化处理，采用扁平化图标，使用较少的色彩和阴影，使图标具有示意性，并加上相应的文字说明，提高用户的识别程度。

针对失效原因"C_6框架层级过多"：首先采用较少的操作步骤，优先引导用户采用语音方式查找联系人，如图9-5(a)所示。其次对通讯录列表作出优化，改变原来按照姓氏首字母排序的方式，根据人际关系进行排序，如图9-5(b)所示。

(a)

(b)

(c)

图 9-5 改良后车载信息系统的部分界面

针对失效原因"C_7 内容分类不合理":对信息按需求进行分类,将电话、导航、音乐等常用功能放在同一页面上,隐藏不常用的功能,且始终保留左侧导航栏,确保用户在需要时随时切换,对于正在使用的功能,图标采用不同的色彩进行区分。

针对失效原因"C_8 缺乏反馈信息""C_9 缺乏提示":在页面中增加提示反馈信息,提示语言简洁友好,在通话等待页面中增加动画效果,有利于消除用户心理疲劳,如图9-5(c)所示。

针对失效原因"C_{10} 缺乏引导":在关键步骤处增加引导,减轻用户记忆负担,方便缺乏操作经验的用户使用。

9.1.2.5 结果验证

针对改良后的设计方案,邀请试验参与者对其严重度、发生度、侦测度进行评分,并计算RPN值,结果如表9-4所示。可以发现所有潜在失效模式的RPN值均小于125,因此改良设计是正确有效的。

表9-4 改良后车载信息系统界面的失效模式预防措施效果

任务步骤	潜在失效模式	预防措施	措施效果			
			严重度	发生度	侦测度	RPN
3.1.2	I2	重新设计拨号界面,考虑用户的识读能力	6	4	2	48
3.2.2	R1	优先引导用户使用语音查找联系人	5	4	4	80
3.2.3	C3	增加图标辨识度,适当增加说明	5	3	2	30
3.4.1	A8	增加反馈提示	6	2	3	36
3.2.1	A9	优先引导用户使用语音输入	5	4	2	40
3.2.1	A2	删除英文缩写,增加文字说明	5	5	3	75

9.1.3 结果讨论

本节提出了基于FMEA与FTA的用户体验设计人因差错分析方法,并将其应用于车载信息系统的设计中。FMEA可以帮助设计师识别人因差错,FTA可以对人因差错的原因进行分析,找出各原因之间的关系,有利于找到设计改良的重点,通过FMEA与FTA的结合可以有效提升车载信息系统的用户体验。

由于不同族群的个体差异较大,需求不同,后续研究可针对不同族群的用户进行。此外,用户体验相关的风险因素具有较强的主观性和不确定性,研究过程采用清晰值存在一定的局限性,后续研究可基于模糊理论进行分析。

9.2 基于模糊 TOPSIS 的用户体验设计人因差错分析

人因差错分析的常用方法是通过启发式评价进行差错和影响分析，但这种方法不能准确地识别每个差错并对差错进行排序。FMEA 是一种工程方法，用于定义、识别和消除系统、设计、过程或服务中的已知和潜在的故障、问题和差错，主要目标是分析潜在差错并评价其影响，FMEA 为差错和影响分析提供了一个系统框架，可用于改善用户体验。在交互设计中，通常无法一次解决所有差错，一个差错的纠正措施可能会引入其他差错。例如，当交互系统中用户界面的数量减少时，系统的迷失率可能会减少；但是，界面数量的减少会导致单个界面中信息量的增加，这反过来会增加出错的概率。因此，应对已识别的差错进行深入分析，确定差错的优先级，以便对优先级高的差错采取纠正措施。

优先级通常基于风险分析加以确定，风险因素包括发生度、严重度、侦测度等。在传统的 FMEA 中，采用清晰值度量风险因素；然而，在用户体验领域，风险因素具有一定的主观性和不确定性，采用清晰值描述与人因差错相关的风险因素有一定的不足。此外，传统的 FMEA 忽略了发生度、严重度、侦测度之间的重要性差异，假设这三个因素在重要性方面相同，这可能与实际情况不相符。

为了对交互设计中的人因差错进行风险分析，本节将 SHERPA、FMEA、模糊 TOPSIS 相结合，从模糊的视角研究用户体验设计的人因差错。

9.2.1 研究方法

本节提出基于模糊 TOPSIS 的用户体验设计人因差错分析方法，方法的架构如图 9-6 所示，包括四个阶段，分别是使用 SHERPA 识别人因差错、FMEA 风险因素分析、使用模糊 TOPSIS 计算 RPN 值、提出改进措施。

9.2.1.1 使用 SHERPA 识别人因差错

通过焦点小组，以团队的形式使用 SHERPA 识别人因差错，该过程包括两个步骤：一是使用层次任务分析方法进行任务分析，二是根据差错分类进行人因差错识别。

9.2.1.2 FMEA 风险因素分析

与人因差错相关的风险因素具有主观性和模糊性，因此，研究中基于模糊理论，使用三角形模糊数来评价风险因素。三角形模糊数 $\widetilde{A}$ 可使用 3 项对 (a_1, a_2, a_3) 表示，其隶属函数可表示为：

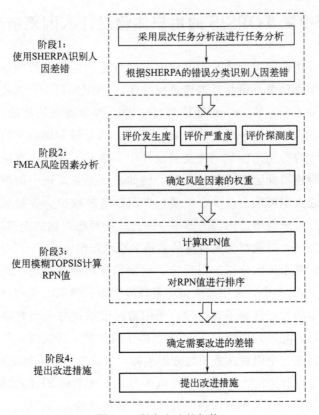

图 9-6 研究方法的架构

$$\mu_{\widetilde{A}}(x) = \begin{cases} 0, & x < a_1 \\ \dfrac{x-a_1}{a_2-a_1}, & a_1 \leqslant x \leqslant a_2 \\ \dfrac{x-a_3}{a_2-a_3}, & a_2 \leqslant x \leqslant a_3 \\ 0, & x > a_3 \end{cases} \tag{9-3}$$

设 $\widetilde{A}$ 和 $\widetilde{B}$ 为两个三角形模糊数，分别表示为 (a_1, a_2, a_3) 和 (b_1, b_2, b_3)，则这两个模糊数之间的数学运算公式为

$$\widetilde{A} \oplus \widetilde{B} = (a_1+b_1, a_2+b_2, a_3+b_3) \tag{9-4}$$

$$\widetilde{A} \otimes \widetilde{B} = (a_1b_1, a_2b_2, a_3b_3) \tag{9-5}$$

$$k\widetilde{A} = (ka_1, ka_2, ka_3) \tag{9-6}$$

根据上述公式，两个模糊数之间数学运算的结果仍然为模糊数，可采用重心

法解模糊，将其转化为清晰值。

模糊数 $\widetilde{A}$ 和 $\widetilde{B}$ 之间距离的计算公式为

$$d(\widetilde{A},\ \widetilde{B})=\sqrt{\frac{1}{3}\left[(a_1-b_1)^2+(a_2-b_2)^2+(a_3-b_3)^2\right]} \tag{9-7}$$

（1）风险因素的评价

使用 5 等级的语言变量对风险因素进行评价。表 9-5～表 9-7 分别给出了发生度、严重度和侦测度的模糊语言变量以及相应的描述和模糊数，隶属函数如图 9-7 所示。

表 9-5　发生度的语言变量

语言变量	描述	模糊数
极低(Very Low,VL)	不太可能发生差错	(0,1,3)
低(Low,L)	相对较少的差错	(1,3,5)
中等(Medium,M)	偶尔发生差错	(3,5,7)
高(High,H)	差错可能重复	(5,7,9)
极高(Very High,VH)	差错几乎是不可避免的	(7,9,10)

表 9-6　严重度的语言变量

语言变量	描述	模糊数
极低(Very Low,VL)	差错对用户体验的影响可以忽略	(0,1,3)
低(Low,L)	差错对用户体验有轻微影响	(1,3,5)
中等(Medium,M)	影响轻微但显著影响用户体验	(3,5,7)
高(High,H)	显著影响用户体验	(5,7,9)
极高(Very High,VH)	严重影响用户体验	(7,9,10)

表 9-7　侦测度的语言变量

语言变量	描述	模糊数
极低(Very Low,VL)	几乎肯定会被发现	(0,1,3)
低(Low,L)	易于侦测	(1,3,5)
中等(Medium,M)	偶尔侦测到	(3,5,7)
高(High,H)	难以侦测到	(5,7,9)
极高(Very High,VH)	几乎不可能被发现	(7,9,10)

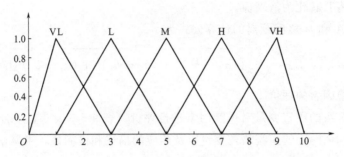

图 9-7　发生度、严重度和侦测度风险因素的隶属函数

针对每个差错，焦点小组的每位成员对其发生度、严重度和侦测度进行评价，然后将所有成员的评价加以汇总，公式如下：

$$\tilde{x}_{ij} = \frac{1}{K} \left[\tilde{x}_{ij}^1 \oplus \tilde{x}_{ij}^2 \oplus \cdots \oplus \tilde{x}_{ij}^K \right] \qquad (9\text{-}8)$$

式中，$\tilde{x}_{ij}$ 是汇总后的第 i 个差错的第 j 个风险因素的评价，K 为团队成员的数量。

（2）风险因素权重的确定

团队成员使用 5 等级的语言变量评价风险因素的相对重要性，语言变量及其对应的模糊数如表 9-8 所示，隶属函数如图 9-8 所示。

表 9-8　风险因素权重的语言变量

语言变量	模糊数
极低（Very Low，VL）	(0,0.1,0.3)
低（Low，L）	(0.1,0.3,0.5)
中等（Medium，M）	(0.3,0.5,0.7)
高（High，H）	(0.5,0.7,0.9)
极高（Very High，VH）	(0.7,0.9,1.0)

针对每个风险因素的重要性，每位成员对其进行评价，然后将所有成员的评价进行汇总，公式如下：

$$\widetilde{w}_j = \frac{1}{K} \left[\widetilde{w}_j^1 \oplus \widetilde{w}_j^2 \oplus \cdots \oplus \widetilde{w}_j^K \right] \qquad (9\text{-}9)$$

式中，$\widetilde{w}_j$ 是汇总后的第 j 个风险因素的重要性权重。

9.2.1.3　使用模糊 TOPSIS 计算 RPN 值

TOPSIS 是一种基于所选方案与正理想解的距离最近、与负理想解的距离

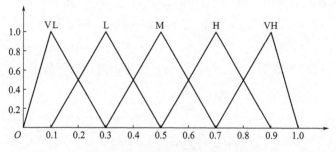

图 9-8　风险因素权重的隶属函数

最远的概念所建立的多准则决策方法。在许多情况下，决策者很难就每个指标为每个备选方案提供准确的评价，此时可采用模糊数来表示决策者的语言判断。Chen（2000）通过使用三角形模糊数将 TOPSIS 扩展到模糊环境，并提出了模糊 TOPSIS，模糊 TOPSIS 能够有效解决决策评价中的不确定性，并且可以通过简单的数学公式来衡量每个备选方案的相对优劣。

采用模糊 TOPSIS 计算 RPN 值，步骤如下：

步骤 1：针对 m 个差错和 n 个风险因素，构建模糊决策矩阵，如下所示：

$$\widetilde{\boldsymbol{D}} = [\widetilde{x}_{ij}]_{m \times n} \tag{9-10}$$

式中，$\widetilde{x}_{ij}$ 是指对第 i 个差错的第 j 个风险因素的模糊评价值。

步骤 2：确定风险因素的重要性权重，如下所示：

$$\widetilde{\boldsymbol{W}} = [\widetilde{w}_j]_{1 \times n} \tag{9-11}$$

式中，$\widetilde{w}_j$ 是第 j 个风险因素的重要性权重。

步骤 3：建立标准化模糊决策矩阵，如下所示：

$$\widetilde{\boldsymbol{R}} = [\widetilde{r}_{ij}]_{m \times n} \tag{9-12}$$

$$\widetilde{r}_{ij} = \left(\frac{a_{ij}}{c_j^*}, \ \frac{b_{ij}}{c_j^*}, \ \frac{c_{ij}}{c_j^*}\right), \ c_j^* = \max_i c_{ij}, \ 当 j \in B \tag{9-13}$$

$$\widetilde{r}_{ij} = \left(\frac{a_j^-}{c_{ij}}, \ \frac{a_j^-}{b_{ij}}, \ \frac{a_j^-}{a_{ij}}\right), \ a_j^- = \min_i a_{ij}, \ 当 j \in C \tag{9-14}$$

式中，(a_{ij}, b_{ij}, c_{ij}) 是第 i 个差错的第 j 个风险因素的模糊评价值，B 是效益型指标集，C 是成本型指标集。

步骤 4：建立加权标准化模糊决策矩阵，如下所示：

$$\widetilde{\boldsymbol{V}} = [\widetilde{v}_{ij}]_{m \times n} \tag{9-15}$$

$$\widetilde{v}_{ij} = \widetilde{r}_{ij} \otimes \widetilde{w}_j \tag{9-16}$$

步骤 5：确定模糊正理想解（Fuzzy Positive Ideal Solution，FPIS）A^* 和模糊

负理想解（Fuzzy Negative Ideal Solution，FNIS）A^-，如下所示：

$$A^* = (\widetilde{v}_1^*, \widetilde{v}_2^*, \cdots, \widetilde{v}_n^*), \quad A^- = (\widetilde{v}_1^-, \widetilde{v}_2^-, \cdots, \widetilde{v}_n^-) \tag{9-17}$$

式中，$\widetilde{v}_j^* = (1, 1, 1)$，$\widetilde{v}_j^- = (0, 0, 0)$，$j = 1, 2, \cdots, n$。

步骤 6：根据 FPIS 和 FNIS 计算每个差错的距离，如下所示：

$$d_i^* = \sum_{j=1}^{n} d(\widetilde{v}_{ij}, \widetilde{v}_j^*) \tag{9-18}$$

$$d_i^- = \sum_{j=1}^{n} d(\widetilde{v}_{ij}, \widetilde{v}_j^-) \tag{9-19}$$

式中，$i = 1, 2, \cdots, m$。

步骤 7：计算 RPN 值，如下所示：

$$RPN_i = \frac{d_i^-}{d_i^* + d_i^-} \tag{9-20}$$

RPN 值越大表示差错的优先级越高，RPN 值最大的差错排名第一。

9.2.1.4　提出改进措施

选择 RPN 值大于或等于所有差错平均 RPN 值的差错进行深入分析，并提出改进措施。

9.2.2　案例研究

本节以第 9.1.2 节中的车载信息系统交互设计为例来验证所提出的方法。

9.2.2.1　使用 SHERPA 识别人因差错

由三名交互设计师、两名可用性专家和两名车载信息系统用户，共七名成员组成焦点小组，使用 SHERPA 识别人因差错。在研究中主要关注五个常见任务，分别是音乐、导航、电话、收音机以及空调。先使用层次任务分析法对上述任务进行分析，结果见图 9-9，再根据 SHERPA 的差错分类体系对层次任务分析中的每个步骤进行分析，共确定了 25 个可能的差错，这些差错所在的任务步骤、差错类别、差错描述等见表 9-9。

9.2.2.2　FMEA 风险因素分析

针对已经识别的差错，由七位团队成员（分别记为 M1、M2、M3、M4、M5、M6 和 M7）使用模糊语言对差错的风险因素进行评价，结果如表 9-10 所示。此外，团队成员还使用模糊语言对风险因素的权重进行评价，结果见表 9-10 的最后一行。

将所有成员的评价意见进行综合，结果如表 9-11 所示。

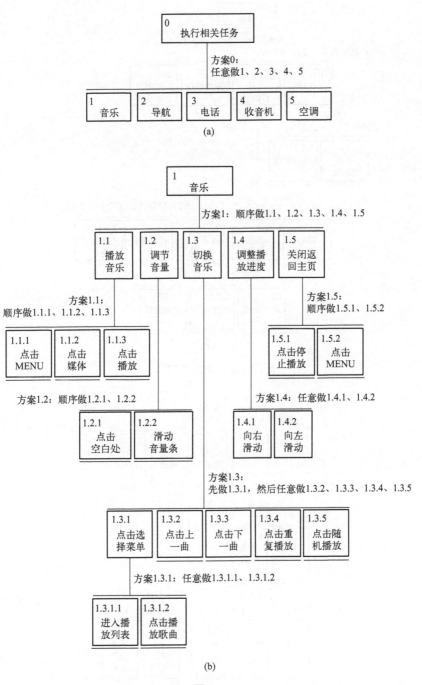

图 9-9

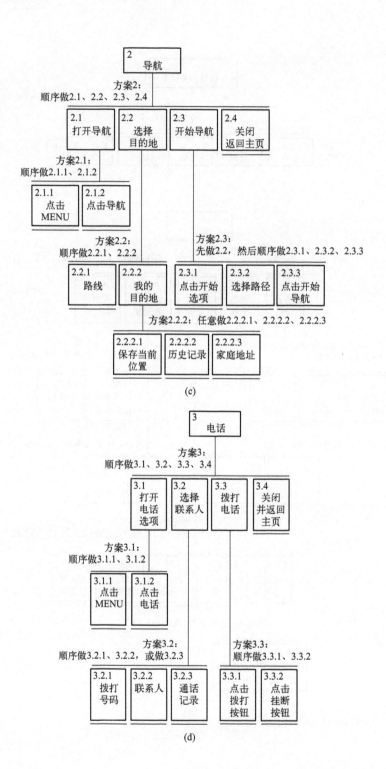

(c)

(d)

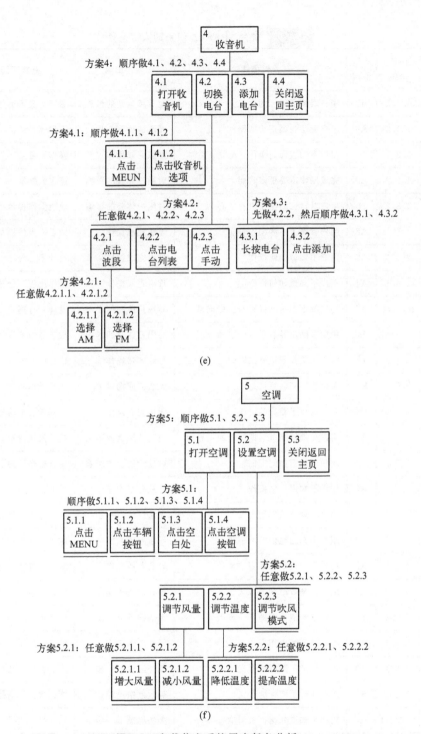

(e)

(f)

图 9-9 车载信息系统层次任务分析

差错编号	任务步骤	差错类别	差错描述	差错影响	差错原因
			表 9-9　使用 SHERPA 识别的人因差错		
1	1.1.1	A9	用户误解了图标的含义	对后续运营的影响	图标含义不清楚
2	1.1.2	A9	用户无法找到正确的操作方式	无法继续下一步	信息体系结构太复杂
3	1.2.1	I3	用户不知道如何操作	难以完成操作	操作太复杂
4	1.2.2	A2	完成操作需要更多时间	对用户体验的影响	操作太复杂
5	1.3.2	I1	用户对自己的操作没有信心	对用户体验的影响	缺乏操作提示
6	1.5.1	A8	用户省略了一些操作步骤	无法完成操作	缺乏适当的提示
7	2.2.1	A9	用户不知道如何操作	难以完成操作	设计不合理
8	2.3.1	A4	用户不知道如何操作	难以完成操作	操作流程不合理
9	2.2.2.2	A9	用户找不到自己保存的历史记录	对用户体验的影响	设计不合理
10	2.4	I3	用户不确定导航是否已启动	对用户体验的影响	缺乏适当的提示
11	3.1.2	I2	用户无法找到正确的操作方式	导致差错操作	信息体系结构太复杂
12	3.2.2	R1	用户找不到联系信息	无法完成操作	缺乏操作提示
13	3.2.3	C3	用户选择了差错的对象	无法完成操作	图标含义不清楚
14	3.4	A8	用户无须挂断电话即可返回主界面	对后续运营的影响	缺乏操作提示
15	3.2.1	A9	用户不知道如何返回	对后续运营的影响	缺乏适当的提示
16	3.2.1	A2	用户不知道如何操作	导致差错操作	界面布局不当
17	4.2.1	A9	用户不理解单词的含义	无法继续下一步	不考虑用户特点
18	4.2.2	I3	用户不知道他们的下一步	导致差错操作	缺乏操作提示
19	4.3.1	A9	用户不知道他们的下一步	导致差错操作	操作太复杂
20	4.3.2	A9	用户不理解单词的含义	导致差错操作	词义不清
21	5.1.3	I1	用户不知道他们的下一步	无法继续下一步	操作步骤太多
22	5.1.4	A4	用户找不到操作方法	导致差错操作	操作流程不合理
23	5.2.1	A9	用户误解了图标的含义	无法继续下一步	图标含义不清楚
24	5.2.3	S2	用户误解了图标的含义	导致差错操作	图标含义不清楚
25	5.2.2.1	A9	用户不知道如何调节温度	无法继续下一步	缺乏操作提示

表 9-10　七位团队成员对风险因素的评价

差错编号	发生度							严重度							侦测度						
	M1	M2	M3	M4	M5	M6	M7	M1	M2	M3	M4	M5	M6	M7	M1	M2	M3	M4	M5	M6	M7
1	H	VH	M	VH	M	H	H	H	H	H	H	VH	M	H	M	L	L	L	M	L	M
2	H	M	M	M	H	H	M	M	H	H	H	H	H	H	L	L	M	L	L	L	L
3	VH	VH	VH	VH	H	VH	VH	VH	VH	H	VH	VH	H	VH	L	M	M	M	M	M	M
4	M	M	M	M	L	M	M	M	M	M	M	M	M	M	M	M	M	M	M	M	M
5	M	M	H	M	M	M	M	M	M	M	M	H	M	M	M	M	M	M	M	M	M
6	M	M	M	M	L	M	M	M	L	L	L	L	L	L	L	L	L	L	L	L	L
7	M	H	M	M	M	M	M	H	H	H	M	H	H	H	M	L	M	L	M	L	M
8	H	VH	VH	VH	H	VH	VH	VH	H	H	H	H	H	H	L	L	L	L	L	L	L
9	M	M	M	M	H	M	M	M	M	M	M	M	M	M	M	M	M	M	M	M	M
10	M	M	M	M	H	M	M	M	M	M	M	H	M	M	L	M	L	M	L	M	M
11	H	H	M	H	H	M	H	H	H	H	H	H	M	H	L	M	L	L	M	L	M
12	H	M	H	M	M	M	M	M	M	M	M	M	M	M	L	L	L	L	L	L	M
13	M	M	L	M	L	M	M	M	M	M	M	M	L	M	L	L	L	L	M	L	L
14	M	H	M	H	M	M	M	M	M	M	M	M	M	M	M	L	M	M	M	M	M
15	M	M	M	M	M	M	M	H	H	H	H	H	H	H	M	M	M	L	L	L	M
16	H	H	H	H	M	H	H	VH	H	H	H	H	H	H	L	L	M	M	M	M	M
17	M	M	M	M	M	M	M	M	M	M	M	M	M	M	L	M	L	M	M	M	M
18	H	H	H	VH	H	H	H	H	VH	H	H	H	VH	H	L	L	L	L	M	L	L
19	H	H	H	H	H	H	H	H	VH	H	H	H	VH	H	L	L	L	L	L	L	L
20	H	H	H	VH	H	H	H	H	VH	VH	H	VH	VH	H	L	L	L	L	L	L	L
21	M	M	M	M	M	M	M	M	M	M	M	M	M	M	L	M	L	M	M	L	M
22	H	VH	H	H	VH	VH	VH	VH	VH	H	VH	VH	H	VH	H	H	H	VH	H	H	H
23	M	H	M	H	M	M	M	M	M	M	M	M	M	M	M	L	M	M	L	M	M
24	M	H	M	H	M	M	M	M	M	M	M	M	M	M	H	H	H	H	M	M	H
25	M	M	L	M	L	M	M	M	M	VH	M	M	M	M	M	M	M	M	M	L	M
权重	H	H	H	H	M	VH	H	VH	VH	VH	H	H	VH	VH	M	M	M	M	M	H	M

差错编号	发生度	严重度	侦测度
1	(5.000,7.000,8.714)	(5.000,7.000,8.857)	(1.857,3.857,5.857)
2	(3.857,5.857,7.857)	(4.714,6.714,8.714)	(1.286,3.286,5.286)
3	(6.714,8.714,9.857)	(6.714,8.714,9.857)	(2.714,4.714,6.714)
4	(2.714,4.714,6.714)	(4.429,6.429,8.429)	(3.000,5.000,7.000)
5	(3.286,5.286,7.286)	(4.429,6.429,8.429)	(2.714,4.714,6.714)
6	(2.714,4.714,6.714)	(1.286,3.286,5.286)	(1.000,3.000,5.000)
7	(3.571,5.571,7.571)	(4.714,6.714,8.714)	(2.429,4.429,6.429)
8	(6.429,8.429,9.714)	(5.571,7.571,9.286)	(1.000,3.000,5.000)
9	(3.571,5.571,7.571)	(3.571,5.571,7.571)	(2.714,4.714,6.714)
10	(3.286,5.286,7.286)	(3.571,5.571,7.571)	(2.429,4.429,6.429)
11	(4.714,6.714,8.714)	(4.429,6.429,8.429)	(1.857,3.857,5.857)
12	(4.429,6.429,8.429)	(4.429,6.429,8.429)	(1.571,3.571,5.571)
13	(2.429,4.429,6.429)	(2.714,4.714,6.714)	(1.286,3.286,5.286)
14	(3.571,5.571,7.571)	(3.286,5.286,7.286)	(2.429,4.429,6.429)
15	(3.571,5.571,7.571)	(4.714,6.714,8.714)	(2.143,4.143,6.143)
16	(4.714,6.714,8.714)	(5.286,7.286,9.143)	(2.143,4.143,6.143)
17	(3.000,5.000,7.000)	(3.286,5.286,7.286)	(2.429,4.429,6.429)
18	(5.286,7.286,9.143)	(5.571,7.571,9.286)	(1.286,3.286,5.286)
19	(5.000,7.000,9.000)	(5.571,7.571,9.286)	(1.000,3.000,5.000)
20	(5.286,7.286,9.143)	(6.143,8.143,9.571)	(1.000,3.000,5.000)
21	(3.000,5.000,7.000)	(4.143,6.143,8.143)	(2.143,4.143,6.143)
22	(6.143,8.143,9.571)	(6.714,8.714,9.857)	(5.286,7.286,9.143)
23	(4.429,6.429,8.429)	(4.714,6.714,8.714)	(2.143,4.143,6.143)
24	(4.429,6.429,8.429)	(5.286,7.286,9.143)	(4.143,6.143,8.143)
25	(2.429,4.429,6.429)	(5.000,7.000,8.857)	(2.714,4.714,6.714)
权重	(0.500,0.700,0.886)	(0.643,0.843,0.971)	(0.300,0.500,0.700)

表 9-11 团队成员的综合意见

9.2.2.3 使用模糊 TOPSIS 计算 RPN 值

根据评价结果建立模糊决策矩阵 D，使用式(9-12)~式(9-14)，计算标准化后的模糊决策矩阵 $\widetilde{R}$，结果如下：

$$\widetilde{R} = \begin{bmatrix} (0.507, 0.710, 0.884) & (0.507, 0.710, 0.899) & (0.203, 0.422, 0.641) \\ (0.391, 0.594, 0.797) & (0.478, 0.681, 0.884) & (0.141, 0.359, 0.578) \\ (0.681, 0.884, 1.000) & (0.681, 0.884, 1.000) & (0.297, 0.516, 0.734) \\ \vdots & \vdots & \vdots \\ (0.246, 0.449, 0.652) & (0.507, 0.710, 0.899) & (0.297, 0.516, 0.734) \end{bmatrix}$$

整合风险因素的权重 $\widetilde{W}$，使用式（9-15）和式（9-16）计算加权标准化模糊决策矩阵 $\widetilde{V}$，结果如下：

$$\widetilde{V} = \begin{bmatrix} (0.254, 0.497, 0.783) & (0.326, 0.599, 0.873) & (0.061, 0.211, 0.448) \\ (0.196, 0.416, 0.706) & (0.307, 0.574, 0.859) & (0.042, 0.180, 0.405) \\ (0.341, 0.619, 0.886) & (0.438, 0.745, 0.971) & (0.089, 0.258, 0.514) \\ \vdots & \vdots & \vdots \\ (0.123, 0.314, 0.578) & (0.326, 0.599, 0.873) & (0.089, 0.258, 0.514) \end{bmatrix}$$

根据式（9-17）～式（9-19），计算每个差错至 FPIS 和 FNIS 的距离，结果见表 9-12 的第 2 列和第 3 列。根据式（9-20）计算 RPN 值，其结果见表 9-12 的第 4 列，RPN 值的排名见表 9-12 的第 5 列。

表 9-12　差错排名

差错编号	与 FPIS 的距离	与 FNIS 的距离	RPN 值	按 RPN 值排序	按严重度排序
1	1.770	1.483	0.456	9	9
2	1.880	1.366	0.421	16	11
3	1.536	1.741	0.531	2	1
4	1.885	1.357	0.419	18	15
5	1.863	1.381	0.426	15	16
6	2.216	0.993	0.309	25	25
7	1.840	1.409	0.434	12	12
8	1.701	1.561	0.478	4	4
9	1.906	1.331	0.411	19	20
10	1.938	1.295	0.401	21	21
11	1.820	1.434	0.441	11	17
12	1.851	1.398	0.430	13	18
13	2.111	1.102	0.343	24	24
14	1.941	1.292	0.400	22	22
15	1.855	1.393	0.429	14	13
16	1.750	1.514	0.464	7	7

差错编号	与 FPIS 的距离	与 FNIS 的距离	RPN 值	按 RPN 值排序	按严重度排序
17	1.976	1.251	0.388	23	23
18	1.745	1.519	0.465	6	5
19	1.744	1.489	0.456	8	6
20	1.725	1.538	0.471	5	3
21	1.929	1.306	0.404	20	19
22	1.445	1.851	0.562	1	2
23	1.803	1.453	0.446	10	14
24	1.670	1.606	0.490	3	8
25	1.880	1.362	0.420	17	10

9.2.2.4　提出改进措施

所有差错的 RPN 平均值为 0.436，选择 RPN 值大于或等于 0.436 的差错进行分析，所选差错的排名为 1～11。显然，编号为 22 的差错（用户找不到操作方法）排名第一，优先级最高，其次是编号为 3 的差错（用户不知道如何操作）和编号为 24 的差错（用户误解了图标的含义）；此外，编号为 11 的差错（用户无法找到正确的操作方式）是需要提出改进措施的最后一个差错。

为了改善车载信息系统的用户体验，提出了改进措施，其中包括提供可感知的意符，使用户能够清楚了解可能采取的措施以及应如何执行这些措施（编号为 1、20、23 和 24 的差错改进措施）；根据操作流程，在上下文情境中设置清晰的提示或线索（编号为 3、18 的差错改进措施）；简化操作步骤，减轻用户负担，使用户能够轻松完成任务（编号为 8、19、22 的差错改进措施）；修改信息架构，使其适合用户的知识结构（编号为 11 的差错改进措施）；合理安排界面布局，使常用要素易于访问（编号为 16 的差错改进措施）。

9.2.3　结果讨论

本节提出了基于模糊 TOPSIS 的用户体验设计人因差错分析方法，并以车载信息系统的交互设计为例展示所提出的方法。为了识别人因差错，传统的方法主要依靠专家的经验和知识，因此主观性强，难以执行。在所提出的方法中采用 SHERPA，共发现了 25 个差错。SHERPA 由两个步骤组成，即层次任务分析和差错分类，SHERPA 在识别人因差错时更加客观、实用，并且易于执行。

为了对差错的风险进行评价，传统可用性研究方法通常使用与严重度相关的单一因素。相比之下，所提出的方法使用了三个因素，即发生度、严重度和侦测度，并将它们整合为 RPN 值。传统可用性研究方法与所提出的方法在研究结果上的差异如表 9-12 的最后两列所示，按照传统可用性研究方法，将严重度的模糊值使用重心法解模糊，根据解模糊后的值进行排序，传统可用性研究方法得到的排序结果与所提出方法得到的排序结果存在很大差异。例如，在传统可用性研究方法得到的结果中，编号为 11 的差错排名 17，不需要采取纠正措施；然而，根据 RPN 值，该差错排名 11，需要采取纠正措施。造成这些差异的主要原因是，尽管编号为 11 的差错的严重度相对较低，但其发生度和侦测度相对较高。显然，所提出方法更能准确地反映差错的风险。

为了获得 RPN 值，传统 FMEA 使用清晰值，采用严重度、发生度、侦测度相乘的方式确定 RPN 值，没有考虑风险因素之间的重要性差异。相比之下，所提出的方法采用模糊语言变量评价风险因素，并考虑了风险因素之间的相对重要性。表 9-13 给出了传统 FMEA 方法与所提出方法在 RPN 值上的差异。显然，所提出方法可以产生较多数量的唯一值，能够有效区分在传统 FMEA 方法中具有相同 RPN 值的差错。例如，当使用传统 FMEA 方法时，编号为 9、10、14 和 17 的四个差错的 RPN 值相同，均为 120；相比之下，当使用所提出方法时，这四个差错表现出不同的 RPN 值，根据这些 RPN 值，可以对这四个差错进行排序。因此，所提出方法可以产生更精确的结果。

表 9-13　两种方法得到的 RPN 值的比较

差错编号	通过传统 FMEA 方法得到的 RPN				通过所提出方法得到的 RPN
	发生度	严重度	侦测度	RPN	
1	8	7	4	224	0.456
16	7	8	4	224	0.464
8	9	8	3	216	0.478
20	8	9	3	216	0.471
11	7	6	5	210	0.441
12	7	5	6	210	0.430
23	6	7	5	210	0.446
7	6	8	4	192	0.434
18	8	8	3	192	0.465
19	8	6	4	192	0.456
15	6	6	4	144	0.429
21	4	6	6	144	0.404

差错编号	通过传统 FMEA 方法得到的 RPN				通过所提出方法得到的 RPN
	发生度	严重度	侦测度	RPN	
9	6	5	4	120	0.411
10	5	6	4	120	0.401
14	4	6	5	120	0.400
17	6	4	5	120	0.388

改良后车载信息系统的主界面如图 9-10 所示。对改良后车载信息系统进行评价，结果表明，改良后车载信息系统中的差错风险能够满足设计要求。此外，采用 A/B 测试来比较原始车载信息系统和改良后车载信息系统在用户体验上的差异，使用系统可用性量表（System Usability Scale）度量用户体验。邀请试验参与者对这两种车载信息系统进行评价，改良后车载信息系统的系统可用性量表得分为 89.76，显著高于原始车载信息系统的系统可用性量表得分 60.15，$P < 0.05$。结果表明改良后的设计用户体验更好，从而证实了所提出方法的有效性。

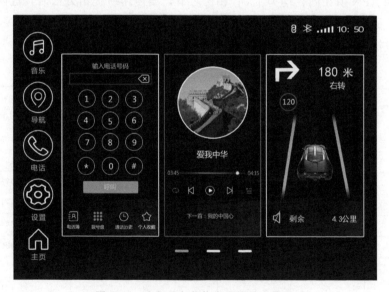

图 9-10　改良后车载信息系统的主界面

在研究过程中，焦点小组由七位成员组成。根据 Nielsen 的研究，当成员数量增加时，识别差错的数量增加，当成员数量为 5 时，可以发现近 80% 的差错。此外，根据 Stamatis 的研究，执行 FMEA 的理想成员人数是 5～9 人。因此，成员数量为 7 人是非常合适的。然而，当需要识别更多的人因差错时，就需要增加团队成员的数量。

　　本节提出基于模糊 TOPSIS 的用户体验设计人因差错分析方法，该方法使用 SHERPA 系统地识别交互系统中可能的人因差错，通过 FMEA 将发生度、严重度、侦测度视为风险因素，并使用模糊 TOPSIS 应对风险因素的主观性和不确定性，计算差错的优先级。所提出的方法可作为交互设计中差错分析的通用方法。

　　需要注意的是，在研究过程中，差错识别是在静止的汽车中进行的，而不是在行驶的汽车中进行的，这对差错识别的结果可能会有一定影响，后续研究可在行驶的汽车上进行。此外，在交互式系统中，用户、系统设计和情境上下文等都可能会引发人因差错，本节主要关注系统设计，在后续研究中，可整合所有因素对人因差错进行系统分析。

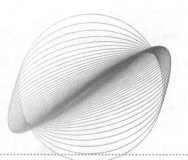

第 10 章
总结和展望

10.1　总结

　　用户体验是用户对产品、系统或服务的使用或预期使用所产生的感知和反应。用户体验受产品实际使用的影响，包括使用前和使用后的感受。用户体验包括感性、可用性、用户价值等方面，可划分为本能层、行为层、反思层三个层次。

　　本书将模糊理论引入到用户体验领域，对相关的模糊理论进行了系统论述，内容包括模糊集合及其运算、模糊数及其运算、模糊关系及其运算、模糊聚类分析、模糊语言与模糊逻辑推理、模糊问卷与模糊统计、模糊概率与模糊熵、模糊决策分析、模糊测度与模糊积分。

　　对用户体验进行优化时，选择了多目标进行优化、稳健参数设计、人因差错预防这三种优化设计方法。围绕多目标进化优化，论述了后偏好表达模式、多目标进化算法、高维多目标进化算法、多目标进化算法的性能评价、多准则决策方法等。围绕稳健参数设计，论述了稳健参数设计的原理、正交表及其使用、品质损失的概念与品质损失函数、信噪比、稳健参数设计的试验配置、稳健参数设计的流程、方差分析、试验研究方法等。围绕人因差错预防，论述了人因差错及其分类、人因差错分析、应对人因差错的设计原则、失效模式与效应分析、故障树分析、系统性人因差错减少和预测方法等。

　　本书聚焦于产品造型设计和交互设计，提出了一系列用户体验模糊优化设计方法。针对产品造型设计提出的优化设计方法包括基于多目标进化优化与多准则决策的产品造型设计方法、基于稳健后偏好模糊表达模式的产品造型设计方法、基于模糊积分的产品造型多目标稳健参数设计方法、基于模糊度量的产品造型多目标稳健参数设计方法。针对交互设计提出的优化设计方法包括基于模糊网络层次分析法的用户体验多目标稳健参数设计方法、基于模糊逻辑的用户体验多目标稳健参数设计方法、基于 FMEA 与 FTA 的用户体验设计人因差错分析方法、基于模糊 TOPSIS 的用户体验设计人因差错分析方法。对每种方法，均通过实际应用案例进行了验证，结果表明所提出的方法均能有效地对用户体验进行优化设计。

10.2　展望

本书针对用户体验的优化设计进行研究，为了应对用户体验的模糊性，引入了模糊理论。近年来，模糊理论得到了快速发展，产生了二型模糊、直觉模糊、犹豫模糊等理论，后续研究可探索如何将这些理论应用于用户体验的优化设计中。除了模糊理论，灰色理论、粗糙集理论等也能处理具有主观性和不确定性的数据，后续研究可对其在用户体验中的应用进行探讨。

用户体验度量涉及自我报告度量、绩效度量、可用性问题度量、行为和生理度量、合并和比较度量等。本书主要针对自我报告度量、绩效度量、可用性问题度量、合并和比较度量，未涉及行为和生理度量。行为和生理度量包括眼动追踪、面部表情、皮肤电反应、脑电波等，后续研究可结合行为和生理度量进行用户体验的优化设计。

用户体验涉及的领域非常广泛，本书主要围绕产品造型设计、移动医疗 APP 设计、车载信息系统设计等进行研究，还有很多领域未涉及。后续研究可针对机器人、增强现实、游戏设计、服务设计等领域加以展开。用户体验的优化设计与用户关系非常密切，后续研究也可对不同用户群体进行生活形态分析，基于生活形态分析的结果进行优化设计。

用户体验优化设计的方法很多，本书仅对多目标进化优化、稳健参数设计、人因差错预防等三种方法进行研究，后续研究可探讨其他优化设计方法在用户体验领域的应用。对用户体验进行优化设计的维度较多，本书主要从用户体验度量的维度出发，采用模糊理论进行研究，后续研究可围绕需求分析、设计方案构思、原型制作等方面展开。此外，用户体验与心理学、社会学等学科关系密切，本书对此涉及较少，后续研究可对相关学科进行进一步的整合。

参考文献

[1] Nagamachi M. Kansei engineering as a powerful consumer-oriented technology for product development [J]. Applied Ergonomics, 2002, 33 (3): 289-294.

[2] Hsiao S-W, Chiu F-Y, Lu S-H. Product-form design model based on genetic algorithms [J]. International Journal of Industrial Ergonomics, 2010, 40 (3): 237-246.

[3] Guo F, Liu W L, Liu F T, et al. Emotional design method of product presented in multi-dimensional variables based on Kansei Engineering [J]. Journal of Engineering Design, 2014, 25 (4-6): 194-212.

[4] 李永锋, 朱丽萍. 基于感性工学的产品设计方法研究 [J]. 包装工程, 2008, 29 (11): 112-114.

[5] 李永锋, 朱丽萍. 基于结合分析的产品意象造型设计研究 [J]. 图学学报, 2012, 33 (4): 121-128.

[6] 李永锋, 朱丽萍. 基于决策树的产品造型与可用性关系研究 [J]. 包装工程, 2012, 33 (10): 46-49.

[7] 徐江, 孙守迁, 张克俊. 基于遗传算法的产品意象造型优化设计 [J]. 机械工程学报, 2007, 43 (4): 53-58.

[8] 李永锋, 周俊, 朱丽萍. 基于遗传算法的老年人 APP 用户体验优化设计方法 [J]. 工业工程, 2018, 21 (3): 93-99, 108.

[9] 李永锋, 刘焕焕, 朱丽萍. 基于卡诺模型与联合分析的老年人 APP 用户体验优化设计方法 [J]. 包装工程, 2021, 42 (2): 77-85.

[10] 李永锋, 侍伟伟, 朱丽萍. 基于灰色层次分析法的老年人 APP 用户体验评价研究 [J]. 图学学报, 2018, 39 (1): 68-74.

[11] Yang C-C. Constructing a hybrid Kansei engineering system based on multiple affective responses: application to product form design [J]. Computers & Industrial Engineering, 2011, 60 (4): 760-768.

[12] 苏建宁, 张秦玮, 吴江华, 等. 产品多意象造型进化设计 [J]. 计算机集成制造系统, 2014, 20 (11): 2675-2682.

[13] 陈国东, 陈思宇, 王军, 等. 面向复合意象的产品形态多目标优化 [J]. 中国机械工程, 2015, 26 (20): 2763-2770.

[14] Zadeh L A. Fuzzy sets [J]. Information and Control, 1965, 8 (3): 338-353.

[15] Lai H-H, Chang Y-M, Chang H-C. A robust design approach for enhancing the feeling quality of a product: a car profile case study [J]. International Journal of Industrial Ergonomics, 2005, 35 (5): 445-460.

[16] Chen C-C, Chuang M-C. Integrating the Kano model into a robust design approach to enhance customer satisfaction with product design [J]. International Journal of Production Economics, 2008, 114 (2): 667-681.

[17] Yadav H C, Jain R, Singh A R, et al. Kano integrated robust design approach for aesthetical product design: a case study of a car profile [J]. Journal of Intelligent Manufacturing, 2017, 28 (7): 1709-1727.

[18] 李永锋, 柏锦燕. 老年人网页的情感化设计研究 [J]. 包装工程, 2015, 36 (20): 30-33.

[19] 成慧, 李永锋. 面向用户体验的老年人电子产品设计研究 [J]. 包装工程, 2014, 35 (14): 37-41.

[20] 丁满, 程语, 黄晓光, 等. 感性工学设计方法研究现状与进展 [J]. 机械设计, 2020, 37 (1): 121-

127.

[21] Hassenzahl M. The interplay of beauty, goodness, and usability in interactive products [J]. Human-Computer Interaction, 2004, 19: 319-349.

[22] Guo F, Liu W L, Cao Y, et al. Optimization design of a webpage based on Kansei engineering [J]. Human Factors and Ergonomics in Manufacturing & Service Industries, 2016, 26 (1): 110-126.

[23] Oztekin A, Iseri A, Zaim S, et al. A Taguchi-based Kansei engineering study of mobile phones at product design stage [J]. Production Planning & Control, 2013, 24 (6): 465-474.

[24] Ling C, Salvendy G. Optimizing heuristic evaluation process in e-commerce: use of the Taguchi method [J]. International Journal of Human-Computer Interaction, 2007, 22 (3): 271-287.

[25] Hassenzahl M, Diefenbach S, Goritz A. Needs, affect, and interactive products-facets of user experience [J]. Interacting with Computers, 2010, 22 (5): 353-362.

[26] Park J, Han S H, Park J, et al. Development of a web-based user experience evaluation system for home appliances [J]. International Journal of Industrial Ergonomics, 2018, 67: 216-228.

[27] 唐帮备, 郭钢, 王凯, 等. 联合眼动和脑电的汽车工业设计用户体验评选 [J]. 计算机集成制造系统, 2015, 21 (6): 1449-1459.

[28] 吴晓莉, Gedeon T, 薛澄岐, 等. 影响信息特征搜索的凝视/扫视指标与瞳孔变化幅度一致性效应比较 [J]. 计算机辅助设计与图形学学报, 2019, 31 (9): 1636-1644.

[29] 林闯, 胡杰, 孔祥震. 用户体验质量（QoE）的模型与评价方法综述 [J]. 计算机学报, 2012, 35 (1): 1-15.

[30] Jankowski J, Kazienko P, Wątróbski J, et al. Fuzzy multi-objective modeling of effectiveness and user experience in online advertising [J]. Expert Systems with Applications, 2016, 65: 315-331.

[31] Chou J-R. A Kansei evaluation approach based on the technique of computing with words [J]. Advanced Engineering Informatics, 2016, 30 (1): 1-15.

[32] Seva R R, Gosiaco K G T, Santos M C E D, et al. Product design enhancement using apparent usability and affective quality [J]. Applied Ergonomics, 2011, 42 (3): 511-517.

[33] Vergara M, Mondragón S, Sancho-Bru J L, et al. Perception of products by progressive multisensory integration. A study on hammers [J]. Applied Ergonomics, 2011, 42 (5): 652-664.

[34] Quesenbery W. The five dimensions of usability [M]. Content and complexity. Mahwah, NJ: Lawrence Erlbaum Associates, 2003: 93-114.

[35] Laugwitz B, Held T, Schrepp M. Construction and evaluation of a user experience questionnaire [C] // Proceedings of the 4th Symposium of the Workgroup Human-Computer Interaction and Usability Engineering of the Austrian Computer Society on HCI and Usability for Education and Work, Graz, Austria, Springer-Verlag, 2008: 63-76.

[36] Thüring M, Mahlke S. Usability, aesthetics and emotions in human-technology interaction [J]. International Journal of Psychology, 2007, 42 (4): 253-264.

[37] Cross N. Engineering design methods: strategies for product design [M]. Hoboken, NJ: John Wiley & Sons, Inc., 2021.

[38] Ulrich K T, Eppinger S D, Yang M C. Product design and development [M]. Boston: McGraw-Hill Higher Education, 2019.

[39] Hartson R, Pyla P. The UX book: agile UX design for a quality user experience [M]. Cambridge, MA: Morgan Kaufmann, 2019.

[40] Ritter F E, Baxter G D, Churchill E F. Foundations for designing user-centered systems: what system designers need to know about people [M]. London: Springer, 2014.

[41] Rogers Y, Sharp H, Preece J. Interaction design: beyond human-computer interaction [M]. Hoboken, New Jersey: John Wiley & Sons, Inc., 2023.

[42] Fritz M, Berger P D. Improving the user experience through practical data analytics: gain meaningful insight and increase your bottom line [M]. Amsterdam: Morgan Kaufmann, 2015.

[43] Benyon D. Designing user experience: a guide to HCI, UX and interaction design [M]. Harlow: Pearson, 2019.

[44] Sauro J, Lewis J. Quantifying the user experience: practical statistics for user research [M]. Cambridge, MA: Morgan Kaufmann, 2016.

[45] Albert B, Tullis T. Measuring the user experience: collecting, analyzing, and presenting UX metrics [M]. Cambridge, MA: Morgan Kaufmann, 2022.

[46] Roozenburg N F, Eekels J. Product design: fundamentals and methods [M]. Baffins Lane, Chichester: John Wiley & Sons Ltd, 1995.

[47] Nagamachi M. Kansei/affective engineering [M]. Boca Raton, FL: CRC Press, 2011.

[48] Salvendy G. Handbook of human factors and ergonomics [M]. Hoboken, New Jersey: John Wiley & Sons, Inc., 2012.

[49] Jacko J A. The human-computer interaction handbook: fundamentals, evolving technologies, and emerging applications [M]. Boca Raton, FL: CRC Press, 2012.

[50] 闻邦椿. 机械设计手册. 第7卷 [M]. 6版. 北京: 机械工业出版社, 2017.

[51] 罗仕鉴, 朱上上. 用户体验与产品创新设计 [M]. 北京: 机械工业出版社, 2010.

[52] 王晨升, 陈亮. 用户体验设计导论 [M]. 北京: 机械工业出版社, 2020.

[53] 葛列众, 许为. 用户体验: 理论与实践 [M]. 北京: 中国人民大学出版社, 2020.

[54] 刘伟. 用户体验概论 [M]. 北京: 北京师范大学出版社, 2020.

[55] 李世国, 顾振宇. 交互设计 [M]. 2版. 北京: 中国水利水电出版社, 2016.

[56] 李瑞. 新文科视域下的用户体验设计 [M]. 北京: 化学工业出版社, 2021.

[57] 长町三生. 商品開發と感性 [M]. 东京都: 海文堂出版株式会社, 2005.

[58] 金振宇. 人机交互: 用户体验创新的原理 [M]. 饶培伦监修. 北京: 清华大学出版社, 2014.

[59] Nielsen J. Usability engineering [M]. Boston: Academic Press, 1993.

[60] Morville P, Rosenfeld L. Information architecture for the World Wide Web [M]. Sebastopol, CA: O'Reilly Media, Inc., 2007.

[61] Barnum C. Usability testing essentials: ready, set...test! [M]. Burlington, MA: Morgan Kaufmann Publishers, 2011.

[62] 李永锋, 朱丽萍. 基于模糊层次分析法的产品可用性评价方法 [J]. 机械工程学报, 2012, 48 (14): 183-191.

[63] 李永锋, 朱丽萍. 基于模糊层次分析法的产品配色设计 [J]. 机械科学与技术, 2012, 31 (12): 2028-2033.

［64］ 李永锋，朱丽萍．基于模糊逻辑的产品意象造型设计研究［J］．工程图学学报，2011，32（1）：124-128.

［65］ Can G F，Demirok S. Universal usability evaluation by using an integrated fuzzy multi criteria decision making approach［J］．International Journal of Intelligent Computing and Cybernetics，2019，12（2）：194-223.

［66］ Chou J-R. A psychometric user experience model based on fuzzy measure approaches［J］．Advanced Engineering Informatics，2018，38：794-810.

［67］ Hsiao S-W，Chiu F-Y，Hsu H-Y. A computer-assisted colour selection system based on aesthetic measure for colour harmony and fuzzy logic theory［J］．Color Research & Application，2008，33（5）：411-423.

［68］ Mirzaei Aliabadi M，Mohammadfam I，Salimi K. Identification and evaluation of maintenance error in catalyst replacement using the HEART technique under a fuzzy environment［J］．International Journal of Occupational Safety and Ergonomics，2022，28（2）：1291-1303.

［69］ Chen S. Theory of fuzzy optimum selection for multistage and multiobjective decision making system［J］．Journal of Fuzzy Mathematics，1994，2（1）：163-174.

［70］ Chang D-Y. Applications of the extent analysis method on fuzzy AHP［J］．European Journal of Operational Research，1996，95（3）：649-655.

［71］ Hsu H-M，Chen C-T. Aggregation of fuzzy opinions under group decision making［J］．Fuzzy sets and systems，1996，79（3）：279-285.

［72］ Camargo M，Wendling L，Bonjour E. A fuzzy integral based methodology to elicit semantic spaces in usability tests［J］．International Journal of Industrial Ergonomics，2014，44（1）：11-17.

［73］ Ma M-Y，Chen C-Y，Wu F-G. A design decision-making support model for customized product color combination［J］．Computers in Industry，2007，58（6）：504-518.

［74］ Lee W B，Lau H，Liu Z-Z，et al. A fuzzy analytic hierarchy process approach in modular product design ［J］．Expert Systems，2001，18（1）：32-42.

［75］ Hsieh T-Y，Lu S-T，Tzeng G-H. Fuzzy MCDM approach for planning and design tenders selection in public office buildings［J］．International Journal of Project Management，2004，22（7）：573-584.

［76］ Shannon C E. A mathematical theory of communication［J］．The Bell System Technical Journal，1948，27：379-423，623-656.

［77］ 谢季坚，刘承平．模糊数学方法及其应用［M］．4版．武汉：华中科技大学出版社，2013.

［78］ 陈水利，李敬功，王向公．模糊集理论及其应用［M］．北京：科学出版社，2005.

［79］ 李国勇，杨丽娟．神经·模糊·预测控制及其MATLAB实现［M］．4版．北京：电子工业出版社，2018.

［80］ 李士勇．工程模糊数学及应用［M］．哈尔滨：哈尔滨工业大学出版社，2015.

［81］ 李希灿．模糊数学方法及应用［M］．北京：化学工业出版社，2016.

［82］ 李荣钧．模糊多准则决策理论与应用［M］．北京：科学出版社，2002.

［83］ 汪培庄．模糊集合论及其应用［M］．上海：上海科学技术出版社，1983.

［84］ 陈守煜．工程模糊集理论与应用［M］．北京：国防工业出版社，1998.

［85］ 石辛民，郝整清．模糊控制及其MATLAB仿真［M］．2版．北京：清华大学出版社，2018.

[86] 马谋超. 心理学中的模糊集分析 [M]. 贵阳：贵州科技出版社，1994.

[87] 王忠玉，吴柏林. 模糊数据统计学 [M]. 哈尔滨：哈尔滨工业大学出版社，2008.

[88] Chou J R. A linguistic evaluation approach for universal design [J]. Information Sciences, 2012, 190: 76-94.

[89] Kauffman A, Gupta M M. Introduction to fuzzy arithmetic: theory and application [M]. New York: Van Nostrand Reinhold Co. , 1985.

[90] Chen S-J, Hwang C-L. Fuzzy multiple attribute decision making: methods and applications [M]. Berlin: Springer-Verlag, 1992.

[91] Wang L-X. A course in fuzzy systems and control [M]. Upper Saddle River, NJ: Prentice-Hall Press, 1997.

[92] Klir G J, Yuan B. Fuzzy sets and fuzzy logic: theory and applications [M]. Upper Saddle River, N. J. : Prentice Hall, 1995.

[93] Klir G J. Uncertainty and information: foundations of generalized information theory [M]. Hoboken, N. J. : Wiley-Interscience, 2006.

[94] Pedrycz W, Ekel P, Parreiras R. Fuzzy multicriteria decision-making: models, methods and applications [M]. Chichester: John Wiley & Sons, 2011.

[95] Nguyen H T, Wu B. Fundamentals of statistics with fuzzy data [M]. New York: Springer, 2006.

[96] Karwowski W, Mital A. Applications of fuzzy set theory in human factors [M]. Amsterdam: Elsevier, 1986.

[97] Zimmermann H-J. Fuzzy set theory-and its applications [M]. Boston: Kluwer Academic Publishers, 2001.

[98] Shannon C E, Weaver W. The mathematical theory of communication [M]. Urbana: University of Illinois Press, IL, 1949.

[99] 公茂果，焦李成，杨咚咚，等. 进化多目标优化算法研究 [J]. 软件学报，2009, 20 (2): 271-289.

[100] 刘肖健，李桂琴，孙守迁. 基于交互式遗传算法的产品配色设计 [J]. 机械工程学报，2009, 45 (10): 222-227.

[101] Deb K, Pratap A, Agarwal S, et al. A fast and elitist multiobjective genetic algorithm: NSGA-Ⅱ [J]. IEEE Transactions on Evolutionary Computation, 2002, 6 (2): 182-197.

[102] Corne D W, Jerram N R, Knowles J D, et al. PESA-Ⅱ: region-based selection in evolutionary multiobjective optimization [C] // Proceedings of the Genetic and Evolutionary Computation Conference, San Francisco, Morgan Kaufmann, 2001: 283-290.

[103] Zitzler E, Laumanns M, Thiele L. SPEA2: improving the strength Pareto evolutionary algorithm [C] //Eidgenössische Technische Hochschule Zürich (ETH), Institut für Technische Informatik und Kommunikationsnetze (TIK), 2001.

[104] Jiang H, Kwong C K, Park W Y, et al. A multi-objective PSO approach of mining association rules for affective design based on online customer reviews [J]. Journal of Engineering Design, 2018, 29 (7): 381-403.

[105] Schott J R. Fault tolerant design using single and multicriteria genetic algorithm optimization [D]. Boston, MA: Massachusetts Institute of Technology, 1995.

[106] Zitzler E，Thiele L. Multiobjective evolutionary algorithms：a comparative case study and the strength Pareto approach [J]. IEEE Transactions on Evolutionary Computation，1999，3（4）：257-271.

[107] Corne D W，Knowles J D，Oates M J. The Pareto envelope-based selection algorithm for multiobjective optimization [C] // Parallel Problem Solving from Nature PPSN Ⅵ，Springer，2000：839-848.

[108] 郑金华，邹娟. 多目标进化优化 [M]. 北京：科学出版社，2017.

[109] 雷德明，严新平. 多目标智能优化算法及其应用 [M]. 北京：科学出版社，2009.

[110] Deb K. Multi-objective optimization using evolutionary algorithms [M]. West Sussex，England：John Wiley & Sons，2001.

[111] Coello C C，Lamont G B，Van Veldhuizen D A. Evolutionary algorithms for solving multi-objective problems [M]. New York：Springer，2007.

[112] Yu X，Gen M. Introduction to evolutionary algorithms [M]. Springer Science & Business Media，2010.

[113] Hwang C-L，Yoon K. Multiple attribute decision making-methods and applications. a state-of-the-art survey [M]. Berlin：Springer-Verlag，1981.

[114] 吕帅，李永锋. 基于熵权和灰关联的老年人信息终端界面布局评价研究 [J]. 包装工程，2023，44（2）：128-136.

[115] 李永锋，周俊，朱丽萍. 基于田口质量观的老年人电子产品用户体验评价研究 [J]. 机械设计，2020，37（2）：131-137.

[116] 韩之俊，单汨源，满敏. 稳健参数设计 [M]. 北京：机械工业出版社，2022.

[117] 邵家骏. 健壮设计指南 [M]. 北京：国防工业出版社，2011.

[118]《健壮设计手册》编委会. 健壮设计手册 [M]. 北京：国防工业出版社，2002.

[119] 丁燕. 品质工程学基础 [M]. 北京：北京大学出版社，2011.

[120] 曾凤章. 稳健性设计——原理技术方法案例 [M]. 2 版. 北京：兵器工业出版社，2004.

[121] 陈立周. 稳健设计 [M]. 北京：机械工业出版社，1999.

[122] 李永锋，朱丽萍. 人因工程研究理论与方法 [M]. 北京：化学工业出版社，2022.

[123] Phadke M S. Quality engineering using robust design [M]. New Jersey：Prentice Hall，1989.

[124] Taguchi G，Chowdhury S，Wu Y. Taguchi's quality engineering handbook [M]. Hoboken，New Jersey：John Wiley & Sons，Inc.，2005.

[125] Su C-T. Quality engineering：off-line methods and applications [M]. Boca Raton：CRC Press，2013.

[126] Roy R K. A primer on the Taguchi method [M]. Dearborn，Michigan：Society of Manufacturing Engineers，2010.

[127] Fowlkes W Y，Creveling C M. Engineering methods for robust product design：using Taguchi methods in technology and product development [M]. Reading，Mass.：Addison-Wesley，1995.

[128] Shaughnessy J J，Zechmeister E B，Zechmeister J S. Research methods in psychology [M]. New York：Michael Sugarman，2012.

[129] Martin D. Doing psychology experiments [M]. Belmont，CA：Thomson Wadsworth，2007.

[130] Harris P. Designing and reporting experiments in psychology [M]. Maidenhead：Open University Press，2008.

[131] King R，Churchill E F，Tan C. Designing with data：improving the user experience with A/B testing

[M]. Boston: O'Reilly Media, 2017.

[132] Montgomery D C. Design and analysis of experiments [M]. Hoboken, NJ: John Wiley & Sons, Inc. , 2020.

[133] Jayaswal B K, Patton P C. Design for trustworthy software: tools, techniques, and methodology of developing robust software [M]. Prentice Hall: Pearson Education, 2006.

[134] Stanton N A. Hierarchical task analysis: developments, applications, and extensions [J]. Applied Ergonomics, 2006, 37 (1): 55-79.

[135] Embrey D E. SHERPA: a systematic human error reduction and prediction approach [C] // Proceedings of the international topical meeting on advances in human factors in nuclear power systems, Knoxville, Tennessee, 1986: 184-193.

[136] Shepherd A. HTA as a framework for task analysis [J]. Ergonomics, 1998, 41 (11): 1537-1552.

[137] Embrey D E. Quantitative and qualitative prediction of human error in safety assessments [C] // Institution of Chemical Engineers Symposium Series, London, Hemsphere publishing corporation, 1992: 329-350.

[138] Rasmussen J. Skills, rules, and knowledge; signals, signs, and symbols, and other distinctions in human performance models [J]. IEEE Transactions on Systems Man and Cybernetics, 1983, 13 (3): 257-266.

[139] Reason J. Human error [M]. New York: Cambridge University Press, 1990.

[140] Dhillon B S. Systems reliability and usability for engineers [M]. Boca Raton, FL: CRC Press, 2019.

[141] Rausand M, Haugen S. Risk assessment: theory, methods, and applications [M]. Hoboken, NJ: John Wiley & Sons, Inc. , 2020.

[142] Stanton N A, Salmon P M, Rafferty L A, et al. Human factors methods: a practical guide for engineering and design [M]. Boca Raton, FL: CRC Press, 2013.

[143] Norman D A. The design of everyday things. Revised and expanded edition. [M]. New York: Basic Books, 2013.

[144] Cooper A, Reimann R, Cronin D, et al. About face: the essentials of interaction design [M]. Indianapolis: John Wiley & Sons, Inc. , 2014.

[145] Hackos J T, Redish J C. User and task analysis for interface design [M]. New York: John Wiley & Sons, Inc. , 1998.

[146] Shneiderman B, Plaisant C, Cohen M, et al. Designing the user interface: strategies for effective human-computer interaction [M]. Boston: Pearson, 2016.

[147] Stamatis D H. Failure mode and effect analysis: FMEA from theory to execution [M]. Milwaukee, Wisconsin: ASQ Quality Press, 2003.

[148] Vesely W E, Goldberg F F, Roberts N H, et al. Fault tree handbook [M]. Washington, D. C. : U. S. Nuclear Regulatory Commission, 1981.

[149] Mcdermott R E, Mikulak R J, Beauregard M R. The basics of FMEA [M]. New York: Taylor & Francis Group, 2009.

[150] Stone N J, Chaparro A, Keebler J R, et al. Introduction to human factors: applying psychology to design [M]. Boca Raton: CRC Press, 2018.

[151] 周海京，遇今. 故障模式、影响及危害性分析与故障树分析 [M]. 北京：航空工业出版社，2003.

[152] 董建明. 人机交互：以用户为中心的设计和评估 [M]. 6 版. 北京：清华大学出版社，2021.

[153] 韩挺. 用户研究与体验设计 [M]. 修订版. 上海：上海交通大学出版社，2021.

[154] 胡飞. 洞悉用户：用户研究方法与应用 [M]. 北京：中国建筑工业出版社，2010.

[155] 戴力农. 用户体验与人类学——地铁田野调查 [M]. 修订版. 上海：上海交通大学出版社，2019.

[156] 张力. 数字化核电厂人因可靠性 [M]. 北京：国防工业出版社，2019.

[157] 王黎静，王彦龙. 人的可靠性分析：人因差错风险评估与控制 [M]. 北京：航空工业出版社，2015.

[158] 陈颖，康锐. FMECA 技术及其应用 [M]. 2 版. 北京：国防工业出版社，2014.

[159] 谢少锋，张增照，聂国健. 可靠性设计 [M]. 北京：电子工业出版社，2015.

[160] 何旭洪，黄祥瑞. 工业系统中人的可靠性分析：原理、方法与应用 [M]. 北京：清华大学出版社，2007.

[161] 尤建新，刘虎沉. 质量工程与管理 [M]. 北京：科学出版社，2016.

[162] Card S K，Moran T P，Newell A. The psychology of human-computer interaction [M]. Hillsdale, New Jersey：Lawrence Erlbaum Associates，1983.

[163] Nielsen J，Mack R L. Usability inspection methods [M]. New York：Wiley，1994.

[164] Hanington B，Martin B. Universal methods of design：125 ways to research complex problems, develop innovative ideas, and design effective solutions [M]. Beverly, MA：Rockport Publishers，2019.

[165] Lazar J，Feng J H，Hochheiser H. Research methods in human-computer interaction [M]. Cambridge, MA：Morgan Kaufmann，2017.

[166] Pahl G，Beitz W. Engineering design：a systematic approach [M]. London：Springer，2007.

[167] Tague N R. The quality toolbox [M]. Milwaukee, Wisconsin：ASQ Quality Press，2005.

[168] Jamnia A. Introduction to product design and development for engineers [M]. Boca Raton, FL：CRC Press，2018.

[169] Berlin C，Adams C. Production ergonomics：designing work systems to support optimal human performance [M]. London：Ubiquity Press，2017.

[170] Durillo J J，Nebro A J. jMetal：a Java framework for multi-objective optimization [J]. Advances in Engineering Software，2011，42 (10)：760-771.

[171] Padhye N，Deb K. Multi-objective optimisation and multi-criteria decision making in SLS using evolutionary approaches [J]. Rapid Prototyping Journal，2011，17 (6)：458-478.

[172] Lee D-H，Kim K-J，Koksalan M. A posterior preference articulation approach to multiresponse surface optimization [J]. European Journal of Operational Research，2011，210 (2)：301-309.

[173] Lee D-H，Jeong I-J，Kim K-J. A posterior preference articulation approach to dual-response-surface optimization [J]. IIE Transactions，2009，42 (2)：161-171.

[174] Hyun K H，Lee J-H，Kim M，et al. Style synthesis and analysis of car designs for style quantification based on product appearance similarities [J]. Advanced Engineering Informatics，2015，29 (3)：483-494.

[175] Cluzel F，Yannou B，Dihlmann M. Using evolutionary design to interactively sketch car silhouettes and stimulate designer's creativity [J]. Engineering Applications of Artificial Intelligence，2012，25 (7)：1413-1424.

[176] Shieh M-D，Li Y，Yang C-C. Product form design model based on multiobjective optimization and multicriteria decision-making [J]. Mathematical Problems in Engineering，2017，Article ID 5187521：1-15.

[177] Shieh M-D，Li Y，Yang C-C. Comparison of multi-objective evolutionary algorithms in hybrid Kansei engineering system for product form design [J]. Advanced Engineering Informatics，2018，36：31-42.

[178] Li Y，Zhu L. Extracting knowledge for product form design by using multiobjective optimisation and rough sets [J]. Journal of Advanced Mechanical Design Systems and Manufacturing，2020，14（1）：1-16.

[179] Jiang S，Ong Y-S，Zhang J，et al. Consistencies and contradictions of performance metrics in multiobjective optimization [J]. IEEE Transactions on Cybernetics，2014，44（12）：2391-2404.

[180] Srđević B，Pipan M，Melo P，et al. Analytic hierarchy process-based group assessment of quality-in-use model characteristics [J]. Universal Access in the Information Society，2016，15（3）：473-483.

[181] 李永锋. 基于数量化理论Ⅰ的产品意象造型设计研究 [J]. 机械设计，2010，27（4）：40-43.

[182] 李永锋，朱丽萍. 基于神经网络的产品意象造型设计研究 [J]. 包装工程，2009，30（7）：88-90.

[183] 李永锋，朱丽萍. 基于 VRML 的产品感性设计系统研究 [J]. 包装工程，2008，29（12）：197-200.

[184] 李永锋，朱丽萍. 基于支持向量机的产品感性意象值预测方法 [J]. 包装工程，2011，32（4）：40-43.

[185] 李永锋，朱丽萍. 粗糙集理论在产品意象造型设计中的应用研究 [J]. 包装工程，2010，31（18）：28-30.

[186] 李永锋，朱丽萍. 基于序次 Logistic 回归的产品意象造型设计研究 [J]. 机械设计，2011，28（7）：8-12.

[187] 胡伟峰，赵江洪. 用户期望意象驱动的汽车造型基因进化 [J]. 机械工程学报，2011，47（16）：176-181.

[188] Buckley J J. Fuzzy hierarchical analysis [J]. Fuzzy Sets and Systems，1985，17（3）：233-247.

[189] Kwong C，Bai H. A fuzzy AHP approach to the determination of importance weights of customer requirements in quality function deployment [J]. Journal of Intelligent Manufacturing，2002，13（5）：367-377.

[190] Hsiao S-W，Ko Y-C. A study on bicycle appearance preference by using FCE and FAHP [J]. International Journal of Industrial Ergonomics，2013，43（4）：264-273.

[191] Wang K-C. A hybrid Kansei engineering design expert system based on grey system theory and support vector regression [J]. Expert Systems with Applications，2011，38（7）：8738-8750.

[192] Hadka D. Beginner's guide to the MOEA framework [M]. North Charleston：CreateSpace Independent Publishing Platform，2016.

[193] Saaty T L. The analytic hierarchy process：planning，priority setting，resources allocation [M]. New York：McGraw-Hill，1980.

[194] 赵江洪，谭浩，谭征宇. 汽车造型设计：理论、研究与应用 [M]. 北京：北京理工大学出版社，2010.

[195] Li Y，Zhu L. Product form design model based on the robust posterior preference articulation approach

[J]. Concurrent Engineering-Research and Applications, 2019, 27 (2): 126-143.

[196] Bashiri M, Moslemi A, Akhavan Niaki Seyed T. Robust multi-response surface optimization: a posterior preference approach [J]. International Transactions in Operational Research, 2020, 27 (3): 1751-1770.

[197] Chang H-C, Chen H-Y. Optimizing product form attractiveness using Taguchi method and TOPSIS algorithm: a case study involving a passenger car [J]. Concurrent Engineering-Research and Applications, 2014, 22 (2): 135-147.

[198] Chen H-Y, Yang C-C, Ko Y-T, et al. Product form feature selection methodology based on numerical definition-based design [J]. Concurrent Engineering-Research and Applications, 2014, 22 (3): 183-196.

[199] Deb K, Jain H. An evolutionary many-objective optimization algorithm using reference-point-based nondominated sorting approach, part I: solving problems with box constraints [J]. IEEE Transactions on Evolutionary Computation, 2014, 18 (4): 577-601.

[200] Jain H, Deb K. An evolutionary many-objective optimization algorithm using reference-point based nondominated sorting approach, part II: handling constraints and extending to an adaptive approach [J]. IEEE Transactions on Evolutionary Computation, 2014, 18 (4): 602-622.

[201] Hong S W, Han S H, Kim K-J. Optimal balancing of multiple affective satisfaction dimensions: a case study on mobile phones [J]. International Journal of Industrial Ergonomics, 2008, 38 (3): 272-279.

[202] Kano N. Attractive quality and must-be quality [J]. The Journal of Japanese Society for Quality Control, 1984, 14 (2): 39-48.

[203] Ilbahar E, Cebi S. Classification of design parameters for E-commerce websites: a novel fuzzy Kano approach [J]. Telematics and Informatics, 2017, 34 (8): 1814-1825.

[204] Lee Y-C, Huang S-Y. A new fuzzy concept approach for Kano's model [J]. Expert Systems with Applications, 2009, 36 (3): 4479-4484.

[205] Li M, Yang S, Liu X. Shift-based density estimation for Pareto-based algorithms in many-objective optimization [J]. IEEE Transactions on Evolutionary Computation, 2014, 18 (3): 348-365.

[206] Moslemi A, Seyyed-Esfahani M, Niaki S T A. A robust posterior preference multi-response optimization approach in multistage processes [J]. Communications in Statistics-Theory and Methods, 2018, 47 (15): 3547-3570.

[207] Wang C-H, Wang J. Combining fuzzy AHP and fuzzy Kano to optimize product varieties for smart cameras: a zero-one integer programming perspective [J]. Applied Soft Computing, 2014, 22: 410-416.

[208] Ghorbani M, Mohammad Arabzad S, Shahin A. A novel approach for supplier selection based on the Kano model and fuzzy MCDM [J]. International Journal of Production Research, 2013, 51 (18): 5469-5484.

[209] Sutono S B, Abdul-Rashid S H, Aoyama H, et al. Fuzzy-based Taguchi method for multi-response optimization of product form design in Kansei engineering: a case study on car form design [J]. Journal of Advanced Mechanical Design, Systems, and Manufacturing, 2016, 10 (9): 1-16.

[210] Li Y, Shieh M-D, Yang C-C, et al. Application of fuzzy-based hybrid Taguchi method for multiobjective optimization of product form design [J]. Mathematical Problems in Engineering, 2018, Article

ID 9091514：1-18.

[211] Chiang J-H. Choquet fuzzy integral-based hierarchical networks for decision analysis [J]. IEEE Transactions on Fuzzy Systems，1999，7：63-71.

[212] Grabisch M. Fuzzy integral in multicriteria decision making [J]. Fuzzy Sets and Systems，1995，69 (3)：279-298.

[213] Grabisch M. K-order additive discrete fuzzy measures and their representation [J]. Fuzzy Sets and Systems，1997，92 (2)：167-189.

[214] Ishii K，Sugeno M. A model of human evaluation process using fuzzy measure [J]. International Journal of Man-Machine Studies，1985，22 (1)：19-38.

[215] Liou J J H，Chuang Y-C，Tzeng G-H. A fuzzy integral-based model for supplier evaluation and improvement [J]. Information Sciences，2014，266：199-217.

[216] 武建章，张强. 非可加测度论与多准则决策 [M]. 北京：科学出版社，2014.

[217] Tzeng G-H，Huang J-J. Multiple attribute decision making：methods and applications [M]. Boca Raton，FL：CRC Press，2011.

[218] Li Y，Zhu L. Optimisation of product form design using fuzzy integral-based Taguchi method [J]. Journal of Engineering Design，2017，28 (7-9)：480-504.

[219] Li Y，Shieh M-D，Yang C-C. A posterior preference articulation approach to Kansei engineering system for product form design [J]. Research in Engineering Design，2019，30 (1)：3-19.

[220] Opricovic S，Tzeng G-H. Compromise solution by MCDM methods：a comparative analysis of VIKOR and TOPSIS [J]. European Journal of Operational Research，2004，156 (2)：445-455.

[221] Atalay K D，Eraslan E. Multi-criteria usability evaluation of electronic devices in a fuzzy environment [J]. Human Factors and Ergonomics in Manufacturing & Service Industries，2014，24 (3)：336-347.

[222] Shemshadi A，Shirazi H，Toreihi M，et al. A fuzzy VIKOR method for supplier selection based on entropy measure for objective weighting [J]. Expert Systems with Applications，2011，38 (10)：12160-12167.

[223] Tong L-I，Chen C-C，Wang C-H. Optimization of multi-response processes using the VIKOR method [J]. International Journal of Advanced Manufacturing Technology，2007，31 (11-12)：1049-1057.

[224] Wang C-H. Incorporating customer satisfaction into the decision-making process of product configuration：a fuzzy Kano perspective [J]. International Journal of Production Research，2013，51 (22)：6651-6662.

[225] Zadeh L A. From computing with numbers to computing with words-from manipulation of measurements to manipulation of perceptions [J]. International Journal of Applied Mathematics and Computer Science，2002，12 (3)：307-324.

[226] 周蕾，薛澄岐，汤文成，等. 界面元素布局设计的美度评价方法 [J]. 计算机辅助设计与图形学学报，2013，25 (5)：758-766.

[227] 李永锋，姜晨，朱丽萍. 基于老年人偏好的手机图标尺寸可用性设计研究 [J]. 包装工程，2016，37 (16)：103-106.

[228] 李永锋，柏锦燕. 基于粗糙集理论的老年人网页感性设计研究 [J]. 包装工程，2016，37 (24)：

119-123.

[229] 李永锋，徐育文. 基于 QFD 的老年人智能手机 APP 用户界面设计研究 [J]. 包装工程，2016，37 (14)：95-99.

[230] 朱婷玲，朱丽萍，李永锋. 基于结构方程模型的老年人 APP 用户体验设计研究 [J]. 包装工程，2023，44 (6)：106-116.

[231] Li Y, Zhu L. Optimization of user experience in mobile application design by using a fuzzy analytic-network-process-based Taguchi method [J]. Applied Soft Computing, 2019, 79：268-282.

[232] Li Y, Zhu L. Optimization of user experience in interaction design through a Taguchi-based hybrid approach [J]. Human Factors and Ergonomics in Manufacturing & Service Industries, 2019, 29 (2)：126-140.

[233] Neil T. Mobile design pattern gallery：UI patterns for smartphone apps [M]. Sebastopol, CA：O'Reilly Media, Inc., 2014.

[234] Nilsson E G. Design patterns for user interface for mobile applications [J]. Advances in Engineering Software, 2009, 40 (12)：1318-1328.

[235] Smith A, Dunckley L, French T, et al. A process model for developing usable cross-cultural websites [J]. Interacting with Computers, 2004, 16 (1)：63-91.

[236] Salem P. User interface optimization using genetic programming with an application to landing pages [J]. Proceedings of the ACM on Human-Computer Interaction, 2017, 1 (1)：1-17.

[237] Kanchana B, Sarma V. Software quality enhancement through software process optimization using Taguchi methods [C] // IEEE Conference and Workshop on Engineering of Computer-Based Systems, 1999, Nashville, Tennessee, IEEE, 1999：188-193.

[238] Park J, Han S H, Kim H K, et al. Modeling user experience：a case study on a mobile device [J]. International Journal of Industrial Ergonomics, 2013, 43 (2)：187-196.

[239] Yau Y-J, Chao C-J, Hwang S-L. Optimization of Chinese interface design in motion environments [J]. Displays, 2008, 29 (3)：308-315.

[240] Chang E, Dillon T S. A usability-evaluation metric based on a soft-computing approach [J]. IEEE Transactions on Systems, Man, and Cybernetics-Part A：Systems and Humans, 2006, 36 (2)：356-372.

[241] Dağdeviren M, Yüksel İ, Kurt M. A fuzzy analytic network process (ANP) model to identify faulty behavior risk (FBR) in work system [J]. Safety Science, 2008, 46 (5)：771-783.

[242] Csutora R, Buckley J J. Fuzzy hierarchical analysis：the Lambda-Max method [J]. Fuzzy sets and Systems, 2001, 120 (2)：181-195.

[243] Saaty T L. Decision making with dependence and feedback：The analytic network process [M]. Pittsburgh：RWS publications, 1996.

[244] Chiang Y-M, Chen W-L, Ho C-H. Application of analytic network process and two-dimensional matrix evaluating decision for design strategy [J]. Computers & Industrial Engineering, 2016, 98：237-245.

[245] Hu A H, Hsu C-W, Kuo T-C, et al. Risk evaluation of green components to hazardous substance using FMEA and FAHP [J]. Expert Systems with Applications, 2009, 36 (3)：7142-7147.

[246] Karsak E E, Sozer S, Alptekin S E. Product planning in quality function deployment using a combined

analytic network process and goal programming approach [J]. Computers & Industrial Engineering, 2002, 44 (1): 171-190.

[247] Büyüközkan G, Ertay T, Kahraman C, et al. Determining the importance weights for the design requirements in the house of quality using the fuzzy analytic network approach [J]. International Journal of Intelligent Systems, 2004, 19 (5): 443-461.

[248] Wei W-L, Chang W-C. A study on selecting optimal product design solution using fuzzy Delphi method and analytic [J]. Journal of Design, 2005, 10 (3): 59-77.

[249] Chung S-H, Lee A H I, Pearn W L. Product mix optimization for semiconductor manufacturing based on AHP and ANP analysis [J]. International Journal of Advanced Manufacturing Technology, 2005, 25 (11): 1144-1156.

[250] Adibi S. Mobile health: a technology road map [M]. Cham: Springer, 2015.

[251] Norman D A. Emotional design: why we love (or hate) everyday things [M]. New York: Basic Books, 2005.

[252] Schlatter T, Levinson D. Visual usability: principles and practices for designing digital applications [M]. Waltham, MA: Morgan Kaufmann, 2013.

[253] Schrepp M. User experience questionnaires: how to use questionnaires to measure the user experience of your products? [M]. Chicago, IL: Independently Published, 2021.

[254] Garrett J J. The elements of user experience: user-centered design for the web and beyond [M]. Berkeley, CA: New Riders, 2011.

[255] 简祯富. 决策分析与管理: 全面决策品质提升的架构与方法 [M]. 2 版. 北京: 清华大学出版社, 2019.

[256] Li Y, Zhu L. Multi-objective optimisation of user experience in mobile application design via a grey-fuzzy-based Taguchi approach [J]. Concurrent Engineering-Research and Applications, 2020, 28 (3): 175-188.

[257] Tsai T-N, Liukkonen M. Robust parameter design for the micro-BGA stencil printing process using a fuzzy logic-based Taguchi method [J]. Applied Soft Computing, 2016, 48: 124-136.

[258] Iranmanesh S H, Rastegar H, Mokhtarani M H. An intelligent fuzzy logic-based system to support quality function deployment analysis [J]. Concurrent Engineering-Research and Applications, 2014, 22 (2): 106-122.

[259] Lund A M. Measuring usability with the USE questionnaire [J]. Usability interface, 2001, 8 (2): 3-6.

[260] Qu Y, Ming X, Qiu S, et al. Integrating fuzzy Kano model and fuzzy analytic hierarchy process to evaluate requirements of smart manufacturing systems [J]. Concurrent Engineering-Research and Applications, 2019, 27 (3): 201-212.

[261] Yang Y-S, Huang W. A grey-fuzzy Taguchi approach for optimizing multi-objective properties of zirconium-containing diamond-like carbon coatings [J]. Expert Systems with Applications, 2012, 39 (1): 743-750.

[262] Smith A, Dunckley L. Using the LUCID method to optimize the acceptability of shared interfaces [J]. Interacting with Computers, 1998, 9 (3): 335-345.

[263] Zhou W, Heesom D, Georgakis P. Enhancing user-centered design by adopting the Taguchi philosophy [C] // 12th International Conference on Human-Computer Interaction, Beijing, China, Springer-Verlag, 2007: 350-359.

[264] Ross T J. Fuzzy logic with engineering applications [M]. Chichester, West Sussex: John Wiley & Sons, Ltd. , 2017.

[265] Nielsen J, Budiu R. Mobile usability [M]. Berkeley, CA: New Riders, 2013.

[266] 邓聚龙. 灰色系统理论教程 [M]. 武汉: 华中理工大学出版社, 1990.

[267] 刘思峰. 灰色系统理论及其应用 [M]. 9 版. 北京: 科学出版社, 2021.

[268] 李永锋, 李慧芬, 朱丽萍. 基于眼动追踪技术的车载信息系统界面设计研究 [J]. 包装工程, 2015, 36 (12): 65-68.

[269] 朱丽萍, 李永锋. 不同文化程度老年人对洗衣机界面图标的辨识研究 [J]. 包装工程, 2017, 38 (14): 140-144.

[270] 朱丽萍, 李永锋, 徐育文. 基于卡诺与质量功能展开的老年人手机 APP 设计研究 [J]. 包装工程, 2018, 39 (18): 140-145.

[271] 董玉颜, 李永锋. 基于故障树分析与逼近理想解排序法的重卡车载信息系统界面设计 [J]. 机械设计, 2023, 40 (1): 141-147.

[272] 谭浩, 孙家豪, 关岱松, 等. 智能汽车人机交互发展趋势研究 [J]. 包装工程, 2019, 40 (20): 32-42.

[273] 刘胧, 刘虎沉. 运用 FMEA 的产品可用性评价方法 [J]. 工业工程, 2010, 13 (3): 47-50.

[274] Mutlu N G, Altuntas S. Risk analysis for occupational safety and health in the textile industry: integration of FMEA, FTA, and BIFPET methods [J]. International Journal of Industrial Ergonomics, 2019, 72: 222-240.

[275] Manger R P, Paxton A B, Pawlicki T, et al. Failure mode and effects analysis and fault tree analysis of surface image guided cranial radiosurgery [J]. Medical Physics, 2015, 42 (5): 2449-2461.

[276] Peeters J F W, Basten R J I, Tinga T. Improving failure analysis efficiency by combining FTA and FMEA in a recursive manner [J]. Reliability Engineering & System Safety, 2018, 172: 36-44.

[277] Bhise V D. Ergonomics in the automotive design process [M]. Boca Raton, FL: CRC Press, 2012.

[278] Walker G H, Stanton N A, Salmon P M. Human factors in automotive engineering and technology [M]. New York: Routledge, 2016.

[279] Li Y, Zhu L. Risk analysis of human error in interaction design by using a hybrid approach based on FMEA, SHERPA, and fuzzy TOPSIS [J]. Quality and Reliability Engineering International, 2020, 36 (5): 1657-1677.

[280] 李永锋, 陈则言. 基于 FMEA 和 FTA 的老年人汽车人机界面交互设计研究 [J]. 包装工程, 2021, 42 (6): 98-105.

[281] 李永锋, 朱丽萍. 可供性及其在设计中的应用探析 [J]. 装饰, 2013 (1): 120-121.

[282] Mandal S, Singh K, Behera R K, et al. Human error identification and risk prioritization in overhead crane operations using HTA, SHERPA and fuzzy VIKOR method [J]. Expert Systems with Applications, 2015, 42 (20): 7195-7206.

[283] Liu H-C, Chen X-Q, Duan C-Y, et al. Failure mode and effect analysis using multi-criteria decision

making methods：a systematic literature review ［J］．Computers & Industrial Engineering，2019，135：881-897.

［284］ Khorshidi H A，Gunawan I，Ibrahim M Y. Data-driven system reliability and failure behavior modeling using FMECA ［J］．IEEE Transactions on Industrial Informatics，2016，12（3）：1253-1260.

［285］ Brooke J. SUS-A quick and dirty usability scale ［J］．Usability Evaluation in Industry，1996，189（194）：4-7.

［286］ Chin K-S，Chan A，Yang J-B. Development of a fuzzy FMEA based product design system ［J］．International Journal of Advanced Manufacturing Technology，2008，36（7-8）：633-649.

［287］ Mirghafoori S H，Izadi M R，Daei A. Analysis of the barriers affecting the quality of electronic services of libraries by VIKOR，FMEA and entropy combined approach in an intuitionistic-fuzzy environment ［J］．Journal of Intelligent & Fuzzy Systems，2018，34（4）：2441-2451.

［288］ Chen C-T. Extensions of the TOPSIS for group decision-making under fuzzy environment ［J］．Fuzzy Sets and Systems，2000，114（1）：1-9.

［289］ Chanamool N，Naenna T. Fuzzy FMEA application to improve decision-making process in an emergency department ［J］．Applied Soft Computing，2016，43：441-453.

［290］ Harvey C，Stanton N A，Pickering C A，et al. A usability evaluation toolkit for In-Vehicle Information Systems（IVISs）［J］．Applied Ergonomics，2011，42（4）：563-574.

［291］ Kim H，Kwon S，Heo J，et al. The effect of touch-key size on the usability of In-Vehicle Information Systems and driving safety during simulated driving ［J］．Applied Ergonomics，2014，45（3）：379-388.

［292］ 陈芳，雅克·特肯. 以人为本的智能汽车交互设计（HMI）［M］．北京：机械工业出版社，2021.

［293］ 曾庆抒. 汽车人机交互界面整合设计 ［M］．北京：中国轻工业出版社，2019.

［294］ 李翔，陈晓鹏. 用户行为模式分析与汽车界面设计研究 ［M］．武汉：武汉大学出版社，2016.

［295］ Halbrügge M. Predicting user performance and errors：automated usability evaluation through computational introspection of model-based user interfaces ［M］．Cham：Springer，2018.

［296］ Musa J D. Software reliability engineering：more reliable software，faster and cheaper ［M］．Bloomington，Indiana：Tata McGraw-Hill Education，2004.

［297］ Johnson J. Designing with the mind in mind：simple guide to understanding user interface design guidelines ［M］．Cambridge，MA：Morgan Kaufmann，2021.

［298］ 徐泽水. 不确定多属性决策方法及应用 ［M］．北京：清华大学出版社，2004.